DIE FERNBEDIENUNGSTECHNIK IM DIENSTE DER ELEKTRIZITÄTSVERSORGUNG

VON

DR.-ING. W. HENNING

MIT 128 ABBILDUNGEN

MÜNCHEN 1950

VERLAG VON R. OLDENBOURG

Copyright 1950 by Verlag von R. Oldenbourg, München
Satz, Druck und Buchbinderarbeiten:
R. Oldenbourg, Graph. Betriebe G. m. b. H., München

VORWORT

In den letzten 15 Jahren hat die Fernbedienungstechnik in ständig wachsendem Umfang Eingang in die Anlagen der Elektrizitätsversorgung und der mit ihr organisch gekuppelten Sachgebiete gefunden. Diese Entwicklung liegt an sich im Zuge der fortschreitenden Mechanisierung des Arbeits- und Verteilungsprozesses, die sich in dem gleichen Zeitraum auf fast sämtlichen Gebieten der industriellen Gütererzeugung und des Verkehrs durchgesetzt hat. Für den Sektor der Elektrizitätsversorgung wurde diese Entwicklung jedoch noch dadurch begünstigt, daß das sprunghafte Anwachsen des industriellen Bedarfes an elektrischer Energie die volkswirtschaftlich günstigste Erfassung aller nur irgendwie verfügbaren Energiequellen im Rahmen einer engen Verbundwirtschaft notwendig machte. Aus dem gleichen Grunde mußten auch in steigendem Maße Vorkehrungen dafür getroffen werden, daß im Störungsfall die schnelle Einsatzbereitschaft sämtlicher zum betreffenden Zeitpunkt überhaupt verfügbaren Energiequellen und Energiereserven zugunsten lebenswichtiger Betriebe sichergestellt werden kann.

Ein solcher schneller und planmäßiger Einsatz der vorhandenen Energiequellen ist nun aber nur bei einer straffen Betriebsführung und dem Vorhandensein von zentralen Befehlsstellen möglich, die die wichtigsten Erzeuger- und Verteileranlagen des eigenen Netzes und die Stoßstellen zu den Nachbarnetzen möglichst unmittelbar und ohne Zwischenschaltung von Mensch und Nachrichtenmittel überwachen und beeinflussen können. Diese unmittelbare Überwachung der verschiedenen Netzpunkte einer Stromversorgungsanlage und die schnelle, von Mißverständnissen freie Betriebslenkung ist nur mit Hilfe der neuzeitlichen Fernbedienungstechnik möglich. Diese überbrückt die oft über hundert und mehr Kilometer betragende Entfernung zwischen der zentralen Befehlsstelle und den einzelnen Stützpunkten des Versorgungsnetzes und rückt dieselben in der Netznachbildung der Steuer- und Überwachungstafel der zentralen Schaltwarte auf Meter zusammen, so daß von hieraus auf Grund eines übersichtlichen Netzbildes jede erforderliche Schalthandlung so durchgeführt werden kann, als ob die einzelnen Netzpunkte in unmittelbarem örtlichen Bereich der zentralen Befehlsstelle lägen.

Aus diesen und ähnlichen Gründen ist es heute für jeden projektierenden Ingenieur und Betriebsleiter von Anlagen der Stromversorgung in Elektrizitäts-, Industrie- und Verkehrsbetrieben unerläßlich, gewissenhaft zu überprüfen, welche Hilfsmittel ihm in seinem besonderen Falle die Fernbedienungstechnik für eine straffe und möglichst störungsfreie Führung seines Betriebs zur Verfügung stellen und welche Einsparungen an Bedienungspersonal und Material er dabei außerdem erzielen kann. Sollen diese Überlegungen zu technisch und wirtschaftlich richtigen Entscheidungen führen, so ist hierfür zum mindesten die Kenntnis des Rüstzeuges der Fernbedienungstechnik erforderlich. Die Verhandlungen, die der Verfasser in seiner langjährigen beruflichen Tätigkeit gelegentlich der Planung von Stromversorgungsanlagen mit Ingenieuren der verschiedensten Unternehmen geführt hat, haben nun aber die Tatsache ergeben, daß in den einschlägigen Fachkreisen häufig noch eine reichlich unklare Vorstellung über die Wirkungsweise der gebräuchlichsten Fernsteuergeräte und die durch sie gebotenen Möglichkeiten anzutreffen ist, die die richtige und nutzbringende Anwendung dieser Geräte im Interesse einer gesicherten Stromversorgung in Frage stellt.

Dieser Umstand hat den Verfasser veranlaßt, in dem vorliegenden Buche einmal den heutigen Stand der Fernbedienungstechnik aufzuzeigen, ihre wichtigsten Bausteine in ihrer praktischen Anwendung zu erörtern und damit zugleich eine verläßliche Grundlage für die zweckmäßige Planung von Fernbedienungsanlagen zu schaffen. Dieses Buch soll kein Lehrbuch im üblichen Sinne sein, das in wissenschaftlichen Untersuchungen alle bekannt gewordenen oder theoretisch denkbaren Fernbedienungsverfahren in- und ausländischer Firmen oder Erfinder behandelt, sondern mehr ein praktisches Handbuch für diejenigen Ingenieure, die in ihrer beruflichen Tätigkeit mit der Planung von Stromversorgungsanlagen und verwandter Sachgebiete zu tun haben. Es berücksichtigt gegenüber früher erschienenen Büchern besonders die Erfahrungen und Fortschritte des letzten Jahrzehnts und gibt auch einen Ausblick auf die künftige Entwicklung der Fernbedienungstechnik.

So soll es auf seine Weise mithelfen, im Interesse der deutschen Gütererzeugung und Güterverteilung die Sicherstellung des Energiebedarfs von Industrie und Verkehrswesen zu erleichtern.

Berlin, im Januar 1947. **Der Verfasser.**

INHALTSVERZEICHNIS

A. Die Grundlagen der Fernbedienungstechnik

I. DIE GEBRÄUCHLICHSTEN FERNSTEUERVERFAHREN

1. Allgemeine Entwicklung

Die ersten Verfahren zur Fernbedienung unbesetzter Netzstützpunkte sind vor rund zwei Jahrzehnten in den USA. bekannt geworden. Die seinerzeit entwickelten Einrichtungen sahen als wichtigsten Baustein für die Übermittlung der einzelnen Befehle und Meldungen der Fernsprechtechnik entnommene Hebdrehwähler oder auch Relaiswähler vor. Man benutzte also bereits für die ersten Fernsteuereinrichtungen Bausteine der verwandten Fernsprechtechnik und verzichtete bewußt auf die Entwicklung neuer Schaltgeräte. Dieses Vorgehen brachte den Vorteil mit sich, daß man die ersten, dem Betrieb übergebenen Fernsteuereinrichtungen nicht mit der Gefahr eines Versagens neuentwickelter Bausteine zu belasten brauchte.

Was in der Hauptsache zu tun blieb, war der Entwurf einer zuverlässigen Schaltung, die den besonderen Anforderungen Rechnung trug, die grundsätzlich an die Geräte der Fernsteuertechnik gestellt werden müssen. Während nämlich bei der Fernsprechvermittlung eine gelegentliche, durch das Versagen einer Wählereinrichtung hervorgerufene Fehlwahl ohne besondere Anstände in Kauf genommen werden kann, muß bei Fernsteueranlagen das Zustandekommen jeder, dem abgegebenen Steuerbefehl nicht entsprechenden Schaltersteuerung in zuverlässiger Weise verhindert werden, da eine durch unregelmäßiges Arbeiten des Fernsteuergerätes ausgelöste Fehlsteuerung nicht nur in wichtigen Netzpunkten die vorübergehende Abschaltung umfangreicher Verbraucherkreise, sondern auch die Zerstörung von Teilen der Schaltanlage oder sogar die Gefährdung von Menschenleben zur Folge haben kann. Aus diesem Grunde muß neben der Betriebssicherheit der einzelnen Fernbedienungsanlage an erster Stelle die *Auswahlsicherheit* bei der Befehls- und Meldungsdurchgabe stehen. Es darf schlimmstenfalls einmal ein Befehl nicht zur Ausführung gelangen, aber niemals eine Fehlbetätigung hervorgerufen werden.

Die Art, in welcher dieser Grundforderung der Fernbedienungstechnik von den einzelnen Fernsteuerverfahren Rechnung getragen wird, stellt bereits ein wesentliches Merkmal derselben dar und ist gleichzeitig ein Prüfstein für die Güte der danach ausgeführten Einrichtung. Hervorgehoben werden muß in diesem Zusammenhang, daß die meisten der marktgängigen Fernsteuergeräte einen durchaus ausreichenden Schutz gegen Fehlsteuerungen bieten

und diese Tatsache in ihrer langjährigen praktischen Bewährung auch erhärtet
haben. Wie die Sicherstellung der Auswahl im einzelnen erfolgt, richtet sich
nach dem grundsätzlichen Aufbau des betreffenden Fernsteuerverfahrens und
wird später bei der eingehenden Erörterung der wichtigsten Verfahren näher erörtert werden.

Bild 1. Fernsteuerwählergerät zur Fernsteuerung und Überwachung von 150 Schaltern (Bauart Siemens).

Der Unterschied zwischen einer Fernsprech-Wählereinrichtung und einer mit Fernsprechwählern und Fernsprechrelais arbeitenden Fernsteuereinrichtung (Bild 1) besteht also in der Hauptsache in der Art ihrer Schaltung. Wegen der vielseitigen Auswahlmöglichkeit, der Einfachheit ihrer Bausteine und der Anpassungsfähigkeit an die verschiedensten Fernbedienungsaufgaben nehmen Fernsteuereinrichtungen in rein schwachstrommäßiger Ausführung mit normalen, der Fernsprechtechnik entnommenen Bausteinen zum mindesten auf dem europäischen Festland heute eine führende Stellung ein. Diese Tatsache ist insofern bemerkenswert, als man die erste in Deutschland zur Ausführung gebrachte größere Fernbedienungsanlage rein starkstrommäßig ausgeführt hat.

Diese erste umfangreiche Fernbedienungsanlage wurde im Jahre 1928 zur Fernsteuerung von mehr als 30 unbesetzten Gleichrichterwerken der Berliner Stadt- und Ringbahn, also eines Verkehrsunternehmens, erstellt. Zur Lösung der gestellten Fernbedienungsaufgaben wurden besondere, rein starkstrommäßig dimensionierte Laufschaltermaschinen (Bild 2) entwickelt. Diese Maschinen, von denen je eine in der Steuerstelle und eine in der ferngesteuerten Stelle zur Aufstellung gelangte, laufen dauernd synchron um und übertragen sämtliche, ein bestimmtes Gleichrichterwerk betreffenden Befehle und Meldungen über eine Doppelleitung. Trotz ihres verhältnismäßig hohen Verschleißes infolge des dauernden Umlaufes haben diese Fernsteuermaschinen fast 20 Jahre lang die an sie gestellten Aufgaben durchaus zufriedenstellend erfüllt und wurden erst in jüngster Zeit gegen neuzeitliche Wählergeräte ausgewechselt.

Diese starkstrommäßige Ausführung von Fernsteuergeräten wurde später auch noch bei anderen, nicht so umfangreichen Anlagen vorgesehen. Vom Jahre 1930 an ging man jedoch auch in der deutschen Fernsteuertechnik mehr und mehr zu einer rein schwachstrommäßigen Ausbildung der Geräte

über und wurden seitdem von den in Frage kommenden deutschen Hersteller-
firmen in der Hauptsache schwachstrommäßig ausgeführte Fernsteuergeräte
zum Einsatz gebracht. Diese Tatsache wird auch nicht dadurch beeinträchtigt, daß in der Übergangszeit in kleinerem Umfang auch Einrichtungen entwickelt wurden, die in ihrem Aufbau eine Kompromißlösung zwischen Stark-
strom- und Schwachstromausführung darstellten. So wurde bei diesen Geräten z. B. entweder der benutzte Wähler (Bild 3) oder ein Teil der verwen-

Bild 2. Laufschaltermaschine zur Fernsteuerung
von Gleichrichterwerken
(Bauart Siemens 1927).

Bild 3. Fernsteuerwäh-
ler in starkstrommäßi-
ger Ausführung
(Bauart BBC 1925).

deten Relais oder auch andere Bausteine starkstrommäßig ausgebildet. Diese
Ausführungen, die zum Teil den Nachteil eines unorganischen Aufbaues haben,
sind jedoch inzwischen größtenteils aufgegeben und durch reine Schwachstromgeräte ersetzt worden.

In der deutschen Fernsteuertechnik beherrscht daher die schwachstrommäßige Fernsteuerwählereinrichtung heute unbestreitbar das Feld. Diese
Entwicklung hat ihren guten Grund darin, daß es sich auch bei Fernbedienungsanlagen um eine, wenn auch besonderen Ansprüchen genügende Art der
Nachrichtenübermittlung handelt. Da in der Regel dabei auch größere Entfernungen zu überbrücken sind und zum Teil auch Übertragungskanäle benutzt werden, die für andere Aufgaben der Fernmeldetechnik gebräuchlich
sind, erscheint es technisch richtig und zweckmäßig, auch für die Befehls-
und Meldungsübertragung in Fernsteueranlagen möglichst weitgehend die
in der übrigen Nachrichtentechnik üblichen Schaltmittel zu verwenden und
die Grenze zwischen Starkstrom- und Schwachstromausführung in einer
Fernbedienungsanlage möglichst weit in das Gebiet der Starkstromanlage zu
verschieben.

Gegen diesen Gang der Entwicklung wurde früher häufig der Einwand
erhoben, daß ein solches Schwachstrom-Fernsteuergerät in dem ganzen stark-
strommäßigen Aufbau einer Stromversorgungsanlage einen Fremdkörper dar-
stelle und im Störungsfall kaum jemand von den Schaltwärtern oder dem sonstigen Bedienungspersonal in der Lage sei, das ausgefallene Fernsteuergerät
wieder in Gang zu setzen. Dieser Einwand ist nicht stichhaltig. Man vergißt

dabei nämlich die Tatsache, daß ja auch sämtliche Fernsprechanlagen eines
Betriebes Schwachstromgeräte sind, auf die man sich doch heutzutage ebenso
sehr verlassen muß wie auf etwa vorgesehene Fernsteuerwählergeräte. Denn,
in welche Bedrängnis würde heute ein Betriebsleiter kommen, wenn ihm
im Falle einer größeren Netzstörung die Fernsprechverbindung zu den wichtigsten Stützpunkten seines Netzes gestört wäre!

Dabei sind Fernsprecheinrichtungen im Normalfall einer vielfach höheren
Abnutzung unterworfen als Fernsteuerwählergeräte, da erfahrungsgemäß die
Fernsprechvermittlungseinrichtung weit mehr in Anspruch genommen wird
als eine gleichwertige Fernsteuereinrichtung. Die einwandfreie Funktion der
Fernsprecheinrichtungen wird trotz dieser hohen Inanspruchnahme durch
geeignete Wartung von Schwachstrommonteuren sichergestellt. Es muß daher auch in jedem Fall ohne Schwierigkeiten möglich sein, Fernsteuerwählergeräte, die eine weit geringere Betreuung beanspruchen, entsprechend zu
warten, so daß das Auftreten einer Störung der Funktion der Anlage leicht
vermieden werden kann, und die langjährige Erfahrung im Betrieb von Fernsteuerwählergeräten hat diese Tatsache auch voll bestätigt. Welche Maßnahmen dabei im einzelnen zu ergreifen sind, wird später noch ausführlicher
behandelt werden.

In der ausländischen Fernsteuertechnik beherrscht das Fernsteuergerät
mit Fernsprechwählern nicht so ausschlaggebend das Feld. Besonders in
den USA. wurden außer Wählergeräten auch Fernsteuereinrichtungen entwickelt, die nach dem Kombinationsverfahren arbeiten und durch die Benutzung geeigneter Kombinationsgrößen bei geringem Aderaufwand die
Übertragung einer größeren Zahl von Befehlen gestatten.

Ein weiteres bisweilen zur Anwendung gebrachtes Auswahlmittel in der
Fernsteuertechnik stellt die Frequenz eines über die Steuerleitung über-
tragenen Wechselstromes dar. Durch die Änderung dieser Frequenz bzw.
die Kombination mehrerer Frequenzen wird eine, wenn auch meist beschränkte
Auswahlmöglichkeit, geschaffen. Eine der Fernsteuerwählertechnik ähnliche
Bedeutung haben diese Frequenzverfahren jedoch nicht gewonnen.

2. Die Eindrahtsteuerung

Wenn man an die Planung einer Fernbedienungsanlage gehen will, so muß
man sich zunächst einen Überblick darüber verschaffen, welche Hilfsmittel
die neuzeitliche Fernsteuertechnik für den Betrieb derartiger Anlagen überhaupt zur Verfügung stellt. Erst die Kenntnis des Leistungsvermögens und
des Anwendungsbereiches der hauptsächlich in Frage kommenden Fernsteuerverfahren ermöglicht es, von Fall zu Fall das für die gerade vorliegenden
Übertragungsverhältnisse und Fernbedienungsaufgaben zweckmäßigste Verfahren der Planung zugrunde zu legen. Darüber hinaus gestattet es die Kenntnis der Wirkungsweise der gebräuchlichen Verfahren, die Betriebsführung des
fernzubedienenden Werkes weitgehend den durch die Fernsteuergeräte gebotenen Möglichkeiten anzupassen und zu entscheiden, welche Schalthandlungen und Zustandsüberwachungen zweckmäßigerweise in die Fernbedienung

einbezogen werden und welche Betriebsvorgänge besser in anderer Weise, z. B. durch eine örtliche Automatik oder durch Bedienungspersonal, abgewickelt und überwacht werden.

Für die Auswahl eines geeigneten Fernsteuerverfahrens ist in der Hauptsache die Größe der Entfernung zwischen der Steuerstelle und der gesteuerten Stelle maßgebend und ferner die Art und Zahl der für die Befehls- und Meldungsübermittlung verfügbaren oder zu beschaffenden Verbindungswege. Bei kleineren Entfernungen kann man Verfahren anwenden, die eine größere Zahl von Übertragungsadern — z. B. eine für jeden ferngesteuerten Schalter — benötigen, während für größere Entfernungen nur Fernsteuergeräte in Frage kommen, die den gesamten Fernsteuerverkehr auch für eine umfangreiche Schaltstelle nur über eine geringe Zahl von Verbindungsleitungen abzuwickeln gestatten.

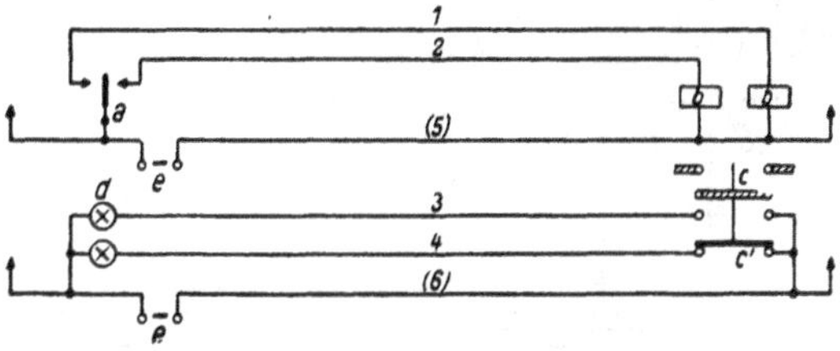

Entsprechend der Zahl der benötigten Verbindungswege unterscheidet man in der Hauptsache: Mehrdrahtverfahren, Eindrahtverfahren, Kombinationsverfahren und Wählerverfahren.

Bild 4. Mehrdrahtsteuerung
a Befehlsschalter mit Hilfskontakt
b Schaltrelais
c Betätigter Schalter mit Hilfskontakt
d Lampe zur Stellungsmeldung
e Hilfsstromquelle

Mehrdrahtverfahren, wie sie insbesondere bei der reinen Ortssteuerung gebräuchlich sind, scheiden wegen ihres hohen Aderbedarfes für die Lösung von Fernsteueraufgaben in der Regel aus. Das in Bild 4 wiedergegebene Beispiel einer Mehrdrahtsteuerung zeigt, daß bei diesem Verfahren im einfachsten Fall außer den gemeinsamen Potentialleitungen (5 und 6) für jeden ferngesteuerten Schalter mindestens 4 Verbindungsadern erforderlich sind. Dieser Aderaufwand macht das Mehrdrahtverfahren schon bei kleinen Entfernungen gegenüber adersparenden Fernsteuerverfahren unwirtschaftlich. Das Mehrdrahtverfahren ist also kein eigentliches Fernsteuerverfahren.

Wenn dennoch eine nach einer solchen Mehrdrahtschaltung arbeitende Steueranlage häufig als Fernsteueranlage bezeichnet wird, so liegt das daran, daß in Fachkreisen der Elektrizitätswirtschaft meist der Begriff Fernsteuerung nicht eng genug umrissen wird. Man neigt daher häufig dazu, auch bereits dann von einer Fernsteueranlage zu sprechen, wenn der für die einzelnen Schalter erforderliche Betätigungsstrom nicht mehr unmittelbar über die Kontakte des Befehlsschalters geleitet wird, sondern besondere Zwischenrelais oder Druckluftventilspulen eingesetzt werden, die den eigentlichen Schalterantrieb übernehmen. Eine solche weitläufige Definition des Begriffes Fernsteuerung ist geeignet, in fachlichen Diskussionen über Planung und Betriebsführung Mißverständnisse und fehlerhafte Rückschlüsse zu zeitigen. Es erscheint daher zweckmäßig, allgemein nur solche Steueranlagen als Fernsteueranlagen zu bezeichnen, bei denen Steuerstelle und gesteuerte Stelle tatsächlich so „entfernt" voneinander sind, daß man aus wirtschaftlichen Gründen von dem bei der reinen Ortssteuerung üblichen Aderaufwand zugunsten adersparender Schaltungen abgehen muß.

Mehrdrahtverfahren scheiden also zur Lösung von Fernsteueraufgaben grundsätzlich aus. Den ersten Schritt von dem großzügigen Aderaufwand bei der reinen Ortssteuerung zu einem auch für größere Entfernungen tragbaren Aderaufwand stellt die Eindraht-Fernsteuerung dar. Diese Eindraht-steuerung gestattet es, die Fernbedienung und Überwachung eines Schalters über nur eine Verbindungs-ader durchzuführen, wobei allerdings für die Gesamt-anlage zwei gemeinsame Übertragungsleitungen zur Durchgabe der Betäti-gungsspannung zusätzlich erforderlich werden. Für die Fernsteuerung und Überwachung von Schal-tern benötigt also eine nach dem Eindrahtverfahren ar-beitende Fernsteueranlage $n + 2$ Verbindungsadern, wobei zu bemerken ist, daß beide Potentialleitungen

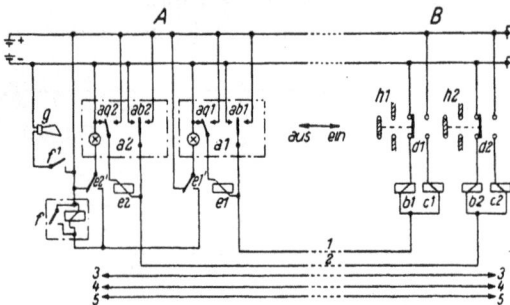

Bild 5. Schaltung einer Eindrahtsteuerung
A Steuerstelle   B Ferngesteuerte Stelle
a 1, a 2 Steuerquittungsschalter
ab 1, ab 2 Befehlsschalter   aq 1, aq 2 Quittungsknebel
b 1, b 2 Steuerzwischenrelais für
        Einschaltung
c 1, c 2 Steuerzwischenrelais für
        Ausschaltung
d 1, d 2 Schalterhilfskontakte für
        Rückmeldung
e 1, e 2 Stellungs-Rückmelderelais
f Flackereinrichtung   g Hupe
h 1, h 2 Ferngesteuerte Schalter

bei größerer Schalterzahl der Anlage und größerer Entfernung einen gegen-über den anderen Adern verstärkten Querschnitt aufweisen müssen, damit auf diesen gemeinsamen Adern kein unzulässiger Spannungsabfall eintritt.

Die Durchführung der erforderlichen Befehle und Meldungen für den ein-zelnen Schalter über eine Ader wird bei der Eindrahtsteuerung dadurch mög-lich, daß der über die Einzelader gegebene Strom hinsichtlich seiner Größe oder Polarität je nach der Ein- oder Aus-Stellung des betreffenden Schalters bzw. dem beabsichtigten Ein- oder Aus-Befehle geändert wird.

In Bild 5 ist die Schaltung einer Eindraht-Fernsteuerung wiedergegeben. Die Steuerung des einzelnen Schalters erfolgt dabei dadurch, daß je nach-dem, ob sein zugehöriger Befehlsschalter (ab) auf der Steuertafel in die Be-fehlsstellung für die Ein- oder Aus-Schaltung gebracht wird, ein Plus- oder Minus-Potential unmittelbar auf die dem betreffenden Schalter zugeordnete Einzelader gelegt wird. Dadurch kommt z. B. bei der Durchgabe eines Ein-schaltbefehls an den Schalter 1 das Steuerzwischenrelais b 1 für die Ein-schaltung des Schalters 1 in der gesteuerten Stelle zum Ansprechen, und zwar auf folgendem Wege: Pluspol, die „Ein"-Befehlsstellung des Befehlsschalters ab 1, Leitung 1, die Wicklung des Relais b 1, die „Aus"-Stellung des Schalterhilfskontaktes $d\,1$ und den gemeinsamen Rückleiter zum Minuspol der Gleichstromquelle der Steuerstelle. Bei einem „Aus"-Befehl für den gleichen Schalter wird vom Befehlsschalter $ab\,1$ der Minuspol der Batterie an die Leitung 1 gelegt und dadurch über die „Ein"-Stellung des Schalterhilfskontaktes $d\,1$ das Steuerzwischenrelais $c\,1$ für die Ausschaltung des Schalters $h\,1$ erregt. In ähnlicher Weise erfolgt über die anderen Adern die Steuerung der übrigen Schalter.

Die Rückmeldung der jeweils von dem einzelnen Schalter eingenommenen Stellung geht in der Weise vor sich, daß der Hilfskontakt des Schalters von der gesteuerten Stelle her abhängig von seiner Ein- oder Aus-Stellung über die Steuerzwischenrelais $b\,1$ oder $c\,1$ entweder ein mittelbares Minus- oder Pluspotential an die ihm zugeordnete Einzelader legt. Dadurch kommt in der Steuerstelle für den Fall ein dem betreffenden Schalter zugeordnetes Stellungsrückmelderelais e zum Ansprechen, daß die Stellung des Quittungsknebels (aq) des in seiner Wirkungsweise später näher beschriebenen Steuerquittungsschalters a nicht mehr mit der tatsächlichen Schalterstellung übereinstimmt. Steht beispielsweise der Quittungsknebel $aq\,1$ des Steuerquittungsschalters $a\,1$ auf der Steuertafel in der „Aus"-Stellung und wurde der Schalter $h\,1$ durch ein vorangegangenes Kommando in die Ein-Stellung umgeschaltet, so wird über die Ein-Stellung des Schalterhilfskontaktes $d\,1$, das Steuerzwischenrelais $c\,1$, die Fernsteuerader 1, die Wicklung des Stellungs-Rückmelderelais $e\,1$ in der Steuerstelle und die Aus-Stellung des Quittungsknebels $aq\,1$, das Rückmelderelais $e\,1$ solange zum Ansprechen gebracht, bis der Quittungsschalter anschließend von Hand gleichfalls in die Ein-Stellung umgelegt wird.

Zum Hinweis auf die eingetretene Stellungsänderung des Schalters $h\,1$ bringt das Rückmelderelais der Steuerstelle durch seinen Kontakt $e\,1'$ für die Dauer seiner Erregung die normalerweise ruhig brennende Lampe im Quittungsknebel $aq\,1$ solange zum Flackern, bis dieser von Hand in die neue Stellung umgelegt wurde. In ähnlicher Weise macht sich auch ein selbsttätiger Schalterausfall bzw. eine Umschaltung des Schalters von Hand an Ort und Stelle bemerkbar. Glaubt man, auf das besondere Flackerzeichen beim Eintreffen einer Stellungsmeldung verzichten zu können, so kann man bei einfachster Ausführung der Anlage das für den einzelnen ferngesteuerten Schalter vorgesehene Rückmelderelais e und das gemeinsame Flackerrelais f auch fortfallen lassen und statt des Rückmelderelais e in den Meldestromkreis unmittelbar die Meldelampe des Quittungsschalters einfügen, die durch ihr Aufleuchten jede eingetretene Schalterstellungsänderung kennzeichnet.

Zu bemerken bleibt, daß das Rückmelderelais e sowohl wie die vorerwähnte, unmittelbar im Meldekreis liegende Meldelampe stets so hochohmig bemessen werden muß, daß das hierzu in Reihe liegende niedrigohmige Steuerzwischenrelais b oder c in der gesteuerten Stelle auch bei ungünstigen Spannungsverhältnissen nicht über das Rückmelderelais oder die Meldelampe zum Ansprechen kommen kann. Andererseits darf das Rückmelderelais e auch wieder nicht zu empfindlich sein, damit es nicht durch irgendwelche Ausgleichsströme

über die Steuerader fälschlicherweise eingeschaltet wird. Derartige uner-
wünschte Ausgleichsströme über die Steueradern können nämlich dann auftreten, wenn man die gemeinsamen Potentialleitungen nicht stark genug bemessen hat und daher z. B. bei der Betätigung mehrerer Schalter ein merk-
barer Spannungsabfall auf den Potentialleitungen stattfindet. Es kommt
daher besonders bei größeren Fernsteueranlagen nach dem Eindrahtverfahren
darauf an, die einzelnen Relais gut aufeinander abzustimmen und vor allem
den Querschnitt der Potentialleitungen nicht zu klein zu wählen.

Erwähnt werden muß schließlich, daß bedienungstechnisch die Eindrahtsteuerung den Nachteil hat, daß bei ihr für die Dauer der Befehlsgabe jede
Rückmeldemöglichkeit unterbunden ist. Die Bedienungsperson erhält nämlich erst dann eine Meldung des Befehlsvollzuges, wenn sie den Steuerbefehl
zurückgenommen hat, weiß also bei betätigtem Befehlsschalter nicht, wann
der Schalter die befohlene Schaltbewegung beendet hat. Der Schaltwärter
muß also wissen, wie groß die Eigenschaltzeit des einzelnen Schalters ist und
die Befehlsdauer unter Berücksichtigung einer zusätzlichen Sicherheit entsprechend bemessen. Hat eine Schaltanlage nur Schalter gleicher Gattung,
d. h. Eigenschaltzeit, so hat der Schaltwärter erfahrungsgemäß bald im Ge-
fühl, wie lange er die Befehlsschalter zu betätigen hat. Sind dagegen in der
gleichen fernbedienten Anlage Leistungsschalter und Trennschalter verschiedener Bauart und Schaltzeit vorhanden, so können aus dem Fehlen der Ausführungsmeldung Unregelmäßigkeiten in der Bedienung entstehen, die zum
Pumpen oder zur unvollständigen Schaltbewegung eines Schalters führen
können.

Abgesehen hiervon und abgesehen von ihrer an anderer Stelle behandelten
beschränkten Anwendungsmöglichkeit hat die Eindrahtfernsteuerung den
Vorteil, daß sie in ihrem Aufbau außerordentlich einfach ist und die gegebenen
Schaltbefehle im Gegensatz zu anderen Fernsteuerverfahren praktisch verzögerungsfrei zur Durchführung bringt.

3. Die Kombinationsverfahren

Bei größeren Entfernungen wird es unwirtschaftlich, für jeden fernzusteuernden Schalter eine besondere Steuerader vorzusehen. Es mußten daher
Verfahren entwickelt werden, bei denen die Fernsteuerung einer größeren
Zahl von Schaltern über eine geringe Zahl von *gemeinsam* benutzten Steueradern möglich ist. Aus dieser Notwendigkeit heraus entstanden die Kombi-
nations- und die Wählerfernsteuerverfahren.

Geht man zunächst auf die Kombinationsverfahren ein, so sagt schon die
Benennung dieser Verfahren, daß bei ihnen zur Durchführung der einzelnen
Steuervorgänge eine bestimmte Zahl von Kombinationsgrößen vorgesehen
wird, deren jeweilige Zusammenstellung den gerade durchzugebenden Befehl
kennzeichnet. Solche Kombinationsgrößen können im einfachsten Fall die
Fernsteuerleitungen selbst sein. So sind in dem in Bild 6 wiedergegebenen
Beispiel einer Fernsteuerung nach dem Kombinationsverfahren *3* Kombi-
nationsleitungen als Auswahlgrößen vorgesehen. Je nach dem gerade zu

übertragenen Befehl werden durch die Befehlsschalter der Steuerstelle bestimmte Leitungen, z. B. durch den Schalter $a\,3$, die Leitungen $d\,2$ und $d\,3$ an
Spannung gelegt und dadurch in der gesteuerten Stelle die zugehörigen Endrelais, z. B. $b\,2$ und $b\,3$, eingeschaltet. Dadurch kommt über die Kontakte
$b\,2^1$ und $b\,3^2$ ein Steuerstromkreis für Schalter $c\,3$ zustande. Auf diese Weise
kann man mit einer geringen Zahl von Übertragungsleitungen leicht eine

größere Zahl von Befehlen
oder Meldungen durchge-
ben. Die genaue Anzahl
K der möglichen Befehle
berechnet sich in Abhän-
gigkeit von der Zahl n der
zur Verfügung stehenden
Verbindungsleitungen aus
der Formel $K = (2^{n-1}-1)$,
so daß sich z. B. bei 6
Übertragungsleitungen die
Auswahlmöglichkeit von 31
Schaltern ergibt.

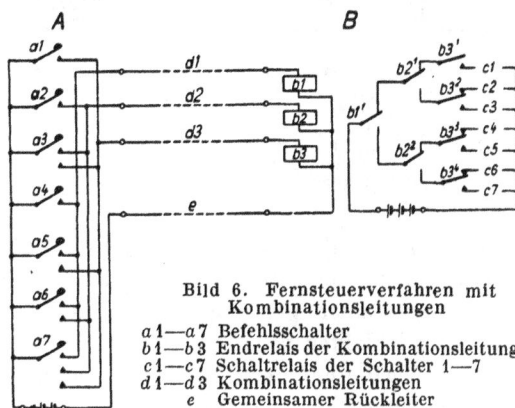

Bild 6. Fernsteuerverfahren mit
Kombinationsleitungen

$a\,1$—$a\,7$ Befehlsschalter
$b\,1$—$b\,3$ Endrelais der Kombinationsleitungen
$c\,1$—$c\,7$ Schaltrelais der Schalter 1—7
$d\,1$—$d\,3$ Kombinationsleitungen
e Gemeinsamer Rückleiter

Anstatt die Übertra-
gungsleitungen selbst als
Kombinationsgrößen zu verwenden, kann man auch die verschiedenen Be-
triebsformen des elektrischen Stromes als Mittel zur Kombinationsauswahl
heranziehen, was den Vorteil mit sich bringt, daß man mit einer geringsten
Zahl von Übertragungsleitungen, z. B. einer Doppelleitung, auskommt. Als
Kombinationsgröße kann man dabei z. B. die Frequenz der über die
Doppelleitung gegebenen Wechselströme benutzen. Einfacher noch ist die
besonders in der amerikanischen Fernsteuertechnik gebräuchliche Kombination von Gleich- und Wechselströmen bzw. den Polaritäten des Gleichstromes, wodurch auf der einzelnen Übertragungsleitung verschiedene Be-
fehls- und Meldevorgänge durchführbar werden.

Als die einfachsten und trotzdem zahlenmäßig ergiebigsten Kombinationsverfahren kann man diejenigen Verfahren bezeichnen, die sowohl eine geringe
Zahl von Verbindungsleitungen wie auch die Änderung der jeweils über diese
Leitungen übertragenen Stromart zur Auswahl heranziehen. So ergibt z. B.
allein die Änderung der Polarität des übertragenen Stromes bei 3 Kombinationsleitungen 26 verschiedene Auswahlmöglichkeiten. Wird z. B., entsprechend Bild 7, am Ende einer jeden der 3 Verbindungsleitungen je ein
Relais $b\,p$ zur Auswertung der positiven und je ein Relais $b\,n$ zur Auswertung
der negativen Stromzeichen angeordnet, so ergeben sich ohne weiteres die
in der zugehörigen Tabelle 7a wiedergegebenen 26 Relaiskombinationen
bzw. durch die Betätigung der zugehörigen Relaiskontakte 26 verschiedene Schaltbefehle.

Kombinationsverfahren der vorbeschriebenen Art werden in den verschiedensten Abwandlungen und Ausführungsformen hauptsächlich in der ameri-

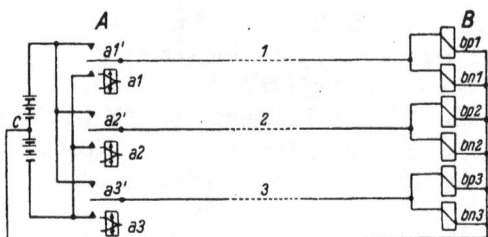

Bild 7. Kombinationsverfahren mit Polaritätswechsel
A Steuerstelle   B Ferngesteuerte Stelle
a1—a3 Von den Befehlsschaltern beeinflußte Kombinationsrelais für Polaritätswechsel
bp1—bp3 Endrelais, die auf positiven Strom ansprechen
bn1—bn3 Endrelais, die auf negativen Strom ansprechen
c Hilfsstromquelle

kanischen Fernsteuertechnik zur Anwendung gebracht, während in der europäischen Fernsteuertechnik von der Kombinationstechnik kaum Gebrauch gemacht wird.

Im allgemeinen läßt sich zur Anwendung von Kombinationsverfahren in der Fernsteuertechnik folgendes sagen: Diese Verfahren gestatten, soweit sie keine zeitraubende Speicher- oder Auswahlkontrolleinrichtung aufweisen, eine sehr schnelle, der reinen Ortssteuerung nahekommende Befehlsausführung. Außerdem kann man durch Hinzufügen einer weiteren Kombinationsgröße, beispielsweise einer weiteren Leitung, leicht eine große Zahl zusätzlicher Befehlsmöglichkeiten schaffen. Entscheidend für die Beurteilung eines bestimmten Verfahrens der Fernsteuertechnik ist jedoch stets die Frage der Gewährleistung der Auswahlsicherheit bzw. des Schutzes gegen Fehlsteuerungen.

Auswahl Nr.	Polarität auf Ltg.			Ansprechen von Relais					
	1	2	3	bp 1	bn 1	bp 2	bn 2	bp 3	bn 3
1	+			×					
2		+				×			
3			+					×	
4	−				×				
5	−						×		
6			−						×
7	+	+		×		×			
8	+	+	+	×				×	
9		+	+			×		×	
10	−	−			×		×		
11	−		−		×				×
12		−	−				×		×
13	+	+	+	×		×		×	
14	−	−	−		×		×		×
15	+	−		×			×		
16	+		−	×					×
17	+	−	−	×			×		×
18	+	−	+	×			×	×	
19	+	+	−	×		×			×
20	−	+			×	×			
21		+	−			×			×
22	−	+	−		×	×			×
23	−	+	+		×	×		×	
24		−	+				×	×	
25	−		+		×			×	
26	−	−	+		×		×	×	

Bild 7a: Tabelle der Auswahlmöglichkeiten der Kombinationsschaltung Bild 7.

Von diesem Gesichtspunkt aus betrachtet, muß man bei der Anwendung von Kombinationsverfahren insofern besonders vorsichtig sein, als bei diesen Verfahren, wenn keine zusätzlichen Sicherheitsmaßnahmen getroffen sind, durch den Ausfall einer der Kombinationsgrößen stets eine Fehlsteuerung bedingt ist. Sollen daher Geräte mit Kombinationsauswahl zu Fernsteuerzwecken eingesetzt werden, so müssen sie in irgendeiner Form die getroffene Auswahl sicherstellen. Eine derartige Sicherstellung der richtigen Auswahl kann dabei in der verschiedensten Weise erfolgen. So überprüft man z. B. im Augenblick oder kurz vor der Befehlsausführung, ob sämtliche Kombinationsgrößen ordnungsgemäß in Betrieb sind. In dieser Weise arbeiten z. B. Verfahren, bei denen jeder Befehl aus der Kombination von zwei verschiedenen Relais besteht. Man kontrolliert in diesem Fall durch eine besondere Prüfeinrichtung in der gesteuerten Stelle, ob bei der Befehlsübermittlung nicht mehr und nicht weniger als zwei Endrelais erregt werden und bringt nur in diesem Fall den betreffenden Befehl zur Ausführung. Ein anderes Mittel zur Sicherstellung der Auswahl besteht z. B. darin, daß man auf einer Kombinationsleitung bei jedem Befehl entweder ein positives oder ein negatives Stromzeichen überträgt und in der gesteuerten Stelle überprüft, ob in jedem Fall eins der beiden Zeichen ordnungsgemäß einläuft. Schließlich kann man auch vor der Befehlsausführung eine Rückübermittlung der Kombinationszeichen zur Kontrolle der richtigen Steuervorbereitung vorsehen, was allerdings die Geschwindigkeit der Befehlsübertragung beeinträchtigt.

Zu bemerken bleibt schließlich, daß für die Überwachung der Stellung der einzelnen ferngesteuerten Schalter mindestens eine gleiche Zahl von Kombinationsgrößen vorhanden sein muß, wie für die Fernsteuerung, wobei die Übertragungsrichtung umgekehrt ist. Die Mitbenutzung der bereits zu Fernsteuerzwecken verwendeten Größen ist nur unter ganz bestimmten Voraussetzungen möglich, so daß für die Meldungsdurchgabe meist noch zusätzliche Übertragungsleitungen erforderlich werden. Zu beachten ist ferner, daß bei den Kombinationsverfahren stets nur *eine* Stellungsmeldung gleichzeitig übertragen werden kann. Zur Stellungsabfrage sämtlicher Schalter einer Schaltstelle, die betrieblich z. B. nach Spannungsausfall, Leitungsbruch u. a. erforderlich wird, muß daher stets noch eine besondere Abfrage- und Meldevorrichtung vorgesehen werden, die auf einen besonderen Anreiz hin nacheinander die Stellungskennzeichen der einzelnen überwachten Schalter zur Steuerstelle hin überträgt und auswertet, ein Vorgang, der bei größeren Anlagen eine längere Zeit in Anspruch nimmt und von anderen Verfahren in einfacherer Weise durchgeführt werden kann.

4. Die Verfahren mit laufend synchronisierten Verteilerorganen

Die Kombinationsverfahren und die Eindrahtsteuerung erfordern einen Aufwand an Verbindungsadern, der in einem bestimmten Verhältnis zum Umfang der Fernsteueranlage steht und vor allem bei der Eindrahtsteuerung in der Regel beträchtlich ist. Die Anwendung dieser Verfahren ist daher an die Beschaffungsmöglichkeit der erforderlichen Verbindungsadern gebunden.

Da aber häufig nur ein Mindestmaß von Übertragungsleitungen für Fernsteuerzwecke zur Verfügung gestellt werden kann bzw. bei größeren Entfernungen die Beschaffung eines vieladrigen Steuerkabels unwirtschaftlich
wird, wurden frühzeitig Verfahren mit umlaufenden Verteilern entwickelt,
die für die Fernsteuerung selbst umfangreicher Anlagen mit nur 2, höchstens
aber 4 *gemeinsam* benutzten Übertragungsleitungen auskommen.

Bei diesen Verfahren, zu denen auch die später ausführlicher beschriebenen
neuzeitlichen Fernsteuerwählergeräte mit Impulsgruppenverkehr gehören,

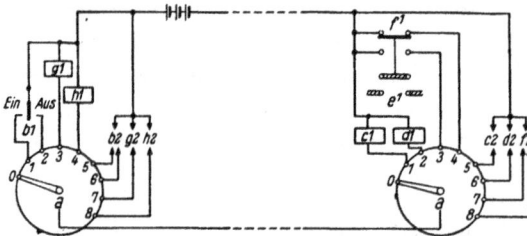

werden bei jeder Befehls-
oder Meldungsübertragung
in der Steuerstelle sowohl
wie in der gesteuerten
Stelle Verteiler bzw. Wähler zum Umlauf gebracht,
die in irgendeiner Form
eine Vermittlung zwischen
dem gerade betätigten Be-
fehlsschalter in der Steuerstelle und dem Antrieb
des zugehörigen fernbe-
dienten Schalters in der
gesteuerten Stelle zum

Bild 8. Fernsteuerverkehr über laufend synchronisierte
Verteiler

a umlaufender Verteiler	*e 1* Fernbedienter Schalter 1
b 1 b 2 Befehlsschalter	*f 1* Meldehilfskontakt
c 1 c 2 Einschaltrelais	*g 1* Einschalt-Meldrelais
d 1 d 2 Ausschaltrelais	*h 1* Ausschalt-Meldrelais

Zwecke der Fernsteuerung herstellen. In ähnlicher Weise übernehmen es
diese Verteiler auch, die Stellung des einzelnen fernbedienten Schalters zur
Steuerstelle zu übertragen und dort zur Anzeige zu bringen.

Im einfachsten Fall sind dabei, wie in Bild 8 wiedergegeben, jedem fernbedienten Schalter 4 Verteilerstellungen zur Ein- bzw. Aussteuerung und
der entsprechenden Stellungsmeldung zugeordnet. Das räumliche Neben-
einander der einzelnen Übertragungsleitung einer Eindrahtsteuerung wird
bei den Verfahren mit umlaufenden Verteilern durch die zeitlich aufeinander-
folgende Benutzung der gemeinsamen Doppelader zur Steuerung und Überwachung der einzelnen Schalter ersetzt. So werden z. B. beim Umlauf des
in Bild 8 wiedergegebenen Verteilers zunächst auf den Schritten *1* bis *4* die
Befehls- und Meldevorgänge für den Schalter *1* durchgeführt, dann auf
den Schritten *5* bis *8* die für den Schalter *2* usw. Am Schluß der Verteilerumdrehung sind dann alle Stellungsmeldungen bzw. gerade eingestellte
Schaltbefehle übertragen. Wählt man nun die einzelnen Verteiler groß genug
oder sorgt man durch eine Gruppenbildung oder andere Hilfsmittel für eine
zweckmäßige Mehrfachausnutzung der einzelnen Verteilersegmente, so kann
man über die gemeinsame Doppelleitung leicht eine große Zahl von Schaltern
fernbedienen und überwachen.

So einfach das in Bild 8 wiedergegebene Übertragungsverfahren erscheint,
so erfordert seine Anwendung für Fernsteuerzwecke doch noch eine Reihe
zusätzlicher Maßnahmen. Voraussetzung für seine Anwendung in der beschriebenen Form ist, daß durch besondere Vorkehrungen dafür Sorge ge-

tragen wird, daß sich während der Befehls- und Meldungsübertragung der Verteiler der gesteuerten Stelle synchron zum Verteiler der Steuerstelle bewegt. Nur, wenn dieser Synchronismus für die gesamte Verteilerumdrehung sichergestellt ist und bei einem Außertrittfall jede Steuer- und Meldemöglichkeit selbsttätig abgeschaltet wird, kann ein derartiges Befehls- und Meldeverfahren für Fernsteuerzwecke angewendet werden, da sonst die Gefahr von Fehlsteuerungen oder Fehlmeldungen besteht.

Die Art der Sicherstellung des Synchronismus bei diesen einfachen Verteilerverfahren richtet sich hauptsächlich nach der konstruktiven Ausführung des verwendeten Wählerorganes. Außer den meist verwendeten, schrittweise fortbewegten Drehwählern werden nämlich in geringem Ausmaß auch motorisch angetriebene Wähler für Fernsteuerzwecke zur Anwendung gebracht, wenn auch das eigentliche Anwendungsgebiet derartiger Wähler mehr in das Gebiet der später erörterten Fernschaltverfahren gehört. Die Aufrechterhaltung des Synchronismus bei der Verwendung motorisch angetriebener Verteiler erfolgt in der Regel in der Weise, daß zu Beginn der Befehls- oder Meldungsübertragung von der Steuerstelle oder der gesteuerten Stelle her ein Startimpuls gegeben wird. Auf diesen Startimpuls hin laufen in beiden Stellen die Antriebsmotoren der Wähler an. Verwendet man hierfür Synchronmotoren oder durch Fliehkraftkontakte geregelte Gleichstrommotoren, so erreicht man bei kleineren Verteilern leicht einen ausreichenden Synchronismus für die gesamte Verteilerumdrehung. Am Schluß der Umdrehung werden die beiden Verteiler dann selbsttätig wieder stillgesetzt.

Handelt es sich um größere Verteiler mit hoher Segmentzahl, so genügt in der Regel eine einmalige Synchronisierung für den gesamten Verteilerumlauf nicht, und man muß auf den Umfang verteilt mehrere Synchronisierstellungen einrichten, bis zu denen die Verteiler in freier Eigenbewegung laufen und aus denen sie gemeinsam durch einen Zwischenstartimpuls wieder zum Anlauf gebracht werden. Ein Beispiel einer solchen Mehrfachsynchronisierung ist in Bild 9 wiedergegeben. Dabei sind der besseren Übersicht wegen besondere Hilfsleitungen für die Synchronisierung vorausgesetzt, wozu zu bemerken ist, daß bei geschickter Anordnung der Gesamtschaltung bzw. Benutzung verschiedener Polaritäten die Start- und Synchronisierzeichen auch über die gleichen Verbindungsadern gegeben werden können, die bereits für die Übermittlung der Fernsteuer- und Fernmeldestromzeichen benutzt werden.

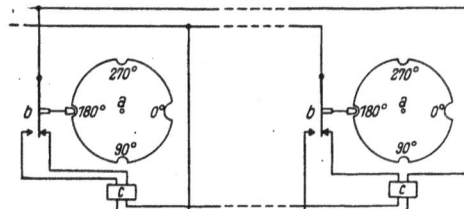

Bild 9. Mehrfachsynchronisierung bei Motorwählern

a Nockenscheibe des Verteilers mit Synchronisiernuten
b Nockenumschalter
c Hilfsrelais zum Einrücken der Motorkupplung

Werden für ein Verfahren mit laufender Synchronisierung bzw. unmittelbarer Befehls- und Meldungsausführung über das zugeordnete Verteiler-

segment schrittweise fortbewegte Wähler benutzt, so muß die laufende Sicherstellung des jeweiligen Wählersynchronismus in anderer Weise erfolgen. Am

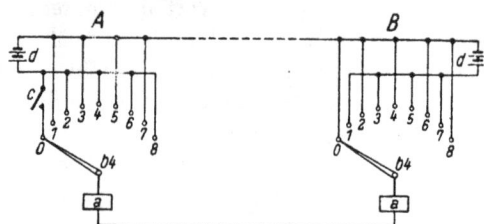

Bild 10. Sicherstellung des Synchronismus bei Schrittschaltwerken

A Steuerstelle   B Ferngesteuerte Stelle
a   Wähler-Fort-Schaltrelais
b 4   Vierter Wählerarm
c   Anlaßkontakt
d   Hilfsstromquelle

einfachsten erreicht man eine
solche Sicherstellung des Synchronismus durch Fortschaltim-
pulse wechselnder Polarität. Entsprechend der Schaltung des
Bildes 10 werden die Fortschalt-
relais a des Wählers b in der
Steuerstelle und in der gesteuerten Stelle in der Weise über
je einen freien Wählerarm b 4
geschleift, daß sie nur dann zum
Ansprechen kommen können,
wenn beide Wähler auf einem
geradzahligen oder ungeradzahligen Schritt stehen. Zu diesem Zweck sind
die einzelnen Schritte des freien Wählerarmes abwechselnd an Plus
oder Minus gelegt. Bleibt im Störungsfall einer der beiden Wähler hinter
dem anderen zurück, so kann keine weitere Wählerfortschaltung mehr
stattfinden und es wird jede weitere Befehls- oder Meldungsdurchgabe verhindert. Der Außertrittfall wird durch eine Störungslampe gekennzeichnet
und durch eine besondere Rückstelltaste können beide Wähler wieder in ihre
Grundstellung gebracht werden.

In dieser oder ähnlicher Weise kann die Sicherstellung des Synchronismus
der umlaufenden Verteiler erfolgen. In jedem Fall aber wird die einfache
Grundschaltung der vorbeschriebenen Verfahren mit laufend synchronisierten Verteilerorganen durch die zusätzlich erforderlichen Sicherheitsmaßnahmen kompliziert. Da außerdem für die zwangläufige Synchronisierung
und die rechtzeitige Unterbindung der Befehlsausführung im Störungsfall
häufig besondere Hilfsadern zusätzlich benötigt werden, haben die Verfahren
mit laufend synchronisierten Verteilern in die Fernsteuertechnik nur in beschränktem Umfang Eingang gefunden. Es erübrigt sich daher auch, die
verschiedenen Verfahren im einzelnen genauer zu beschreiben.

5. Die Taktgeberverfahren mit Gleichrichterweiche

Ohne zusätzliche Maßnahmen zur Sicherstellung des Gleichlaufes während
der Verteilerumdrehung kommen alle diejenigen Fernsteuerwählerverfahren
aus, die die verschiedenen Befehle und Rückmeldungen durch verschlüsselte
Impulstelegramme übertragen.

Zur Aussendung und Auswertung dieser Impulstelegramme verwenden die
nach diesem Verfahren arbeitenden Fernsteuerwählergeräte Wähler und
Relais (Bild 11), die der normalen Fernsprechvermittlungstechnik entnommen sind. Nur die für den Impulsempfang eingesetzten Relais, die häufig
über große Entfernungen zum Ansprechen kommen müssen, sind besonders

empfindliche Empfangsrelais (Bild 12), wie
sie in der Telegraphentechnik gebräuchlich sind.

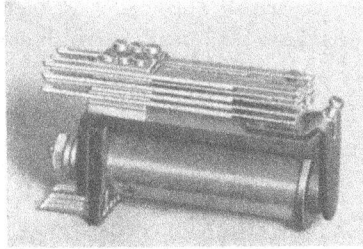

a   b

Bild 11. Fernsprechwähler und Fernsprechrelais

Fernsteuerwählergeräte, die auf die laufende Überwachung des Synchronismus der an der Befehls- oder Meldungsübermittlung beteiligten Wähler verzichten, müssen dem erfor-
derlichen Schutz gegen Fehlsteuerungen oder Fehlmel-
dungen in anderer Weise
Rechnung tragen. Es ist bei
diesen Geräten nicht mehr
möglich, Befehle oder Meldungen bereits auf dem zugeordneten Wählerschritt zur
Ausführung zu bringen, da
bei einem Außertrittfall des
ferngesteuerten Wählers sofort eine Fehlsteuerung oder
Fehlmeldung die Folge wäre.
Auf den einzelnen Wähler-
schritten wird daher bei diesen Verfahren zunächst nur
eine *Vorbereitung* der vorzu-

Bild 12. Impuls-Empfangsrelais

nehmenden Fernsteuerung bzw. der durchzugebenden Meldung getroffen.
Die Befehls- oder Meldungsausführung selbst wird solange verschoben, bis
am Schluß des übermittelten Impulstelegrammes der Gleichlauf der zum Umlauf gebrauchten Wähler festgestellt wird. Die Vorbereitung der Befehlsausführung wird dabei durch besondere Schrittrelais oder einen gemeinsamen
Speicherwähler vorgenommen.

Die einfachste Ausführung eines Fernsteuerwählerverfahrens ohne laufende
Überwachung des Synchronismus stellt das Taktgeberwählerverfahren mit
Gleichrichterweiche dar. Das besondere Merkmal der nach diesem Verfahren

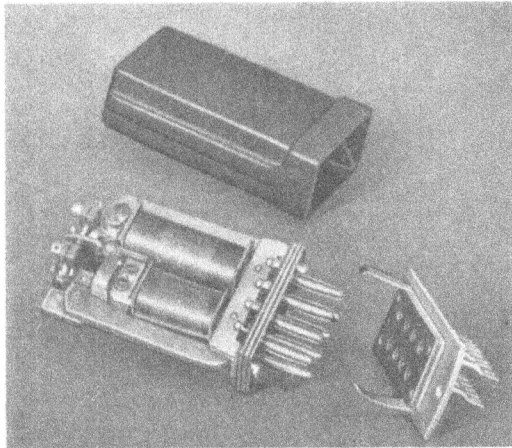

arbeitenden Geräte ist außer der Verwendung der Gleichrichterweiche der Umstand, daß sie für Befehlsgabe und Meldungsübertragung in der Steuerstelle sowohl wie in der gesteuerten Stelle nur einen gemeinsam benutzten Wähler aufweisen, während bei den übrigen Fernsteuerwählerverfahren in der Regel für die Durchgabe der Fernsteuerbefehle und Rückmeldungen je ein besonderes Wählerpaar vorhanden ist. Die schrittweise Fortschaltung

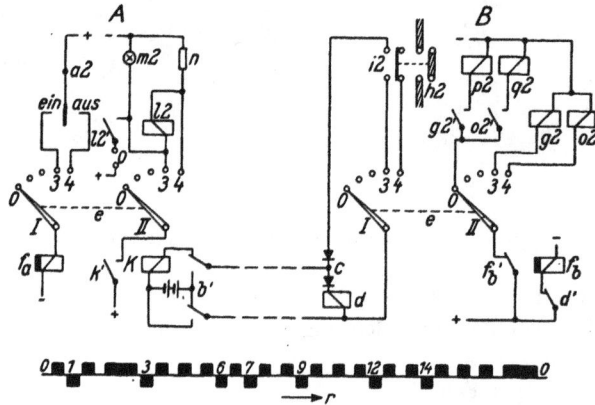

Bild 13. Taktgeberverfahren mit Gleichrichterweiche

	A Steuerstelle	B Ferngesteuerte Stelle
a 2	Befehlsschalter zur Fernsteuerung des Schalters h 2	
b'	Kontakte des Impulssenderelais	c Gleichrichterweiche
d	Impulsempfangsrelais	e Wähler
f_a	Langimpulssenderelais	f_b Langimpulsempfangsrelais
g 2	Steuervorbereitungsrelais zur Einschaltung des Schalters h 2	
k	Empfangsrelais für Meldeimpulse	l 2 Stellungsmelderelais
m 2	Einschalt-Signallampe	n Vorwiderstand zu l 2
o 2	Steuervorbereitungsrelais zur Ausschaltung des Schalters h 2	
p 2	Einschalt-Steuerzwischenrelais	q 2 Ausschalt-Steuerzwischenrelais
r	Impulsdiagramm für den Befehl: Schalter 2 ein! und die Stellungsmeldung:	
	Schalter 1, 2, 4 und 5 eingeschaltet und Schalter 3, 6 und 7 ausgeschaltet.	

des für Steuerung und Meldung gemeinsam benutzten Wählers der gesteuerten Stelle wird dabei in beiden Fällen durch Impulse des Taktgeberwählers der Steuerstelle veranlaßt.

Ein Ausführungsbeispiel eines solchen Taktgeberverfahrens ist in Bild 13 wiedergegeben. Seine Wirkungsweise ist folgende: Soll ein Fernsteuerbefehl übertragen werden, so wird durch den betätigten Befehlsschalter der Steuerstelle, z. B. den Schalter a 2, der dortige Taktgeber angelassen, der einerseits den Wähler e der Steuerstelle fortschaltet und andererseits über die Arbeitsseiten der Kontakte b' des Impulsrelais b Impulse positiver Polarität zur gesteuerten Stelle übermittelt, durch die über die eine Richtung der Gleichrichterweiche c das dortige Empfangsrelais d jedesmal zum Ansprechen gebracht wird, das den Wähler e der gesteuerten Stelle schrittweise fortschaltet. In dieser Weise wird bei jedem Befehlsvorgang der Wähler der gesteuerten Stelle synchron mit dem der Steuerstelle fortbewegt und zu einer vollen Umdrehung gebracht.

Die Befehlsübermittlung selbst erfolgt dadurch, daß der betätigte Befehlsschalter einen bestimmten Wählerschritt belegt, auf dem der Wähler der

Steuerstelle zur Kennzeichnung der getroffenen Schalterauswahl einen Langimpuls zur gesteuerten Stelle überträgt. So wird z. B. bei einem Ein-Befehl
des Befehlsschalters $a2$ auf Schritt 3 ein Langimpuls zur gesteuerten Stelle
übertragen, durch den das dort angeordnete verzögert abfallende Langimpuls-
Empfangsrelais fb zum Abfall gebracht wird. Dadurch kommt der Ruhekontakt fb' dieses Relais zum Schließen, über den nun das Steuervorbereitungsrelais $g2$ für die Betätigung des Schalters $h2$ eingeschaltet wird. Dieses
Relais $g2$ hält sich bis zum Schluß der Wählerumdrehung gebunden. Die
Steuerung selbst wird erst dann ausgeführt, wenn am Schluß der Wählerfortschaltung durch einen verlängerten Schlußimpuls festgestellt wird, daß der
Wähler der gesteuerten Stelle während der Befehlsdurchgabe synchron geblieben ist und daher den Schlußimpuls in seiner wiedererreichten Nullstellung
empfängt. Durch diese Synchron-Schlußkontrolle wird eine durch ein Außer-
trittfallen des Wählers der gesteuerten Stelle bedingte Fehlsteuerung verhindert.

Die Entscheidung darüber, ob ein Schalter ein- oder ausgesteuert werden
soll, wird dadurch getroffen, daß entweder wie in dem gezeichneten Beispiel
für jeden Schalter zwei getrennte Befehlsschritte belegt werden oder bei jedem
Ausschaltbefehl zusätzlich auf einem gemeinsamen Wählerschritt ein weiterer
Langimpuls übermittelt wird. Hiervon abhängig wird in der gesteuerten Stelle
die Ein- oder die Aussteuerung des betreffenden Schalters vorbereitet.

Die Stellungsrückmeldung erfolgt in der Weise, daß jedem Schalter zwei
Meldeschritte für die Meldung seiner Ein- oder Ausstellung zugeordnet sind.
Überschreiten die beiden Wähler diese Schritte, so wird auf dem einen oder
anderen in der Ruhelage des Impulssenderelais b durch den Ein- oder Aus-
schalthilfskontakt i des betreffenden Schalters die zweite Richtung der
Gleichrichterweiche c geschlossen und in der Steuerstelle ein gemeinsames
Meldeempfangsrelais k eingeschaltet, das die in der Steuerstelle vorgesehenen
Stellungsmelderelais entsprechend der jeweiligen Schalterstellung ein- oder
ausschaltet, wobei die optische Signalisierung der eingelaufenen Meldungen
zum Schutz gegen Fehlmeldungen gleichfalls erst von einer Synchronschluß-
kontrolle abhängig gemacht wird.

In dem gewählten Beispiel würde durch den Einschaltbefehl für den Schalter $h2$ dieser Schalter und damit auch der Hilfskontakt $i2$ in die Einschaltstellung gekommen sein. Dadurch wird ein Meldeimpuls auf Schritt 3 veranlaßt, durch den in der Steuerstelle das Stellungsmelderelais $l2$ zum Ansprechen gebracht wird. Dieses Relais schaltet durch seinen Kontakt $l2'$
nach Rückkehr des Wählers in die Ruhelage die Signallampe $m2$ für die Einschaltung des Schalters $h2$ im Befehlsschaltbild der Steuerstelle ein. Zu bemerken bleibt hierzu, daß man wegen der Eigenschaltzeit der ferngesteuerten
Schalter entgegen der Anordnung des Beispieles meist die Meldeschritte eines
Schalters gegenüber seinen Befehlsschritten etwas versetzt. Dadurch erreicht
man, daß der Schalter bis zum Erreichen seines Meldeschrittes mit Sicherheit
seine Schaltbewegung beendet hat und eindeutig seine neue Stellung melden
kann.

Der Nachteil des Taktgeberverfahrens mit Gleichrichterweiche liegt in der beschränkten Anwendungsmöglichkeit desselben. Die Verwendung der beiden Gleichstrompolaritäten zur Wählerfortschaltung und Meldungsdurchgabe macht galvanisch durchgeschaltete Verbindungsadern erforderlich, die nicht durch Schutzübertrager abgeriegelt sein dürfen. Da wegen der in Kraftwerks-betrieben meist vorhandenen Hochspannungsbeeinflussung des Fernsteuer-kabels in vielen Fällen Schutzübertrager an den Enden der Übertragungs-leitung erforderlich werden, ist die Anwendung der Taktgeberverfahren in der Regel nicht vertretbar und daher auch verhältnismäßig selten.

6. Die Fernsteuerwählergeräte mit Impulsgruppenverkehr

Am anpassungsfähigsten und bezüglich des Übertragungsweges am anspruch-losesten sind die Fernsteuerwählergeräte mit Impulsgruppenverkehr. Diese Wählergeräte übermitteln bei jeder Befehls- oder Meldungsübertragung Impulsgruppen, deren einzelne Impulse je nach dem einzelnen Befehl bzw. der einzelnen Meldung nur bezüglich ihrer Zahl, ihrer Dauer bzw. ihrer zeit-lichen Aufeinanderfolge verändert werden. Es kommt für den Betrieb der-artiger Wählergeräte also allein darauf an, einen beliebigen Übertragungsweg für die Übermittlung der einzelnen Impulstelegramme in Form einer freien Doppelader oder eines zusätzlichen Frequenzkanals einer bereits mehrfach ausgenutzten Übertragungsleitung zu schaffen. Ist ein solcher einfacher Übertragungskanal vorhanden oder kann er mit vertretbaren Mitteln beschafft werden, so können mit derartigen Fernsteuerwählergeräten grundsätzlich die gleichen Entfernungen überbrückt werden, wie in der übrigen Nachrichten-technik. Ist es doch übertragungstechnisch keine unterschiedliche Aufgabe, ob zwischen zwei Betriebsstellen eines Versorgungsnetzes Fernschreib- oder Fernsteuerimpulse durchzugeben sind. Hieraus folgt eine für alle praktisch vorkommenden Fälle ausreichende Reichweite der mit Impulsgruppen ar-beitenden Fernsteuerwählergeräte.

Die von Fall zu Fall übermittelten Impulstelegramme werden entsprechend dem gerade eingestellten Befehl von dem Befehlswähler des Gerätes der Steuerstelle ausgesandt und auf einen synchron zum Um-lauf gebrachten Befehlswäh-ler des Gerätes der gesteu-erten Stelle übertragen, der die Auswertung des betref-fenden Befehlstelegramms übernimmt. In ähnlicher Weise sendet bei jeder ein-tretenden Stellungsänderung oder beim Auftreten eines Warnzustandes ein in dem Gerät der fernüberwachten

Bild 14. Befehls- und Rückmeldewähler im Steuerkopf   Stelle angeordneter Rück-

meldewähler ein Impulstelegramm zur Steuerstelle aus, das die in Frage kommende Änderungs- oder Warnmeldung enthält. Dieses Impulstelegramm wird von dem in dem Gerät der Steuerstelle vorhandenen, synchron zum Umlauf gebrachten Rückmeldewähler empfangen und zur Meldungskennzeichnung ausgewertet (Bild 14).

Im Gegensatz zu dem früher beschriebenen Taktgeberverfahren sind also zwei getrennte Wählerpaare für die Durchgabe von Fernsteuerbefehlen und Überwachungsmeldungen vorhanden. Selbstverständlich ist der Umlauf der beiden Wählerpaare gegeneinander verriegelt, so daß auf die Übertragungsleitung niemals gleichzeitig ein Befehls- und ein Meldetelegramm gegeben werden kann, wodurch eine Verstümmelung des jeweils durchgegebenen Befehls bzw. der einlaufenden Rückmeldung bedingt wäre.

Im einzelnen arbeiten die wichtigsten der Fernsteuerverfahren mit Impulsgruppenverkehr in folgender Weise:

a) Fernsteuerverfahren mit Spiegelbild-Auswahlkontrolle

Bei dem in Bild 15 dargestellten Fernsteuerwählergerät (Bauart Siemens) erfolgt durch die erste Hälfte des übermittelten Impulstelegramms die Befehlsübertragung und die Vorbereitung der Befehlsausführung durch Steuervorbereitungsrelais in der gesteuerten Stelle. Durch die zweite Hälfte des Impulstelegramms wird in einer besonderen spiegelbildlichen Einzelkontrolle in der gesteuerten Stelle vor der Befehlsausführung noch einmal die getroffene Steuervorbereitung einzeln überprüft und mit dem eingestellten Befehl verglichen. Erst bei Feststellung der richtigen Steuervorbereitung und des Wählersynchronismus am Schluß des Impulstelegramms wird die vorbereitete Fernsteuerung zur Ausführgebracht.

Bei jeder Befehlsübertragung wird stets die gleiche Zahl von Impulsen zur ferngesteuerten Stelle übertragen. Die Kennzeichnung desjenigen Befehles, der in der fernbedienten Stelle zur Ausführung ge-

Bild 15: Fernsteuerwählergerät für kleinere Fernbedienungsanlagen (Bauart Siemens)

bracht werden soll, erfolgt allein dadurch, daß an einer bestimmten Stelle des Impulstelegramms eine längere Impulspause eingelegt wird, die in der gesteuerten Stelle zur Erregung eines dem betreffenden Schalter zugeordneten Steuervorbereitungsrelais benutzt wird. In ähnlicher Weise erfolgt auch die Auswahlkontrolle durch eine weitere verlängerte Impulspause in der zweiten Hälfte des Impulstelegramms.

Im einzelnen wickelt sich bei dem angeführten Verfahren die Befehlsübertragung in folgender, in Bild 16 wiedergegebenen Weise ab:

Bei Abgabe eines Befehles, z. B. des Einschaltbefehles für den Schalter $c\,5$, wird durch die Betätigung des Befehlsschalters $b\,5$ in der Steuerstelle A der Relaisunterbrecher d eingeschaltet, der den Befehlswähler a der Steuerstelle schrittweise fortbewegt. Gleichzeitig gibt dieser Relaisunterbrecher bei jedem Ansprechen einen Fortschaltimpuls zur gesteuerten Stelle B, wodurch der dort

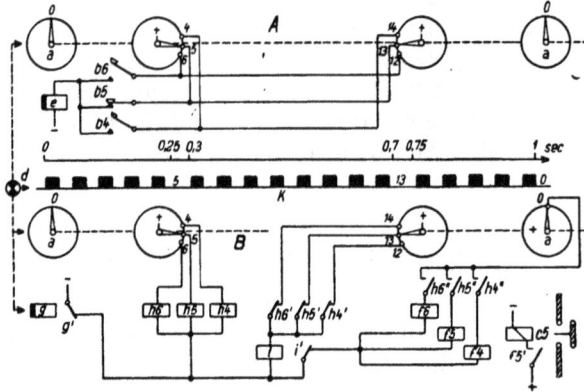

Bild 16: Fernsteuerverfahren mit Spiegelbild-Auswahlkontrolle

	A Steuerstelle	B Ferngesteuerte Stelle
a	Befehlswähler	
$b\,4,\ b\,5,\ b\,6$	Befehlsschalter für die ferngesteuerten Schalter $c\,4,\ c\,5,\ c\,6$	
d	Relaisunterbrecher für Wählerfortschaltung	
e	Pausensenderelais	$f\,4,\ f\,5,\ f\,6$ Steuerzwischenrelais
g	Pausenempfangsrelais	$h\,4,\ h\,5,\ h\,6$ Steuervorbereitungsrelais
i	Fehlerprüfrelais	
k	Impulsdiagramm für den Befehl: Schalter 5 ein[1]	

vorhandene Befehlswähler a synchron mit dem der Steuerstelle fortgeschaltet wird.

Diese synchrone, schrittweise Fortschaltung der beiden Befehlswähler geht nun solange weiter, bis der Befehlswähler der Steuerstelle den Schritt 5 erreicht, der durch die vorhergehende Betätigung des Befehlsschalters $b\,5$ gekennzeichnet wurde. Auf diesem Schritt kommt nun in Abhängigkeit von dem betätigten Befehlsschalter $b\,5$ das Pausensenderelais e vorübergehend zum Arbeiten, das die Befehlswähler auf Schritt 5 kurzzeitig stillsetzt. Infolgedessen wird die Abgabe des sechsten Fortschaltimpulses um eine gewisse Zeit verzögert. In dieser längeren Fortschaltpause kann nun das Pausenempfangsrelais g in der gesteuerten Stelle zum Abfall kommen, das während der kurzen Impulspausen für die eigentliche Wählerfortschaltung wegen seiner Abfallverzögerung erregt gehalten wird. Durch den vorübergehenden Abfall des Relais g kommt über den Ruhekontakt g' das Ansprechen des Steuervorbereitungsrelais $h\,5$ zustande, durch das die spätere Steuerung des Schalters $c\,5$ vorbereitet wird. Das Relais $h\,5$ hält sich bis zur Beendigung des Wählerumlaufes, d. h. bis zur späteren Befehlsausführung, über einen Selbsthaltekontakt eingeschaltet.

Beim Durchlaufen der zweiten Wählerhälfte wird sodann kontrolliert, ob die Befehlsvorbereitung mit dem tatsächlich abgegebenen Befehl übereinstimmt. Zu diesem Zweck ist jeder Befehlsschritt des Befehlswählers der Steuerstelle noch mit einem zugeordneten Kontrollschritt in der zweiten Wählerhälfte verbunden, wobei die Zusammenfassung der einzelnen Befehls- und Kontrollschritte in spiegelbildlicher Anordnung durchgeführt ist, d. h. dem Befehlsschritt *1* entspricht ein Kontrollschritt *17*, dem Befehlschritt *2* ein Kontrollschritt *16* usw., allgemein also dem Befehlsschritt x ein Kontrollschritt $(18 - x)$. Die spiegelbildliche Anordnung der Kontrollschritte hat dabei den Zweck, eine Umgehung der Einzelkontrolle bei Außertrittfall des Befehlswählers der gesteuerten Stelle unmöglich zu machen.

Durch die im gewählten Beispiel auf Schritt *13* erfolgende Kontrollimpulspause kommt in der gesteuerten Stelle wieder das Pausenempfangsrelais g zum Abfall, und das Fehlerprüfrelais i stellt nun fest, ob die Kontrollpause auch dem zum Ansprechen gebrachten Steuervorbereitungsrelais $h\,5$ entspricht. Ist dies der Fall, so muß nämlich der Kontakt $h\,5'$ geöffnet haben und das Fehlerprüfrelais kann nicht zum Ansprechen kommen. Ist die Steuervorbereitung nicht richtig vorgenommen worden, so kommt das Fehlerprüfrelais zum Ansprechen und verhindert durch seinen Kontakt i' die spätere Befehlsausführung.

Diese Ausführung des übermittelten Befehls kommt erst am Schluß der durchgegebenen Befehlsimpulsfolge zustande. Sobald nämlich der Befehlsempfangswähler der gesteuerten Stelle durch die einlaufenden Impulse beim weiteren Durchdrehen seine Nullstellung wieder erreicht, kommt das Steuerzwischenrelais $f\,5$ für die Einschaltung des Schalters $c\,5$ zum Ansprechen, und zwar über die beiden Ruhekontakte g' und i', den Arbeitskontakt $h\,5''$ des Steuervorbereitungsrelais $h\,5$ und die Nullstellung des Befehlsempfangswählers. Durch das Ansprechen des Steuerzwischenrelais wird die befohlene Einschaltung des Schalters $c\,5$ in der Nullstellung des Befehlsempfangswählers vorgenommen.

Aus diesem Ausführungsbeispiel ist ersichtlich, daß eine unbeabsichtigte Fernsteuerung nicht zustande kommen kann, denn der übertragene Befehl wird nur dann ausgeführt, wenn die vorgenommene Einzelkontrolle die richtige Steuervorbereitung ergibt und außerdem am Schluß der übermittelten Impulsfolge festgestellt wird, daß der Befehlswähler der Steuerstelle und der Befehlsempfangswähler der gesteuerten Stelle während ihres Umlaufes synchron geblieben sind.

In dieser oder ähnlicher Weise wird bei Fernsteuerwählergeräten die erforderliche Auswahlsicherheit erreicht, und man kann mit Recht behaupten, daß auf Grund der bei derartigen Einrichtungen getroffenen schaltungstechnischen Maßnahmen Fehlsteuerungen oder Fehlmeldungen so gut wie ausgeschlossen sind.

b) Fernsteuerverfahren mit Auswahlkontrolle in der Melderichtung

Im Gegensatz zu der in Bild **16** dargestellten Weise kann man die Überprüfung der richtigen Auswahl auch durch eine besondere, in Richtung der

Steuerstelle zurückgegebene Kontrollimpulsfolge vornehmen. Es entsteht
dann das Fernsteuerverfahren mit Auswahlrückkontrolle, dessen Wirkungsweise im einzelnen aus Bild 17 zu ersehen ist. Bei diesem Verfahren wird zunächst zur Steuervorbereitung ein Impulstelegramm mit gleichbleibender
Gesamtimpulszahl und veränderlicher Lage der Auswahlpause zur gesteuerten
Stelle übertragen. Bei der Befehlsgabe für den Schalter $c\,5$ durch Betätigung
des Befehlsschalters $b\,5$ werden z. B. 15 Impulse mit einer Auswahlpause

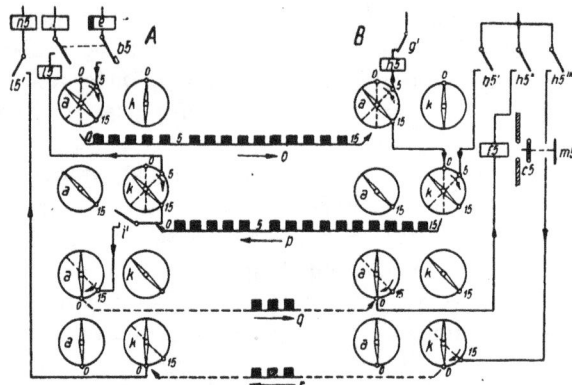

Bild 17: Verfahren mit Auswahlkontrolle in der Rückmelderichtung
  A   Steuerstelle   B   Ferngesteuerte Stelle
a Befehlswähler
b 5 Befehlsschalter für den ferngesteuerten Schalter c 5
  e   Pausensenderelais   f 5 Steuerzwischenrelais
                              g′ Kontakt des Pausenempfangsrelais
h 5 Steuervorbereitungsrelais für den Schalter c 5
i   Auswahlprüfrelais   k   Rückmeldewähler
l 5 Meldevorbereitungsrelais   n 5 Stellungskontrollrelais
  Impulsdiagramme der 4 Teilvorgänge:
o Steuervorbereitung
p Auswahlrückkontrolle
q Freigabe der Befehlsausführung
r Schnellmeldung

nach dem fünften Impuls zur gesteuerten Stelle durchgegeben. Dadurch wird
dort auf Schritt 5 des Befehlswählers das Pausenempfangsrelais g zum Abfall
und der Ruhekontakt $g′$ zum Schließen gebracht. Dabei kommt das Steuervorbereitungsrelais $h\,5$ für die Betätigung des Schalters $c\,5$ zum Ansprechen
und hält sich bis zur Befehlsausführung gebunden. Am Schluß des Impulstelegramms zur Steuervorbereitung stehen beide Befehlswähler in Stellung 15.

Es folgt der zweite Teilvorgang der Befehlsübertragung: die Kontrolle der
Steuervorbereitung. Nach dem Eintreffen der Befehlsimpulsfolge läuft der
Rückmeldewähler k der gesteuerten Stelle an und gibt ein Kontrollimpuls-
telegramm zur Steuerstelle. Auch dieses Telegramm enthält wieder 15 Impulse,
durch die der Rückmeldewähler k der Steuerstelle synchron mit dem der ge-
steuerten Stelle gleichfalls auf Schritt 15 gebracht wird. Während seiner
Fortschaltung prüft der Rückmeldewähler der gesteuerten Stelle auf den
Kontakt $h\,5′$ des durch die Befehlsimpulsfolge zum Ansprechen gebrachten
Steuervorbereitungsrelais $h\,5$ auf und veranlaßt dadurch eine Kontrollimpuls-

pause nach dem fünften Impuls. In der Steuerstelle wird nun durch ein Auswahlprüfrelais i verglichen, ob die Steuervorbereitung dem eingestellten Befehlsschalter entspricht. Ist dies nicht der Fall, so wird der weitere Befehlsvorgang abgebrochen und sämtliche Wähler beider Geräte werden nach Abschaltung der Steuervorbereitung in ihre Ausgangsstellung weitergeschaltet.

Hat dagegen die Überprüfung des Kontrolltelegramms die richtige Steuervorbereitung ergeben und ist der Rückmeldewähler der Steuerstelle durch die einlaufenden Impulse ordnungsgemäß in die Stellung *15* gelangt, so erfolgt in Abhängigkeit von dem Kontakt des Auswahlprüfrelais i der dritte Teilvorgang der Befehlsübertragung: die Befehlsausführung. Zur Ausführung der vorbereiteten Fernsteuerung wird der Befehlswähler der Steuerstelle erneut zum Anlauf gebracht und aus seiner bisherigen Stellung *15* in die Nullstellung weitergeschaltet. Dabei werden drei Freigabeimpulse zur ferngesteuerten Stelle übertragen, durch die auch der dortige Befehlswähler in die Nullstellung weitergeschaltet wird. Gelangt der Befehlswähler der ferngesteuerten Stelle durch die Freigabeimpulse in seine Nullstellung, so ist damit die Gewähr dafür gegeben, daß die getroffene Schalterauswahl richtig ist und über die Nullstellung des Befehlswählers und den Kontakt $h5''$ des Steuervorbereitungsrelais $h5$ wird kurzzeitig das Steuerzwischenrelais $f5$ eingeschaltet und damit die Fernsteuerung des Schalters $c5$ zur Ausführung gebracht.

Mit der Befehlsausführung ist der dritte Teilvorgang der Befehlsübertragung beendet. Es folgt nun der vierte und letzte Teilvorgang: die sogenannte *Schnellmeldung*. Diese Schnellmeldung ist ein besonderes Merkmal des Fernsteuerverfahrens mit Rücküberprüfung der Steuervorbereitung. Sie gestattet es, bereits eine Sekunde nach erfolgter Befehlsausführung und ohne einen besonderen Umlauf der vorgesehenen Rückmeldewähler die auf Grund des übertragenen Befehles erfolgte Stellungsänderung des fernbedienten Schalters in her Steuerstelle zur Anzeige zu bringen. Diese Schnellmeldung wird in folgender Weise möglich:

Bereits durch die Kontrollimpulspause während des Teilvorganges *2*, d. h. der Rücküberprüfung der getroffenen Auswahl, wird in dem Gerät der Steuerstelle ein Meldevorbereitungsrelais l zum Ansprechen gebracht, das derjenigen Stellung entspricht, die der fernzubedienende Schalter nach der Befehlsausführung einzunehmen hat. In dem gewählten Beispiel wird durch die Kontrollimpulspause auf Schritt *5* also das Meldevorbereitungsrelais $l5$ für die Anzeige der Einschaltung des Schalters *5* zum Ansprechen gebracht und hält sich bis zur Rückkehr des Rückmeldewählers in die Nullstellung über seinen Selbsthaltekontakt gebunden. Nach der Befehlsausführung in der Nullstellung des Befehlswählers am Schluß des dritten Teilvorganges wird nun in der ferngesteuerten Stelle die Sollstellung des fernzubedienenden Schalters mit der tatsächlichen Stellung desselben verglichen. Die Sollstellung wird durch das noch eingeschaltete Steuervorbereitungsrelais $h5$ und die tatsächliche Stellung durch den Hilfskontakt $m5$ des Schalters $c5$ wiedergegeben. Entspricht nun die Stellung des Hilfskontaktes $m5$ der Steuervorbereitung, d. h.

der Stellung des Kontaktes $h\,5'''$, so wurde der Befehl richtig zur Ausführung gebracht.

In diesem Fall kann eine Bestätigung über den ordnungsgemäßen Befehls-vollzug zur Steuerstelle gegeben werden. Diese Bestätigung oder Schnell-meldung wird dadurch zustande gebracht, daß im Fall der richtigen Befehls-ausführung der Rückmeldewähler der gesteuerten Stelle aus der Stellung *15* heraus erneut zum Anlauf gebracht und in seine Nullstellung weitergeschaltet wird. Dadurch gelangen über die Übertragungsleitung 3 Meldeimpulse zur Steuerstelle und bringen auch den dortigen Rückmeldewähler in seine Null-stellung. In diesem Augenblick, d. h. etwa eine Sekunde nach der Befehls-ausführung, schaltet der Kontakt *15'* des Meldevorbereitungsrelais *15* das Stellungskontrollrelais $n\,5$ entsprechend der neuen Schalterstellung um, wo-durch die Befehlsausführung im Befehlsschaltbild optisch gekennzeichnet wird. Für den Fall, daß der durchgegebene Befehl nicht ordnungsgemäß ausgeführt wurde, unterbleibt die Übertragung der 3 Schnellmeldeimpulse und beide Rückwähler kehren nach Abschaltung des Meldevorbereitungs-relais *15* in Selbstunterbrechung in ihre Nullstellung zurück.

Der Vorteil der Schnellmeldung macht das vorstehend beschriebene Ver-fahren besonders für Fernsteueranlagen mit großen Schalterzahlen geeignet, bei denen sonst die getrennte Übermittlung der Befehlsausführung durch einen besonderen Rückmeldewählerumlauf wesentlich längere Zeit in Anspruch nimmt. Andererseits ist das Verfahren schaltungstechnisch etwas kompliziert aufgebaut und auch für einen Parallelverkehr über eine gemeinsame Steuer-leitung wegen der schwierigen Unterscheidungsmöglichkeit der einzelnen Befehls- und Meldeimpulszeichen ungeeignet. Es ist daher in letzter Zeit zu-gunsten einer einheitlichen, allgemein anwendbaren Ausführung, z. B. den in Abschnitt 6a und 6c beschriebenen Verfahren, mehr und mehr wieder ver-lassen worden.

c) Fernsteuerverfahren mit Ergänzungsimpulsen

Bei dem von der AEG. entwickelten „Ergänzungs-Verfahren" wird im Gegen-satz zu dem früher erörterten Verfahren mit Spiegelbildkontrolle auf eine besondere Einzelkontrolle der getroffenen Schalterauswahl verzichtet. Die Sicherstellung der richtigen Befehlsausführung erfolgt bei diesem Verfahren dadurch, daß zur Steuerung eines beliebigen Schalters durch den Relais-unterbrecher d zunächst x Impulse und anschließend $(n-x)$ Impulse über-tragen werden (Bild 18). Dabei ist n eine empfangsseitig durch einen besonderen Zählwähler k kontrollierte, konstante Zahl von Impulsen, die für alle Befehle die gleiche ist.

Die Steuerung selbst erfolgt über die Schlußstellung *0* des Zählwählers und den durch die erste Impulsreihe jeweils erreichten Auswahlschritt des eigentlichen Befehlsempfangswählers $a\,B$. Die Befehlsausführung ist dadurch von der synchronen Fortschaltung des Zählwählers abhängig gemacht. Im Beispiel werden zur Steuerung des Schalters $c\,5$ in Abhängigkeit vom Befehls-schalter $b\,5$ zunächst 5 Impulse und anschließend $(18-5)=13$ Impulse übertragen. Durch die erste Impulsreihe werden in der gesteuerten Stelle der Befehlsempfangswähler aB und der Zählwähler K in die Stellung 5 und anschließend durch die Ergänzungsimpulsreihe der Zählwähler K in die Schluß stellung 0 gebracht, während der Befehlsempfangswähler in seiner Auswahlstellung 5 verbleibt. Das Erreichen der Nullstellung des Zählwählers K der ferngesteuerten Stelle bietet eine Gewähr dafür, daß sämtliche Impulse des Befehlstelegramms ordnungsgemäß empfangen wurden, und die durch die Stellung

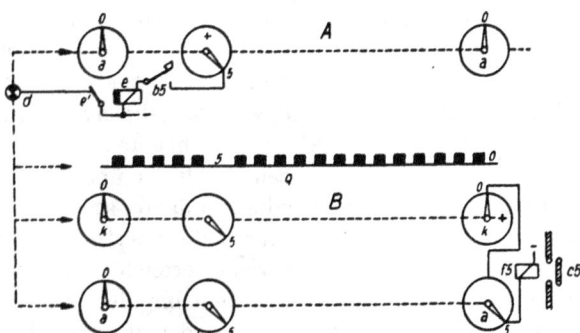

Bild 18: Fernsteuerverfahren mit Ergänzungsimpulsen

	A Steuerstelle	B Ferngesteuerte Stelle
a	Befehlswähler der Steuerstelle bzw. Befehlsempfangswähler der ferngesteuerten Stelle	
$b\,5$	Befehlsschalter für den ferngesteuerten Schalter $c\,5$	
d	Relaisunterbrecher für Wählerfortschaltung	e Pausensenderelais
$f\,5$	Steuerzwischenrelais für den Schalter $c\,5$	k Zählwähler
q	Impulsdiagramm für den Befehl: Schalter 5 ein!	

des Befehlsempfangswählers aB vorbereitete Schaltersteuerung kann zur Ausführung gebracht werden. Voraussetzung ist dabei allerdings, daß während des Empfanges der ersten Impulsreihe die Fortschaltung des Befehlsempfangswählers aB zwangsläufig mit der Fortschaltung des Zählwählers K gekuppelt ist, so daß der Befehlsempfangswähler nicht etwa gegen den Zählwähler zurückbleiben und dadurch eine falsche Steuerung vorbereiten kann.

In dem gewählten Beispiel erfolgt die Betätigung des fernbedienten Schalters $c\,5$ am Schluß der Ergänzungsimpulsreihe über die Nullstellung des Zählwählers und die Stellung 5 des Befehlsempfangswählers. Da der Befehlsempfangswähler jeweils nur eine bestimmte Stellung einnehmen kann und überhaupt die Eigenart des Ergänzungsverfahrens stets nur die Auswahl eines einzigen Schalters erlaubt, kann bei diesem Verfahren im Gegensatz zu den unter 6a und 6b genannten Verfahren mit besonderen Steuervorbereitungsrelais mit jedem Impulstelegramm nur *eine* Schaltersteuerung zur Ausführung gebracht werden.

d) Die Stellungsrückmeldung

Die Schalterstellungsrückmeldung bzw. die Durchgabe von Warn-, Betriebs- und sonstigen Meldungen erfolgt bei den drei vorbeschriebenen, wichtigsten Fernsteuerverfahren, abgesehen von der unter 6b erwähnten Schnellmeldung, durch besondere Rückmeldewähler. Diese Rückmeldewähler werden bei jeder Schalterstellungsänderung, d. h. also auch bei selbsttätigem Ausfall oder beim Auftreten eines Alarmzustandes selbsttätig zum Anlauf gebracht, wobei in diesem Falle der Rückmeldewähler der gesteuerten Stelle durch einen Impulsunterbrecher zum Fortschalten gebracht wird und bei jedem Schritt dieses Wählers ein Impuls zur Steuerstelle übertragen wird. Durch diese Fortschalteimpulse kommt auch in der gesteuerten Stelle ein Rückmeldewähler zum synchronen Fortschalten, so daß bei jedem Rückmeldevorgang ein vollständiger synchroner Umlauf der beiden Rückmeldewähler durchgeführt wird.

Die Übertragung der einzelnen Meldung erfolgt nun in ähnlicher Weise wie bei der Befehlsausführung durch das vorübergehende Stillsetzen der Rückmeldewähler auf den verschiedenen Schritten, die den einzelnen Schaltern oder Meldungen zur Meldungsdurchgabe zugeordnet sind. Auch bei der Durchgabe der Rückmeldung wird die Kennzeichnung der übertragenen Stellungsmeldung zur Verhinderung von Fehlmeldungen davon abhängig gemacht, daß der Rückmeldewähler der Steuerstelle durch die übertragenen Meldeimpulse ordnungsgemäß seine Ausgangsstellung wieder erreicht. Nur in diesem Falle ist nämlich sichergestellt, daß sämtliche Meldeimpulse ordnungsgemäß eingelaufen und daher die Rückmeldewähler bei der Meldungsdurchgabe nicht außer Tritt gefallen sind.

Bei der Stellungsrückmeldung werden meist außer der Änderungsmeldung des in Frage kommenden Schalters bei einem Umlauf der Rückmeldewähler zugleich auch die Stellungen der übrigen auf dem Wählerumfang angeschlossenen Meldekontakte zur Steuerstelle durchgegeben, so daß bei jeder Stellungsänderung gleichzeitig das Stellungsbild einer ganzen Schaltergruppe erneut kontrolliert wird.

Im einzelnen wickelt sich die Stellungsmeldung der überwachten Schalter in folgender, in Bild 19 wiedergegebener Weise ab:

Von jedem Schalter wird ein Hilfskontakt für die Ein-Stellung und ein Hilfskontakt für die Aus-Stellung in Anspruch genommen. Jeder dieser beiden Kontakte a belegt über ein zugehöriges Stellungskontrollrelais b je einen Schritt des Rückmeldewählers l der überwachten Stelle, und zwar der Ein-Kontakt einen ungradzahligen und der Aus-Kontakt einen gradzahligen Schritt. Findet nun in der fernüberwachten Stelle eine Stellungsänderung irgendeines Schalters statt, sei es durch vorausgegangene Fernsteuerung, örtliche Schaltung von Hand oder selbsttätigen Ausfall, so ändern auch der Hilfskontakt a und damit die Stellungskontrollrelais b und c des betreffenden Schalters ihre Stellung, wodurch das gemeinsame Änderungsüberwachungsrelais d zum Abfall gebracht und der Impulsgeber e eingeschaltet wird. Dieser bringt den Rückmeldewähler l der überwachten Stelle und durch Impulse zur Steuerstelle auch den dortigen Rückmeldewähler l zum schrittweisen Fortschalten.

Im Verlauf dieser Wählerumdrehung beeinflussen nun die Kontakte $b\ 1'$, $c\ 1'$ usw. der einzelnen Stellungskontrollrelais auf den zugeordneten Schritten das Pausensenderelais f, wodurch die Rückmeldewähler auf diesen Schritten kurzzeitig stillgesetzt werden, ein Vorgang, der sich im übermittelten Impulstelegramm in einer Reihe von Meldelangpausen auswirkt. Durch diese Meldelangpausen wird in der Steuerstelle jedesmal das Pausenempfangsrelais g zum Abfall gebracht, das durch seinen Kontakt g' das dem betreffenden Meldeschritt zugeordnete Meldevorbereitungsrelais $h\,1$, $h\,2$ usw. zum Ansprechen bringt, das sich bis zum Schluß der Meldeimpulsreihe gebunden hält.

Am Schluß der Wählerumdrehung ist das Stellungsbild der meldenden Schaltergruppe auf die Relais $h\,1$, $h\,2$ usw. der Steuerstelle übertragen, wobei

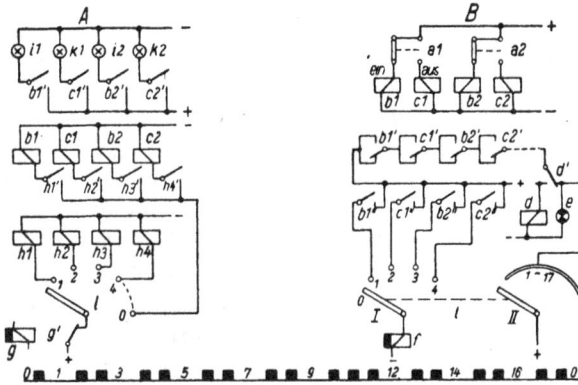

Bild 19: Stellungsrückmeldung bei Fernsteuerwählergeräten

A Steuerstelle   B Ferngesteuerte Stelle

$a\,1$, $a\,2$ Schalterhilfskontakte
$b\,1$, $b\,2$ Stellungskontrollrelais für Einschaltung
$c\,1$, $c\,2$ Stellungskontrollrelais für Ausschaltung
d Änderungsüberwachungsrelais e Impulsgeber f Pausensenderelais
g Pausenempfangsrelais $h\,1$—$h\,4$ Meldevorbereitungsrelais
$i\,1$, $i\,2$ Meldelampen für Einschaltstellung $k\,1$, $k\,2$ Meldelampen für Ausschaltstellung
l Rückmeldewähler
m Impulsdiagramm für das Stellungbild: Schalter 1—5 ein und Schalter 6—8 aus.

für jeden eingeschalteten Schalter das zugehörige ungradzahlige und für jeden ausgeschalteten Schalter ein gradzahliges h-Relais eingeschaltet ist. Dieses auf die Meldevorbereitungsrelais h übertragene Stellungsbild wird nun zur Verhinderung von Fehlmeldungen erst dann auf die Stellungskontrollrelais b oder c bzw. die Meldelampen i oder k der Steuerstelle übertragen, wenn der Rückmeldewähler der Steuerstelle durch die eingelaufenen Impulse ordnungsgemäß seine vorgeschriebene Endstellung erreicht hat, d. h. die Gewähr dafür gegeben ist, daß die beiden Rückmeldewähler während der Wählerumdrehung im Gleichlauf geblieben sind.

In dem wiedergegebenen Beispiel ist die Meldungsdurchgabe „doppelpolig" durchgeführt, d. h. für jeden Schalter werden insgesamt zwei Wählerschritte für die Ein- und Aus-Meldung in Anspruch genommen. Um das Fassungsvermögen der verwendeten Wähler zu erhöhen, wird häufig auch von der „einpoligen" Stellungsmeldung Gebrauch gemacht. Bei dieser Art der Meldungsdurchgabe wird jedem Schalter nur ein Wählerschritt zugeordnet. Die Unterscheidung, ob der betreffende Schalter ein- oder ausgeschaltet ist, wird

dabei dadurch vorgenommen, daß bei der Ein-Stellung des Schalters auf dem
betreffenden Schritt ein Meldekennzeichen übertragen wird und bei seiner
Aus-Stellung nicht.

Durch die einpolige Meldung werden Wählerschritte und eine größere Zahl
von Relais zur Meldnngsvorbereitung bzw. Stellungsmeldung eingespart.
Andererseits verlangt die Sicherstellung der Meldungsdurchgabe bei Anwendung der einpoligen Meldung zusätzliche Maßnahmen schaltungstechnischer
Natur, durch die bei irgendeiner Unregelmäßigkeit bzw. Zweideutigkeit der Meldungsdurchgabe eine besondere Störungsmeldung veranlaßt wird, die darauf
hinweist, daß die Meldung eines bestimmten Schalters bzw. das Stellungsbild
einer bestimmten Schaltergruppe nicht eindeutig durchgegeben werden konnte.
Eine solche Unklarheit in der Stellungsmeldung kann z. B. durch den Bruch
der Zuleitungen vom Hilfskontakt des überwachten Schalters bzw. das
Hängenbleiben eines Schalters in der Zwischenstellung hervorgerufen werden.
In diesem Falle würde das Fernsteuergerät wegen des Abfalls des Melderelais
für die Ein-Stellung des betreffenden Schalters kein Meldekennzeichen und
damit fälschlicherweise eine Ausschaltmeldung übertragen.

Die Kennzeichnung einer solchen unklaren bzw. falschen Meldung in der
Steuerstelle muß entweder verhindert werden oder zugleich mit einer gemeinsamen Störungsmeldung erfolgen. Diese Störungsmeldung kann schaltungstechnisch in verschiedener Weise abgeleitet werden. Bei der in Bild 20 wiedergegebenen Schaltung, z. B. wird ein besonderes Überwachungsrelais c für
jede Schaltergruppe angeordnet, das über eine Kontaktkette eingeschaltet
bleibt, die aus den Schalter-Hilfskontakten a 1, a 2 usw. für die Aus-Stellung
und den Kontakten b 1, b 2'' usw. der Einschalt-Melderelais b der einzelnen
Schalter im Wählergerät gebildet ist. Befindet sich ein Schalter der Gruppe
in der Zwischenstellung oder ist die Zuleitung von den Hilfskontakten her
unterbrochen, so ist für den betreffenden Schalter weder der Stromkreis
über die Ausschaltstellung des Hilfskontaktes a noch der Kontakt b' des Melderelais b geschlossen. Infolgedessen
kommt das Überwachungsrelais c dauernd zum Abfall und veranlaßt durch
seinen Ruhekontakt eine Störungsmeldung für die in Frage kommende
Schaltergruppe, aus der der Schaltwärter in der Steuerstelle ersehen kann,
daß eine Unregelmäßigkeit in der Kontaktgabe eingetreten ist bzw. die
eingelaufene Meldung auf eine Störung
der Meldestromkreise zurückzufüh-
ren ist.

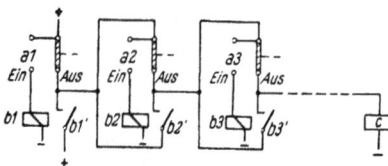

Bild 20: Überwachung der Meldekreise bei
einpoliger Meldung

a 1, a 2, a 3 Schalterhilfskontakte
b 1, b 2, b 3 Stellungskontrollrelais des
   Wählergerätes für die Einschaltmeldung
c Überwachungsrelais für Störungsmeldung

Die Erfahrung hat gezeigt, daß bei zusätzlicher Anordnung einer solchen
oder ähnlichen Überwachungseinrichtung für die einzelnen Meldestromkreise
die einpolige Stellungsmeldung eine durchaus ausreichende Meldesicherheit
bietet, so daß es ohne weiteres vertretbar erscheint, sich die durch die An-

wendung der einpoligen Stellungsmeldung erzielbaren Einsparungen an Relais und Wählerschritten zunutze zu machen.

7. Die Fernschaltverfahren

Die bisher behandelten Fernsteuerverfahren kommen in der Hauptsache zur Fernbedienung wichtiger und zum Teil umfangreicher Stützpunkte eines elektrischen Versorgungsnetzes zur Anwendung. Für einfachere Aufgaben der Fernsteuertechnik werden dagegen die sogenannten Fernschaltverfahren herangezogen. Diese Fernschaltverfahren sind in der Hauptsache dann am Platze, wenn eine größere Zahl weniger wichtiger Verbraucherstellen eines Bezirkes mit möglichst einfachen Mitteln ferngeschaltet und überwacht werden sollen. Während man nämlich bei der Fernbedienung von Schaltern wichtiger Netzpunkte auf einen unbedingten Schutz gegen Fehlsteuerungen und zuverlässige Rückmeldungen Wert legen und daher die bisher beschriebenen Fernsteuergeräte vorsehen muß, kann man z. B. für die Fernschaltung von Schützen der Straßenbeleuchtung eine geringere Auswahlsicherheit zulassen und unter bestimmten Voraussetzungen überhaupt auf eine Rückmeldung verzichten.

Infolgedessen können die für derartige Fernschaltzwecke entwickelten Geräte gegenüber den Fernsteuerwählergeräten wesentlich einfacher aufgebaut werden. Dieser einfache Aufbau von Schaltung und Gerät ist aus wirtschaftlichen Gründen erforderlich, da es sich bei Fernschaltanlagen fast immer darum handelt, eine große Zahl kleinster Schalt- oder Verbraucherstellen von einem zentralen Punkt aus fernzuschalten bzw. zu überwachen. Besonders das in den einzelnen Schaltstellen zum Einsatz gelangende Gerät muß daher verhältnismäßig billig sein, damit bei der großen Zahl der in Frage kommenden Stellen ein derartiges Fernschaltprojekt überhaupt verwirklicht werden kann. Die Sendegeräte, die nur in geringer Zahl in der zentralen Befehlsstelle zur Aufstellung gelangen, können dagegen in der Ausführung wesentlich umfangreicher und teurer sein.

Die wichtigsten Fernschaltverfahren unterscheiden sich in der Hauptsache dadurch, ob für ihren Betrieb irgendwelche Hilfsleitungen zur Verfügung gestellt werden müssen oder nicht. Sie gliedern sich also in Verfahren, die die erforderlichen Befehle unmittelbar über die Starkstrom-Betriebsleitungen übertragen und andere Verfahren, bei denen ein oder mehrere Hilfsleiter zur Übertragung der Befehle und Meldungen zur Verfügung gestellt werden müssen.

a) Die Fernschaltverfahren ohne Hilfsleitung

Eine der einfachsten, besonders für Straßenbeleuchtungsanlagen geeignete Ausführungsart von Fernschaltanlagen stellt die in Bild 21 wiedergegebene, sogenannte *Kaskadenschaltung* dar. Bei dieser Schaltungsanordnung werden von der Befehlsstelle A aus nacheinander die einzelnen Beleuchtungsstrecken B, C, D usw. eingeschaltet. Diese Einschaltung erfolgt dabei in der Weise, daß am Ende jedes Speiseabschnittes ein Kontrollrelais a_b, a_c, a_d usw. zum Ansprechen gebracht wird, das bei Einschaltung der Beleuchtung dieses

Abschnittes über ein zugehöriges Schaltschütz b_b, b_c, b_d usw. den nächsten Speiseabschnitt einschaltet.

Kann man die einzelnen Speiseabschnitte ringförmig zusammenfassen, so ist durch die Überwachung des Kontrollrelais a_x des letzten Abschnittes X, der wieder in die Befehlsstelle einmündet, auch eine Kontrolle der ordnungsgemäßen Befehlsausführung in allen Speiseabschnitten möglich. Der technische Nachteil dieser Schaltungsanordnung liegt in der Hauptsache darin, daß bei Ausfall eines beliebigen Netzabschnittes auch sämtliche nachfolgenden Abschnitte ausfallen.

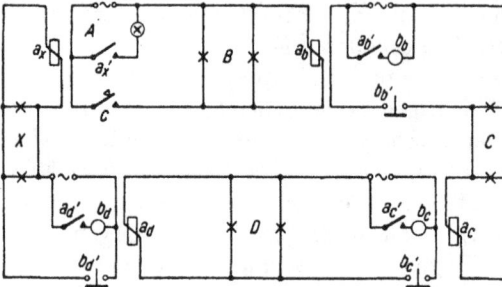

Bild 21: Kaskadenschaltung für Beleuchtungsanlagen
A Befehlsstelle   B, C, D . . . X Speiseabschnitte
a_b, a_c, a_d... a_x Kontrollrelais für Abschnittsspeisung
b_b, b_c, b_d... Schaltschütz für Abschnittsspeisung
c Befehlsschalter

Nicht ganz so einfach in ihrem Aufbau sind diejenigen Fernschaltverfahren, die die erforderlichen Schaltbefehle durch Übertragung von einigen Impulsen unmittelbar über die Starkstrom-Versorgungsleitungen übermitteln. Diese Impulsübertragung kann dabei entweder durch Überlagerung von Schaltzeichen netzfremder Frequenz bzw. auch Gleichstromzeichen oder auch durch die impulsweise Unterbrechung einer Phase des Speisenetzes erfolgen.

Von der zuletzt genannten Art der Impulsübertragung macht das sogenannte *Transkommandoverfahren* Gebrauch, das insbesondere zur Fernschaltung einer großen Zahl von Verbraucherstellen eines Netzbezirkes zur Anwendung gebracht wird. Die Fernschaltung dieser einzelnen Verbraucherstellen wird beim Transkommandoverfahren dadurch zustande gebracht, daß am Einspeisepunkt für das betreffende Netz durch einen besonderen Druckgasschalter eine mehrmalige, in wechselndem zeitlichen Abstand durchgeführte Unterbrechung einer Netzphase vorgenommen wird. Diese impulsweise Tastung der Netzphase dauert im Mittel etwa 3 Perioden lang und nimmt daher nur eine Zeit von etwa 0,06 Sekunden in Anspruch.

Im Netz und an den einzelnen Verbraucherstellen wirken sich diese kurzen Unterbrechungen der einen Netzphase in einer kurzzeitigen Verwerfung des Spannungsdreieckes entsprechend Bild 22 aus, wodurch die eine der verketteten Spannungen bis zu 40% ihres normalen Wertes absinkt. Diese Verwerfung des Spannungsdreieckes erstreckt sich dabei sowohl auf das Hochspannungs- wie auf das Niederspannungsnetz.

Sind in einem Netz mehrere Einspeisestellen vorhanden, so muß an jeder dieser Speisestellen ein Druckgasschalter eingebaut werden. Diese Druckgasschalter müssen bei jeder Befehlsgabe streng synchron betätigt werden. Für diese synchrone Schaltung sämtlicher Tastschalter eines Netzes werden in der Regel besondere Hilfsleitungen von der zentralen Befehlsstelle zu den einzelnen Speisepunkten erforderlich.

Die Befehlsgabe selbst erfolgt beim Transkommandoverfahren, entsprechend dem in Bild 23 wiedergegebenen Impulsdiagramm, durch 3 Tastimpulse. Zunächst wird in Abhängigkeit von der Betätigung des Befehlsschalters ein Startimpuls gegeben. Darauf folgt je nach dem gerade durchzuführenden Befehl in wechselndem zeitlichen Abstand der eigentliche Auswahlimpuls, der die

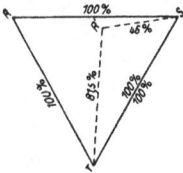

Bild 22: Verwerfung des Spannungsdreiecks beim Transkommandoverfahren

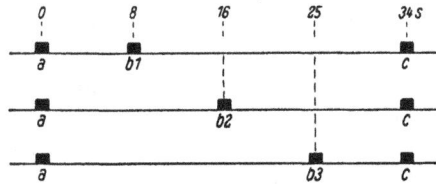

Bild 23: Impulsdiagramm für verschiedene Befehle beim Transkommandoverfahren

vorzunehmende Schalthandlung bestimmt und schließlich in einem festen zeitlichen Abstand vom Startimpuls ein Schlußimpuls, der die richtige Ausführung des übertragenen Befehls sicherstellen soll.

Die Übermittlungszeit der einzelnen Befehle beträgt entsprechend dem zeitlichen Abstand etwa 34 Sekunden, wobei es jedoch möglich ist, durch Gruppenbildung bestimmte bevorzugte Befehle in wesentlich kürzerer Zeit durchzubringen.

Das Empfangsgerät (Bild 24), das an den einzelnen Verbraucherstellen zum Einbau gelangt, besteht in der Hauptsache aus einem spannungsempfindlichen Empfangselement und einem Zeitwerk. Dabei ist dieses Empfangselement entweder ein schnellarbeitendes Unterspannungsrelais, das bei jeder Spannungssenkung um mehr als 25% zum Abfall kommt oder ein Spannungsänderungsrelais, das nicht so einfach in seinem Aufbau ist, dafür aber nicht auch auf betriebsmäßig vorkommende, langsamere Spannungsabsenkungen anspricht. Von dem Startimpuls wird in dem Empfangsgerät ein Synchronmotor zum Anlauf gebracht, der eine Befehlswalze bzw. ein mit Schaltstiften versehenes Rad als Auswählorgan antreibt, das nur bei einer bestimmten zeitlichen Aufeinanderfolge der 3 Befehlsimpulse eine Quecksilberschaltröhre zur Vornahme der befohlenen Schalthandlung betätigt.

Zu beachten ist bei der Projektierung von Transkommandoanlagen, daß die Anwendung dieses Verfahrens infolge der kurzzeitigen Phasenunterbrechungen im allgemeinen gewisse Eingriffe in das Starkstromnetz erforderlich macht. Es muß daher bei der Pla-

Bild 24: Empfangsgerät der Schaltstelle beim Transkommandoverfahren

nung einer derartigen Fernschaltanlage stets von Fall zu Fall untersucht werden, ob nicht durch die Spannungsabsenkungen bestimmte, an das Netz angeschlossene Verbrauchergeräte, wie Synchronuhren, Hochdruck-Quecksilberlampen, Kontaktumformer, Wechselrichter und andere, in ihrem Betrieb gestört werden. Andererseits muß auch darauf geachtet werden, daß wieder andere Geräte, wie z. B. vollerregte Synchronmotoren, Einankerumformer und sonstige ähnliche Verbraucher, nicht die Größe der Spannungsabsenkungen vermindern und dadurch den Betrieb der Transkommandoanlage gefährden. Sind derartige Verbraucher in dem in Frage kommenden Netz vorhanden, so muß man vor dem Einbau bestimmte Vorkehrungen treffen. So legt man z. B. einerseits die spannungsempfindlichen Verbrauchergeräte überall an die nicht getasteten Phasen und trennt andererseits die Geräte, die die Spannungsabsenkung ungünstig beeinflussen, durch besondere Tastschalter bei der Befehlsgabe vom Netz.

Infolge der vorgenannten erforderlichen Vorkehrungen beschränkt sich die Anwendung der Transkommandogeräte auf kleinere Netze. Bei größeren Netzen mit mehreren Einspeisungen und den verschiedenartigsten Verbrauchern, wie insbesondere größeren Kontaktumformern und Wechselrichtern, sind die technischen Schwierigkeiten für die Anwendung dieses Verfahrens zu groß.

Außer dem Transkommandoverfahren wurden auch andere Verfahren entwickelt, Befehle unmittelbar auf die Starkstromleitungen zu übertragen. So werden z. B. bei den sogenannten Telenergverfahren netzfremde Frequenzen, wie Tonfrequenz zu Fernschaltzwecken auf die Starkstromleitungen oder auch zwischen Sternpunkt und Erde auf das Netz gegeben und von Frequenzrelais an den einzelnen Verbraucherpunkten ausgewertet. Dabei wird entweder jedem Befehl eine besondere Frequenz zugeordnet oder die Befehlsimpulse werden mit der gleichen Frequenz in bestimmter zeitlicher Folge durchgegeben und am Verbraucherpunkt, ähnlich wie beim Transkommandoverfahren, durch ein Zeitschaltwerk mit Frequenzrelais ausgewertet (Bild 25).

Die Schwierigkeit für die praktische Anwendung derartiger Frequenzüberlagerungsverfahren liegt darin, daß infolge der hohen Energieverluste im Netz in der Befehlsstelle eine unverhältnismäßig große Sendeleistung bzw. der Einbau kostspieliger Frequenz-Generatoren erforderlich ist, die eine solche Fernschaltanlage mit Frequenzüberlagerung unwirtschaftlich machen. Um diese hohe Sendeleistung und damit die Kosten für die zentrale Steuerstelle herabzusetzen, wurde neuerdings in der Schweiz eine neue Empfängerschaltung für Frequenz-Überlagerungsverfahren entwickelt, bei dem die tonfrequente Steuerenergie in der

Bild 25: Zeitschaltwerk mit Frequenzrelais

Empfangsstelle durch einen besonderen Resonanzkreis ausgesiebt und dann dazu benutzt wird, einen Speicherkondensator aufzuladen. Ist dieser Kondensator hinreichend geladen, wird die gespeicherte Energie zur Auslösung des Schaltmechanismus abgegeben. Durch diese Art der Schaltungsanordnung soll erreicht werden, ohne Einbau von Verstärkerröhren mit wesentlich geringeren Sendeleistungen auszukommen und dadurch derartige Fernschaltanlagen mit Tonfrequenzüberlagerung wirtschaftlicher zu gestalten.

Bei dem in Bild 26 wiedergegebenen Verfahren erfolgt die Befehlsübermittlung über das Starkstromnetz schließlich mit Gleichstrom. Mit Hilfe

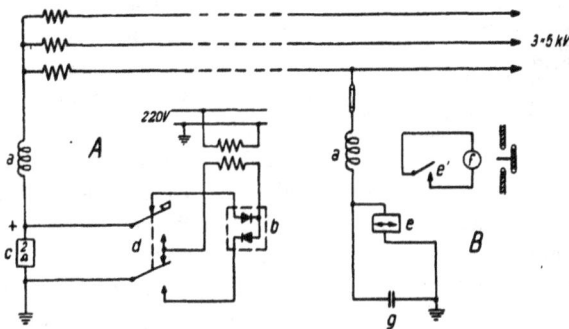

Bild 26: Befehlsübermittlung mit Gleichstromimpulsen über Starkstromanlagen
A Befehlsstelle   B Schaltstelle
a Erdschlußdrossel, b Gerät zur Gleichrichtung des Netzwechselstromes,
c Ankopplungswiderstand, d Befehlsschalter, e Polarisiertes Empfangsrelais,
f Schaltrelais, g Kondensator.

des niedrigohmigen Widerstandes c wird bei der Befehlsgabe von der Gleichstromquelle b her eine Gleichspannung zwischen Sternpunkt und Erde auf das Netz gedrückt und an den Empfangsstellen zur Umschaltung eines zwischen einer Phase und Erde liegenden polarisierten Relais e benutzt. Je nach der Polarität des übertragenen Gleichstromes legt das Relais e in die eine oder andere Lage und schaltet das Schaltrelais f und damit den zugehörigen Verbraucher ein oder aus. Grundsätzlich ist nach diesem Verfahren natürlich auch eine Impulsübertragung möglich.

Außer den beschriebenen Verfahren gibt es noch eine Reihe ähnlich aufgebauter Fernschaltverfahren ohne Hilfsleitung, die hier nicht im einzelnen erwähnt werden können. Allen diesen unmittelbar über die Speiseleitungen arbeitenden Verfahren ist der Nachteil gemeinsam, daß bei ihrer Anwendung eine Rückmeldung der Befehlsausführung bzw. des Schaltzustandes des ferngeschalteten Organes mit wirtschaftlich vertretbaren Mitteln nicht durchführbar ist. Sie sind daher auch nur dann anwendbar, wenn man, wie bei bestimmten Aufgaben der Fernschaltung von Beleuchtungsanlagen, entweder auf einen Überblick über den Schaltzustand der ferngeschalteten Organe verzichten kann oder die Befehlsausführung unmittelbar optisch oder mittelbar durch ihre Auswirkungen kontrollieren kann.

b) Die Fernschaltverfahren mit Hilfsleitung

Kann man, wie es sehr häufig der Fall ist, die anfallenden Fernschaltaufgaben nach keinem der vorgenannten oder diesen ähnlichen Verfahren
lösen oder kann auf eine getrennte
Rückmeldung des Schaltzustandes
nicht verzichtet werden, so muß man
Verfahren benutzen, die zu ihrem Betrieb besondere Hilfsleitungen erfordern. Ist die Befehlsstelle und die
fernzuschaltende Schaltstelle an das
gleiche Speisenetz angeschlossen, so
kann man im einfachsten Fall über
eine einzelne Hilfsader ein Fernschaltverfahren durchführen (Bild 27), das
ähnlich der früher beschriebenen Eindrahtsteuerung aufgebaut ist. An

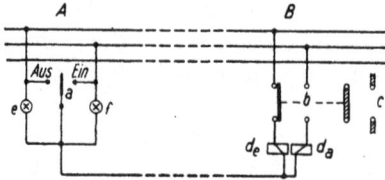

Bild 27: Einfaches Fernschaltverfahren mit
Phasenwechsel

A Befehlsstelle	*B* Schaltstelle
a Befehlsschalter	*c* Schaltschütz
b Meldehilfskontakt	d_e Einschaltspule
d_a Ausschaltspule	
e Meldelampe für Einschaltstellung	
f Meldelampe für Ausschaltstellung	

Stelle der bei der früher beschriebenen Eindrahtsteuerung benutzten
Polaritätsauswahl tritt in diesem Falle die Phasenumschaltung. Je nach-
dem, ob ein Schalter ein- oder auszuschalten ist bzw. eine Ein- oder Ausmel-
dung zu übertragen hat, wird an die betreffende Hilfsader eine verschiedene
Phase gelegt und diese Phasenvertauschung zur Befehlsausführung bzw.
Meldungsdurchgabe benutzt.

Können zu den einzelnen Schaltstellen 2 unbeeinflußte Doppeladern zur Verfügung gestellt werden, so kann zur Durchführung von Fernschaltaufgaben
auch das sogenannte Wählerrelaisverfahren (Bild 28) zur Anwendung gebracht
werden. Dieses Verfahren, das mit der Gleichrichterweiche arbeitet, ist von

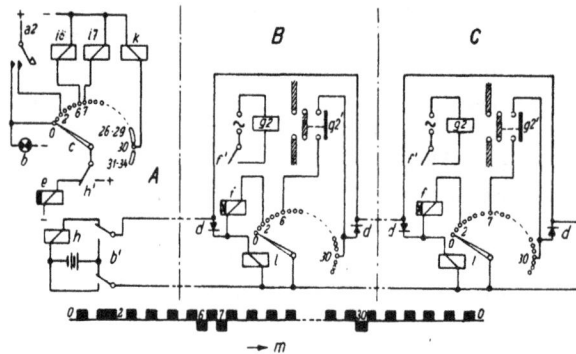

Bild 28: Wählerrelaisverfahren

A Befehlsstelle   *B* Erste Schaltstelle   *C* Zweite Schaltstelle

a 2 Befehlsschalter für Schaltbefehl 2   *b* Impulsgeber mit Kontakt *b;*
c Wähler der Steuerstelle   *d* Gleichrichter   *e* Langimpulssenderelais
f Zeitschaltelement mit Kontakt *f'*
g 2 Schaltschütz für Beleuchtungsart 2 mit Hilfskontakt *g* 2'
h Empfangsrelais für Meldeimpulse   *i* 6, *i* 7 Stellungskontrollrelais   *k* Fehlerrelais
l Wählerrelais
m Impulsdiagramm für Schaltbefehl 2 und Einschaltmeldung für das Schütz *g* 2 aus der
     Schaltstelle *B* und *C*

den in Abschnitt I 5 bereits ausführlich beschriebenen Fernsteuerwählcr-
geräten mit Gleichrichterweiche abgeleitet, jedoch wesentlich einfacher in
seinem Aufbau. Wegen der Benutzung der Gleichrichterweiche ist es ein
reines Gleichstromverfahren und kann daher nicht über beeinflußte Leitungen
bzw. Schutzübertrager betrieben werden. Da bei Fernschaltanlagen immer eine
größere Zahl von Schaltstellen fernzuschalten ist, muß besonders das Gerät
der fernbedienten Schaltstelle so einfach wie möglich sein, und es dürfen
keine besonderen Ansprüche an die Stromversorgung dieser Schaltstellen
gestellt werden. Dieser Forderung trägt, wie aus dem Schaltbild 28 und dem
Lichtbild 29 zu ersehen, das Wählerrelaisverfahren weitgehend Rechnung.

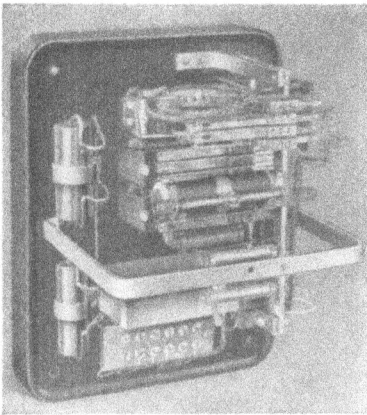

Bild 29: Wählerrelaisgerät der
Schaltstelle

Bild 30: Wählerrelais

Im einzelnen ist die Arbeitsweise des Wählerrelaisverfahrens folgende:
Bei der Betätigung des Befehlsschalters $a\,2$ kommt in der Befehlsstelle der
Impulsunterbrecher b zum arbeiten und schaltet den Wähler c der Befehlsstelle schrittweise vorwärts. Dabei überträgt bei jedem Ansprechen des Im-
pulsunterbrechers der Kontakt b' desselben einen Impuls positiver Polarität
auf die Steuerleitung und damit über die eine Richtung der Gleichrich-
terweichen d der einzelnen Schaltstellen auf die Drehmagneten der dortigen Wählerrelais l, wodurch diese Wählerrelais synchron zu dem Wähler
der Befehlsstelle fortgeschaltet werden.

Diese unmittelbare Fortschaltung der Wählerrelais der Schaltstellen ohne
besonderes Empfangsrelais und örtliche Stromquelle wird dadurch möglich, daß diese Wählerrelais (Bild 30) wegen ihres einfachen Aufbaues im
Gegensatz zu den in den Fernsteuergeräten gebräuchlichen Wählern nur
einen geringen Erregerstrom zum Ansprechen benötigen. Es können daher
auch bei nicht zu großen Entfernungen mehrere Wählerrelais parallel über
die gleiche Leitung fortgeschaltet werden. Muß man eine besonders große
Zahl von Schaltstellen parallel über eine Doppelleitung betreiben, so kann
man in das Gerät der Schaltstelle zusätzlich noch ein empfindliches

Empfangsrelais einzubauen, das dann das Wählerrelais örtlich gespeist fortschaltet.

Die Befehlsgabe erfolgt ähnlich wie bei dem Fernsteuerverfahren mit Gleichrichterweiche durch einen Langimpuls auf einem bestimmten Befehlsschritt. In dem in Bild 28 wiedergegebenen Beispiel wird dieser Langimpuls durch den betätigten Befehlsschalter $a\,2$ und das Langimpulssenderelais e auf Schritt 2 abgegeben. Durch diesen Langimpuls wird in den Schaltstellen ein einfaches Zeit-Schaltelement f wie z. B. ein Thermokontakt oder ein Verzögerungs- relais zum Arbeiten gebracht. Dieses Zeit-Schaltelement schaltet nun bei seinem Ansprechen entweder unmittelbar oder mittels eines besonderen Hilfsrelais das zu betätigende Schaltschütz $g\,2$. Dieses unmittelbare, bezüglich des Wählerchronismus unkontrollierte Befehlsausführung unterscheidet das Wählerrelaisverfahren von dem früher beschriebenen Fernsteuerverfahren.

Um beim Wählerrelaisverfahren Fehlbetätigungen durch einen etwa vorkommenden Außertrittfall eines der Wählerrelais nach Möglichkeit zu vermeiden, läßt man sie verhältnismäßig langsam fortschalten und nimmt die Befehlsübertragung auf den ersten Wählerschritten vor. Durch das langsame Fortschalten des Wählerrelais, das zeitlich für alle Aufgaben der Fernschalttechnik tragbar ist, erreicht man ein außerordentlich sicheres Arbeiten der Geräte, und die Erfahrungen mit einer großen Zahl in Betrieb befindlicher Wählerrelaisgeräte haben ergeben, daß Fehlbetätigungen trotz der fehlenden Auswahlkontrolle nur äußerst selten und nur bei mangelhafter Wartung vorkommen.

Im Anschluß an die Befehlsgabe erfolgt die Stellungsmeldung der einzelnen fernbetätigten Schütze. Für diese Stellungsmeldung ist jedem Schütz ein bestimmter Schritt zugeordnet. Befindet sich das Schütz in der Einschaltstellung, so gibt sein Hilfskontakt auf dem zugehörigen Schritt über die zweite Richtung der Gleichrichterweiche einen Meldeimpuls zur Befehlsstelle, durch den dort das gemeinsame Empfangsrelais h kurzzeitig zum Ansprechen kommt. Dieses schaltet durch seinen Kontakt die Stellungskontrollrelais für das betreffende Schütz entsprechend der jeweiligen Schützstellung ein. Diese Relais kennzeichnen dann durch Signallampen die derzeitige Stellung des in Frage kommenden Schützes.

In dem in Bild 28 wiedergegebenen Beispiel gibt der Hilfskontakt $g\,2'$ in der ersten Schaltstelle auf Schritt 6 den Meldeimpuls für die Einschaltstellung des Schützes $g\,2$ der ersten Schaltstelle. Für die zweite Schaltstelle überträgt der Kontakt $g\,2'$ den Meldeimpuls für die Einschaltstellung des Schützes $g\,2$ auf Schritt 7 usw. Durch diese Meldeimpulse werden in der Befehlsstelle die Stellungskontrollrelais $i\,6$ und $i\,7$ eingeschaltet, die durch ihre Kontakte die zugehörigen Signallampen für die Einschaltmeldung der beiden Schütze zum Aufleuchten bringen.

Zu bemerken bleibt noch, daß zur Feststellung eines Außertrittfalles eines der Wählerrelais von allen Wählerrelais auf einem bestimmten Schritt, z. B. Schritt 30, ein Kontrollmeldeimpuls gegeben wird. Bleibt nun ein Wählerrelais der Linie um mehrere Schritte zurück oder eilt es um mehrere Schritte vor, so trifft sein Meldeimpuls auf den Schritten *26* bis *29* oder *31* bis *34* in der Befehlsstelle ein. Dadurch wird dort das Fehlerrelais *K* erregt, das durch seinen Ruhekontakt die fehlerhafte Meldungskennzeichnung verhindert.

Fällt ein Schaltschütz in einer Schaltstelle selbsttätig aus, so wird durch einen Wischkontakt ein Meldeanreiz zur Befehlsstelle gegeben, durch den dort das Empfangsrelais *h* zum Ansprechen kommt, das durch seinen Kontakt *h'* über die Nullstellung des Wählers den Impulsunterbrecher *b* anläßt und dadurch einen Umlauf der Wählerrelais zur Meldungsdurchgabe veranlaßt. Der gleiche Umlauf zur Meldungsdurchgabe kann auch jederzeit durch Betätigung einer Abfragetaste seitens des Schaltwärters der Befehlsstelle hervorgerufen werden.

Der grundsätzliche Vorteil der Fernschaltgeräte mit Wählerrelais besteht gegenüber dem Transkommando- oder dem Frequenzüberlagerungsverfahren in der Möglichkeit, Meldungen über die Befehlsausführung bzw. den jeweiligen Schaltzustand der einzelnen Schaltstellen zu übertragen. Auch ist es möglich, an die für die Fernschaltung benötigten Doppelleitung mehrere Wählergeräte für verschiedene angeschlossene Schaltstellen parallel zu betreiben, so daß selbst für eine größere Zahl von Schaltstellen nur eine gemeinsame Doppelleitung erforderlich ist. Der Betrieb der Geräte erfordert nur in der Befehlsstelle eine besondere Gleichstromquelle. In den eigentlichen Schaltstellen ist eine besondere Hilfsspannung nicht erforderlich, da die Wählergeräte in den einzelnen Schaltstellen aus dem Netz gespeist werden können und bei Ausfall der Betätigungsspannung in den Schaltstellen in derartigen Fällen die Vornahme irgendwelcher Schalthandlungen sowieso nicht durchführbar ist. Eine Störungsmeldung über den Ausfall der Netzwechselspannung, die als besondere Warnmeldung vom Wählerrelaisgerät durchgegeben wird, weist auf den Ausfall der betreffenden Schaltstelle hin.

Hat man besondere Hilfsleitungen zu den einzelnen Schaltstellen zur Verfügung, so kann man außer dem Wählerrelaisverfahren für Fernschaltzwecke auch *Frequenzauswahlverfahren* anwenden. Im Gegensatz zur Frequenzauswahl über Starkstromleitungen hat man bei einem Betrieb über Hilfsleitungen nur mit geringen Verlusten zu rechnen. Man kann daher entweder Frequenzsender geringer Leistung verwenden oder mit Frequenzsendern mittlerer Leistung eine große Zahl von Schaltstellen fernschalten, da die als Empfangsrelais eingesetzten Frequenzrelais nur eine geringe Erregerleistung verlangen.

Entsprechend der Darstellung von Bild 31 wird bei diesem Verfahren für jeden der in Frage kommenden Befehle durch einen Frequenzgenerator *a* eine bestimmte Frequenz auf die gemeinsame Steuerleitung übertragen. Auf diese Frequenz spricht in den einzelnen Schaltstellen das entsprechende Frequenzrelais *f1*, *f2* usw. zur Vornahme der befohlenen Schalthandlung an. Für jede Gruppe von Schützen werden dabei 2 Frequenzen benötigt, die eine zur Einschaltung und die andere zur Ausschaltung derselben.

Da die empfindlichen Frequenzrelais nicht die Schaltleistung für die Betätigung der Schütze aufbringen können, werden sie konstruktiv meist mit einem Schaltrelais vereinigt, das das zugehörige Schütz ein- oder ausschaltet. In Bild 25 ist eine solche Relaisanordnung wiedergegeben, die die Frequenzrelais für die Ein- und Ausschaltung und das Schaltrelais enthält.

Hat man genügend Hilfsleitungen zur Verfügung und legt man, wie es bei den in Frage kommenden Aufgaben meist nicht der Fall ist, Wert auf eine

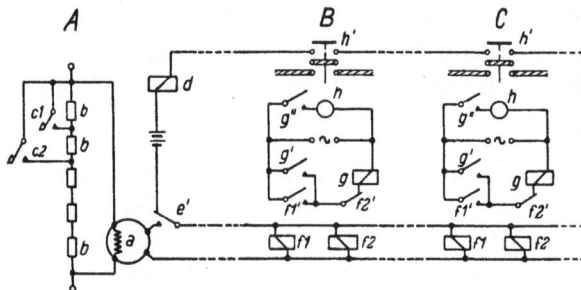

Bild 31: Frequenzauswahlverfahren mit Hilfsleitungen
    A Befehlsstelle   B, C Schaltstellen
a Frequenzgenerator
b Widerstände zur Regelung der Umlaufgeschwindigkeit
c 1, c 2 Befehlsschalter für die Schaltbefehle 1 und 2
d Rückmelderelais für ordnungsgemäße Befehlsausführung
e′ Kontakt des Freigaberelais zur Frequenzaussendung
f 1, f 2 Frequenzrelais für die Frequenzen 1 und 2
g Schaltrelais bzw. Zeitschaltwerk mit Kontakten g′ und g″
h Schaltschütz mit Hilfskontakt h′

Rückmeldung der Befehlsausführung, so kann man die Hilfskontakte h′ der Schütze über eine dritte Leitung in Reihe schalten und eine Sammelmeldung ableiten, die besagt, ob alle Schütze, z. B. der Straßenbeleuchtung, eingeschaltet sind oder ob irgendwo ein Ausfall zu verzeichnen ist.

In vielen Fällen scheitert die Einsatzmöglichkeit von Wählerrelaisgeräten und Frequenzauswahlgeräten an der Tatsache, daß die für ihren Betrieb erforderlichen Hilfsleitungen nicht zur Verfügung stehen und auch in wirtschaftlich vertretbarer Weise nicht beschafft bzw. verlegt werden können. Besonders macht sich diese Schwierigkeit in den Versorgungsgebieten mittlerer und kleinerer Städte bemerkbar. Es ist daher zur weitgehenden Ausnutzung der durch die Wählertechnik gebotenen Möglichkeiten mehr als es bisher der Fall war anzustreben, daß bei der Planung neuer Kabelnetze in solchen Stadtgemeinden die für die verschiedenen Versorgungsbetriebe, wie Gas, Wasser, Elektrizität usw. anfallenden Fernsteuer- und Fernmeldeaufgaben einschließlich des Fernsprechverkehrs zusammengefaßt und bei der Bemessung der Aderzahl berücksichtigt werden. Dadurch kann eine getrennte Beschaffung und Verlegung von Kabeln nach Möglichkeit vermieden und im Bedarfsfall die für besondere Fernschalt- und Fernmeldeaufgaben benötigte Aderzahl leicht zur Verfügung gestellt werden. Dabei erleichtert die Wählertechnik die diesbezügliche Dispositionen insofern, als man sich zunächst über den späteren

Umfang der Fernsteuer- oder Fernschaltanlage noch kein abschließendes Bild
zu machen braucht, da Wähler- und Wählerrelaisgeräte ebenso wie die Fre-
quenzauswahlgeräte unabhängig von der Zahl der betätigten bzw. überwachten
Organe nur eine Doppelleitung benötigen und auch mehrere Stationen über
eine Doppelleitung gemeinsam betrieben werden können.

II. GRUNDSÄTZLICHE ÜBERLEGUNGEN ZUR WAHL EINES GEEIGNETEN FERNSTEUERVERFAHRENS

1. Die zweckmäßige Anwendung der gebräuchlichsten Verfahren

In dem vorangegangenen Abschnitt wurde ein Überblick über die gebräuchlichsten Fernsteuerverfahren gegeben. Dabei wurden in der Hauptsache
behandelt: Die Eindrahtsteuerung, die Wählersteuerung, das Wählerrelaisverfahren, die Fernschaltung mit Frequenzauswahl und diejenigen Verfahren,
die Fernschaltungen unmittelbar über Starkstromleitungen auszuführen
gestatten.

Über die zweckmäßige Anwendung der vorgenannten Verfahren läßt sich
zusammenfassend folgendes sagen: Für die Fernsteuerung und Überwachung
von Schalteinheiten in Stromversorgungsanlagen von Kraftwerks-, Bahn-
und Industriebetrieben kommen in der Hauptsache die Eindrahtsteuerung
und die Wählersteuerung in Frage. Das liegt darin begründet, daß die Fernsteuerung von Schaltern in Umspannwerken, Gleichrichterwerken, Kraftwerken und sonstigen wichtigen Netzpunkten für die Stromversorgung eines
ganzen Netzes oder Bezirkes häufig von ausschlaggebender Bedeutung ist,
so daß für die Fernbedienung dieser Schalter nur Verfahren mit größter
Auswahlsicherheit in Frage kommen. Daher sind Wählerfernsteuerung und
Eindrahtsteuerung für diejenigen Fernbedienungsanlagen einzusetzen, bei
denen aus Gründen der Bedeutung der einzelnen Schalthandlung für einen
größeren Verbraucherkreis ein unbedingter Schutz gegen Fehlsteuerungen
verlangt werden muß.

Eine Zwischenstufe zwischen den Fernsteuerwählergeräten bzw. der Eindrahtsteuerung und den über die Starkstromleitungen arbeitenden Fernschaltverfahren stellen die Wählerrelaisgeräte dar. Bei diesen Geräten sind zwar
Vorkehrungen einfacher Natur gegen Fehlbetätigungen getroffen, jedoch kann
auf Grund der einfachen Ausführung dieser Geräte nicht immer zuverlässig ein
Schutz gegen Fehlbetätigungen bei Außertrittfall der Wähler gewährleistet
werden. Aus diesem Grunde sind diese Geräte nur für Schalthandlungen
anzusetzen, die für einen engeren Verbraucherkreis von Bedeutung sind.
Eine solche Aufgabenstellung liegt bei der Fernschaltung von Schaltorganen
für die Straßenbeleuchtung, Flugplatz- und Wasserstraßenbefeuerung vor.
Infolge der bei ihrer Anwendung möglichen Überwachung der Befehlsausführung können die Wählerrelaisgeräte auch zur Fernschaltung von Schützen
von Beleuchtungs- oder Befeuerungsanlagen herangezogen werden, deren

Schaltzustand z. B. zur Vermeidung von Verkehrsunfällen in der Befehlsstelle zuverlässig angezeigt und überwacht werden muß.

Die unmittelbar über die Starkstromleitungen arbeitenden Verfahren, wie beispielsweise das Transkommandoverfahren, können für Befeuerungs- und Beleuchtungsanlagen nur unter bestimmtem Vorbehalt zur Anwendung gebracht werden. Die nach diesen Verfahren fernbetätigten Schaltorgane dürfen nur für einen engbegrenzten Verbraucherkreis Bedeutung haben und nur so eingesetzt werden, daß bei einer Störung der Befehlsübertragung keine größeren Schäden auftreten können, bevor die Meldung über den Ausfall der Befehlsausführung auf indirektem Wege, z. B. durch Fernsprechanruf einer dritten Person, an die Befehlsstelle gelangt ist. Sonst können Schaltvorgänge, die sofort zuverlässig überwacht werden müssen, nach den vorgenannten Verfahren nur dann durchgeführt werden, wenn auf irgendeinem anderen Wege, z. B. durch unmittelbaren Überblick, die Möglichkeit besteht, die ordnungsgemäße Durchführung der Schaltvorgänge von der Befehlsstelle her zu überwachen. Da die unmittelbar über die Starkstromleitungen arbeitenden Verfahren keine besonderen Hilfsleitungen erfordern und auch die Empfangsrelais für einfache Befehle verhältnismäßig billig hergestellt werden können, sind solche Verfahren besonders für die Fernschaltung einer großen Zahl von kleinen Verbraucherstellen geeignet, bei denen auf eine Überwachung der eigentlichen Schaltvorgänge verzichtet werden kann. Das gleiche gilt auch für die über Hilfsleitungen arbeitenden Fernschaltgeräte mit Frequenzauswahl.

Nach diesen grundsätzlichen Feststellungen über das Anwendungsgebiet der wichtigsten Fernsteuer- und Fernschaltverfahren ist für die Projektierung von Fernsteueranlagen weiterhin die Frage von Bedeutung, ob man zur Fernbedienung eines Netzstützpunktes zweckmäßig eine Eindraht- oder Wählerfernsteuerung in Anwendung bringen soll.

2. Die beschränkte Reichweite der Eindrahtsteuerung

Für eine zweckmäßige Entscheidung bezüglich des Einsatzes einer Eindraht- oder Wählersteuerung sind einerseits technische und andererseits wirtschaftliche Gründe ausschlaggebend. Geht man zuerst auf die technischen Gründe ein, so ist zunächst die beschränkte Reichweite der Eindrahtsteuerung zu beachten. Während nämlich die Stromzeichen für die Befehlsübertragung bei der Mehrzahl der Fernsteuerwählergeräte auf jedem beliebigen Übertragungsweg über praktisch beliebige Entfernungen übermittelt werden können, ist die Anwendung einer Eindrahtsteuerung an bestimmte technische Voraussetzungen bezüglich der Beschaffenheit der Verbindungsleitungen gebunden. Zunächst muß der Querschnitt und die Länge der einzelnen Übertragungsleitungen ebenso wie der im gemeinsamen Rückleiter zu erwartende Spannungsabfall es gestatten, durch den einzelnen Betätigungsschalter der Steuerstelle in der Unterstelle unmittelbar Schaltrelais zu betätigen, die eine zur Betätigung der Schalterantriebe erforderliche Schaltleistung beherrschen können.

Diese von den Kontakten der Schaltrelais zu bewältigende Schaltleistung ist je nach der Antriebsart der fernzubedienenden Schalter verschieden. Sie kann für bestimmte motorisch angetriebene Schalter, die kein zusätzliches Schaltschütz haben, z. B. 2 kW betragen, während für die Betätigung der Ventilspulen bei druckluftgesteuerten Schaltern zum Teil nur 50 W Schaltleistung erforderlich sind. Entsprechend der jeweils verlangten Schaltleistung müssen die über das Fernsteuerkabel erregten Schaltrelais in der gesteuerten Stelle mehr oder weniger robust ausgeführt werden. Dadurch ist eine bestimmte Erregerleistung bedingt, die über die Fernsteuerader übertragen werden muß und die Reichweite der Eindrahtsteuerung für den gerade vorliegenden Fall beeinflußt.

Um gewisse Anhaltspunkte für die durchschnittlich zu erwartende Reichweite einer Eindrahtsteuerung zu geben, ist in Bild 32 die mittlere Reichweite in Abhängigkeit von den jeweiligen Leitungsverhältnissen dargestellt. Dabei sind den Werten der ersten Kurve als Steuerrelais in der Unterstelle Schaltrelais mit einer mittleren Kontaktleistung von etwa 500 W zugrunde gelegt und bei den Werten der zweiten Kurve Schaltrelais mit nur 50 W Kontaktleistung,

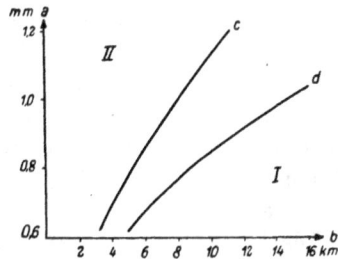

Bild 32: Die mittlere Reichweite
der Eindrahtsteuerung
a Aderdurchmesser des Steuerkabels
b Entfernung zur Steuerstelle in km
Kurven für Reichweite bei 500 Watt
(*c*) und 50 Watt   (*d*) Schaltleistung
der Endrelais
I Anwendung der Wählersteuerung
II Anwendung der Eindrahtsteuerung

wie sie besonders bei Druckluftantrieben im günstigsten Fall in Frage kommen. Ferner ist die Voraussetzung gemacht, daß bei der Eindrahtsteuerung über ein normales Schwachstrom-Fernmeldekabel gesteuert wird. Dadurch wird nämlich die zulässige Höchstspannung für die Fernbetätigung der Schaltrelais sendeseitig auf 60 V begrenzt.

Selbstverständlich ist es möglich, durch Erhöhung der Sendespannung über den vorgenannten Wert hinaus auch eine Erhöhung der Reichweite der Eindrahtsteuerung zu erreichen. In diesem Fall muß jedoch auf die Verwendung eines Schwachstromkabels verzichtet und zu einem starkstrommäßig isolierten Steuerkabel übergegangen werden, wodurch die Wirtschaftlichkeit der Eindrahtsteuerung ungünstig beeinflußt wird.

Auch könnte man durch Verwendung empfindlicher Schwachstromrelais als Leitungs-Endrelais eine wesentliche Erhöhung der Reichweite der Eindrahtsteuerung erzielen. Diese Relais könnten aber dann nicht mehr unmittelbar die Schalterantriebe steuern, und es müßten daher in der gesteuerten Stelle noch besondere Steuerzwischenrelais zur Übernahme der Schaltleistung der einzelnen Schalter vorgesehen werden. Hierdurch wird bei einer Anlage mit größerer Schalterzahl eine solche Art der Eindrahtsteuerung erfahrungsgemäß teurer, als ein gleichwertiges Wählergerät. Hinzu kommt noch, daß durch den Übergang auf empfindliche Endrelais die Störanfälligkeit einer Fernsteueranlage nach dem Eindrahtverfahren wächst.

3. Die Hochspannungsbeeinflussung des Fernsteuerkabels

Die zweite wesentlich mehr ins Gewicht fallende technische Einschränkung für die Anwendung der Eindrahtsteuerung besteht darin, daß es der Einsatz von Fernsteueranlgen besonders in Elektrizitäts- und Bahnbetrieben mit sich bringt, daß das Fernsprech- oder Steuerkabel, das zur Durchführung des Fernbedienungsverkehrs benutzt wird, häufig auf längere Strecken parallel zu den eigentlichen Starkstromkabeln oder Starkstromfreileitungen geführt werden muß oder sich mit seinem Ende im Spannungstrichter der Kraftwerkserde befindet. Die Folge davon ist, daß beispielsweise bei einer Verlegung des Steuerkabels auf dem gleichen Gestänge, auf dem die Hochspannungsleitung liegt, oder im gleichen Kabelgraben, durch den ein Hochspannungskabel geführt wird, mit einer Beeinflussung des Steuerkabels durch Schalt- und Störvorgänge im Hochspannungsnetz zu rechnen ist. Besonders zu beachten ist dabei der an sich seltene Fall eines Doppelerdschlusses im Drehstromnetz, bei dem erhebliche Störspannungen in dem parallel geführten Fernsteuerkabel auftreten können.

Die Frage der Hochspannungsbeeinflussung des Fernsteuerkabels wird bei der Projektierung von Fernsteueranlagen meist zu wenig beachtet. Dies hängt auch damit zusammen, daß derartige Beeinflussungsvorgänge rechnerisch nur schwer zu erfassen sind. Daher erscheint es zweckmäßig, hier etwas näher auf diese Zusammenhänge einzugehen. Maßgebende Faktoren für die Höhe der induzierten Störspannungen sind die Länge der Parallelführung des Starkstromkabels bzw. der Starkstromleitung, der mögliche Kurzschlußstrom des Starkstromsystems im Falle eines Doppelerdschlusses und der Schutzfaktor des Steuerkabels. Der Abstand des Fernsteuerkabels vom Starkstromsystem ist dagegen von einer bestimmten Mindestgrenze an von geringerer Bedeutung, da die induzierten Spannungen mit wachsendem Abstand nur in geringem Maße abnehmen.

Liegt eine längere Parallelführung des Fernsteuerkabels zum Hochspannungskabel bzw. zur Hochspannungsleitung vor, so muß man zunächst rechnerisch überschlagen, wie hoch der bei einem Doppelerdschluß, d. h. einem zweiphasigen Kurzschluß, auftretende Erdschlußstrom werden kann. Die Höhe dieses Erdschlußstromes hängt im Einzelfall von der gerade eingesetzten Maschinenleistung, von der Art der Verbraucher und der Lage des Leitungsfehlers im Hochspannungsnetz ab und kann unter Beachtung von Erfahrungswerten meist mit ausreichender Genauigkeit berechnet werden. Allerdings darf man dieser Berechnung nicht etwa die größte Abschaltleistung der eingebauten Leistungsschalter oder dem Klemmenkurzschlußstrom der Generatoren zugrunde legen, sondern muß auch die zu erwartende Drosselung des Kurzschlußstromes durch den Leitungswiderstand berücksichtigen. Am zweckmäßigsten ist es, gegebenenfalls die Werte einzusetzen, die an Hand einer Netznachbildung zur Bemessung von Schutzanlagen und Schalteinheiten ermittelt wurden.

Hat man den Doppelerdschlußstrom des Starkstromsystems ermittelt, so kann man daraus Rückschlüsse auf die zwischen dem Mantel des Fernmeldekabels und der Kabelseele induzierte EMK machen. Diese beträgt bei der Führung des Fernmeldekabels im gemeinsamen Graben mit dem Hochspannungskabel erfahrungsgemäß etwa 0,1—0,2 V pro Ampere-Kilometer.

Legt man diesen Wert, der je nach den vorliegenden Verhältnissen und den charakteristischen Eigenschaften der beiden Kabel und ihrer Bewehrung auch wesentlich unterschritten werden kann, einmal einem praktischen Beispiel (Bild 33) zugrunde, so ergibt sich daraus die beachtliche Tatsache, daß

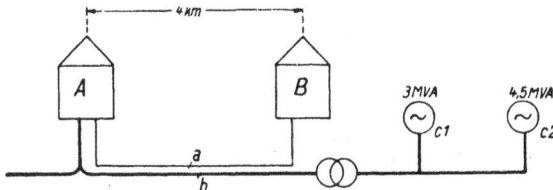

Bild 33: Hochspannungsbeeinflussung eines Steuerkabels
A Steuerstelle   B Gesteuerte Stelle   C1, C 2 Kraftwerke
a Fernsteuerkabel   b Starkstromkabel

schon bei wenigen Kilometern Parallelführung wesentliche Gefährdungsspannungen auftreten können. In dem in Bild 33 wiedergegebenen Beispiel soll über 4 km Entfernung ein Umspannwerk fernbedient werden. Die Fernsteuerung muß über ein Fernsteuerkabel erfolgen, das fast auf der ganzen Strecke im gleichen Kabelgraben wie ein 10 kV-Kabel verlegt ist. Das Starkstromkabel wird über einen Umspanner aus zwei Erzeugerpunkten mit zusammen 7,5 MVA Leistung gespeist.

Der zu erwartende Erdschlußstrom im Doppelerdschlußfall wurde mit etwa 1000 A errechnet. Daraus ergibt sich nach obiger Faustformel eine Gefährdungsspannung von $1000 \times 0.2 \times 4 = 800$ Volt, ein Wert, der auch bei genauerer Nachrechnung des betreffenden Falles bestätigt wurde. Aus der Höhe dieser Gefährdungsspannung ergibt sich folgendes:

1. Eine Eindrahtsteuerung kann nicht angewendet werden.
2. Das Steuerkabel muß eine Isolation von mindestens 2 kV Ader gegen Erde besitzen und
3. die verwendeten Fernsteuerwählergeräte müssen mit Schutzübertragern von 2 kV Prüfspannung gegen das Steuerkabel abgeriegelt werden.

Wenn auch die aus der Faustformel für die Gefährdungsspannungen errechneten Werte praktisch im Einzelfall vielleicht nicht erreicht werden, so erscheint es trotzdem geboten, diese Werte bei der Projektierung von Fernsteueranlagen zugrunde zu legen, da man von Fernsteueranlagen wegen ihrer wesentlichen Bedeutung für die reibungslose Betriebsführung stets die größte Betriebssicherheit verlangen muß und die Fernsteueranlage gerade bei Störvorgängen im Starkstromnetz ein wichtigstes Hilfsmittel zur Sicherstellung bzw. Wiederaufnahme der Stromversorgung weiter Verbraucherkreise darstellt.

Bei der Wählersteuerung ist es möglich, zur Drosselung etwa zu erwartender Störspannungen ein verdrilltes Aderpaar für die Zeichenübertragung zu benutzen und diese Doppelader als Schutz gegen Zerstörung der angeschlos-

senen Fernsteuergeräte durch Fremdspannungen zusätzlich mit Schutzübertragern abzuriegeln bzw. zu unterteilen.

Bei der üblichen Art der Eindrahtsteuerung sind derartige Schutzmaßnahmen nicht durchführbar, da bei den gebräuchlichen Eindrahtschaltungen
zur Fernsteuerung und Stellungsmeldung von der Änderung der Richtung
und Stärke des im einzelnen Leiter fließenden Gleichstromes Gebrauch gemacht
wird und daher eine galvanische Verbindung von dem einzelnen Befehlsschalter in der Steuerstelle bis zu dem Schaltrelais in der Unterstelle bzw.
umgekehrt von dem Schalterhilfskontakt zum Überwachungsrelais in der
Steuerstelle erforderlich ist. Wegen des benötigten gemeinsamen Rückleiters
ist auch eine Verdrillung der einzelnen Adern zur Drosselung der induzierten
Längsspannung bei der Eindrahtsteuerung nicht möglich.

Zwar könnte man durch Verwendung von Steuer- und Überwachungsrelais
mit hoher Prüfspannung bei der Eindrahtsteuerung einen gewissen Schutz
gegen Zerstörung der einzelnen Geräte durch induzierte Störspannungen
erreichen, aber auch dieses Hilfsmittel erlaubt noch keinen Betrieb einer Eindrahtfernsteuerung über hochspannungsbeeinflußte Leitungen. Das hängt
mit der grundsätzlichen Tatsache zusammen, daß bei vorliegender Störbeeinflussung die Eindrahtsteuerung zu Fehlsteuerungen und Fehlmeldungen neigt.

Während nämlich die Wählerfernsteuerung für jeden Befehl oder jede
Meldung bestimmte Stromzeichengruppen übermittelt, die bezüglich der
Zahl, Dauer und zeitlichen Aufeinanderfolge der einzelnen Impulse vor ihrer
Auswertung genau überprüft werden, und dadurch gegen Fehlbetätigungen
auf Grund von Störspannungen gesichert ist, besteht bei der Eindrahtsteuerung dann die Gefahr von Fehlsteuerungen oder Fehlmeldungen, wenn die
bei einer Störung des Starkstromnetzes zu erwartende induzierte Störspannung im Bereich oder oberhalb der gewählten bzw. durch die Kabeldaten
bedingten Betätigungsspannung für die Eindrahtsteuerung liegt.

Man muß daher im Falle der Hochspannungsbeeinflussung des Fernsteuerkabels grundsätzlich auf die Anwendung einer Eindrahtsteuerung zugunsten
einer Wählersteuerung verzichten. Will man in besonders gelagerten Fällen
trotz vorliegender Beeinflussung eine Eindrahtsteuerung anwenden, so muß
man durch geeignete Verriegelung der Schalteinheiten in der gesteuerten
Stelle bzw. durch geeignete Beschränkung der durch die Eindrahtsteuerung
übertragenen Befehle dafür Sorge tragen, daß im Falle einer Fehlbetätigung
unter dem Einfluß einer Störspannung kein ernstlicher Schaden angerichtet
werden bzw. kein größerer Ausfall der Energieversorgung auftreten kann.

4. Wirtschaftlicher Vergleich zwischen Eindraht- und Wählersteuerung

Für einen wirtschaftlichen Vergleich zwischen Eindraht- und Wählersteuerung scheiden zunächst grundsätzlich die Fälle aus, bei denen aus den
vorgenannten technischen Gründen, d. h. bei Hochspannungsbeeinflussung
oder mangelnder Reichweite, die Eindrahtsteuerung nicht angewendet werden
kann und daher eine Wählersteuerung eingebaut werden muß.

Weiterhin muß zunächst klargestellt werden, welche Bausteine der Fernsteueranlage in eine solche wirtschaftliche Vergleichsrechnung überhaupt einzuführen sind. Hierzu läßt sich zunächst sagen, daß das Blind- oder Leuchtschaltbild, das in'der Steuerstelle zur Befehlsgabe und Meldungskennzeichnung erforderlich wird, sich in Aufbau und Bestückung für Eindrahtsteuerung und Wählersteuerung nur unwesentlich unterscheidet und daher ohne weiteres aus der Vergleichsbetrachtung herausgelassen werden kann.

Das gleiche gilt meist auch für die erforderlichen Steuerhilfsrelais in der fernbedienten Stelle, die die Schaltleistung für die Einschaltung der fernbedienten Schalter zu übernehmen haben. Diese werden bei der Eindrahtsteuerung über die Verbindungsleitung unmittelbar von dem Befehlsschalter der Steuerstelle und bei der Wählersteuerung rein örtlich durch die Schwachstromrelais des Wählergerätes in der Unterstelle betätigt. Sie unterscheiden sich daher in der Hauptsache durch die verschiedene Bemessung der Wicklung, so daß auch die Steuerhilfsrelais aus dem eigentlichen Preisvergleich herausgelassen werden können.

Die übrigen Bausteine einer Fernbedienungsanlage nach dem Eindrahtverfahren weichen wesentlich von denen einer Wählerfernsteuerung ab. Bei den üblichen Eindrahtsteuerungen wird für jeden Schalter in der Steuerstelle ein Stellungsüberwachungsrelais zur Stellungsmeldung erforderlich, das in Reihe mit dem Hilfskontakt des überwachten Schalters und dem Steuerhilfsrelais in der Unterstelle liegt und daher besonderen Ansprechbedingungen unterworfen ist. Außerdem wird ein vieladriges Verbindungskabel benötigt, das außer den gemeinsamen Rückleitern mit besonders starkem Querschnitt für jeden Schalter eine einzelne Verbindungsader enthalten muß. '

Demgegenüber benötigt die Wählerfernsteuerung stets nur zwei Adern eines beliebigen Verbindungsweges und in jeder Stelle ein Wählergerät. Dieses Wählergerät besteht aus einem Grundaufbau, der die gemeinsamen Wähler und Relais für die Befehlzeichenübermittlung und das Relaisgehäuse enthält und einem zusätzlichen Aufwand an Schwachstromrelais für jeden fernbetätigten Schalter. Diese Relais dienen in der Hauptsache der Steuervorbereitung und Stellungsmeldung der einzelnen Schalter und sind in dem gemeinsamen Relaisgehäuse untergebracht.

Danach ergibt sich für den Kostenvergleich zwischen Eindrahtsteuerung und Wählersteuerung folgende Gegenüberstellung:

$$na + nb = 2a + g + nd.$$

Dabei bedeutet: n die Zahl der jeweils fernzubedienenden Schalter, a die Kosten für die Einzelader des Verbindungskabels zuzüglich der anteiligen Kosten der gemeinsamen Rückleiter, b die Kosten eines Stellungsmelderelais der Eindrahtsteuerung einschließlich getrennter Verkabelung und Unterbringung, g den Kostenaufwand für den Grundaufbau der beiden Wählergeräte gestaffelt nach den Ausbaustufen und d den Steigerungsbetrag beim Wählergerät für jeden Schalter.

Setzt man zur Durchführung des Vergleiches zunächst voraus, daß die für die Eindrahtsteuerung sowohl wie für die Wählersteuerung benötigten Einzel-

adern in einem Kabel belegt werden, das entweder für andere Fernmelde-
zwecke, wie z. B. Streckenschutz, Fernzählung u. ä., sowieso verlegt werden
muß oder bereits vorhanden ist, so kann man in diesem Falle zunächst den
Einfluß der Verlegungskosten auf den wirtschaftlichen Vergleich außer acht
lassen, und es ergeben sich aus vorgenannter Formel folgende in Bild 34
wiedergegebenen Zusammenhänge:

Solange die Summe $(na + nb)$ klein bleibt, d. h. nur wenige Schalter über
kurze Entfernungen fernzusteuern sind, fällt der Kostenaufwand g für den
Grundaufbau des Wählergerätes bei der Aufstellung der wirtschaftlichen
Vergleichsrechnung so wesentlich ins Gewicht, daß in diesen Fällen die Eindrahtsteuerung stets preislich günstiger liegt. Wächst dagegen die Zahl der
fernbedienten Schalter, so verteilen sich die Kosten für den Grundaufbau des
Wählergerätes auf eine größere Zahl von Schaltern, und der Vergleich wird
dadurch für die Wählersteuerung zunehmend günstiger. Auch bei wachsender
Entfernung werden die Kosten für den Grundaufbau des Wählergerätes mehr
und mehr dadurch aufgewogen, daß in diesem Falle die Mehrkosten für die
Einzelader bei der Eindrahtsteuerung höher werden, als der gleichbleibende
entsprechende Steigerungsbetrag d für den einzelnen Schalter beim Wählergerät. Bei größerer Schalterzahl und größeren Entfernungen schließlich
liegen die Vergleichszahlen daher eindeutig zugunsten der Wählersteuerung.

Daß dieser wirtschaftliche Vergleich bis zu einem gewissen Grade auch
für den Fall der Benutzung von Adern bereits bestehender Verbindungskabel
seine Bedeutung hat, liegt darin begründet, daß die Ader eines bereits bestehenden Kabels, die der Fernbedienungsanlage zur Verfügung gestellt werden
sollen, doch meist noch einen den Beschaffungskosten entsprechenden Wert
darstellen, der beispielsweise auch zugunsten anderweitiger Fernmeldevor-
gänge nutzbar gemacht werden könnte.

Muß allein für die Einrichtung einer Fernbedienungsanlage ein neues Verbindungskabel verlegt werden, so ändert sich an dem vorbeschriebenen Verhältnis der Kosten der Eindrahtsteuerung und der Wählersteuerung nur
insofern etwas, als in beiden Fällen die Verlegungskosten des Kabels hinzukommen. Da sich aber die Verlegungskosten für vieladrige und wenigadrige
Verbindungskabel meist nicht wesentlich unterscheiden, wird dadurch der
wirtschaftliche Vergleich nur insofern beeinflußt, als die Mehrkosten der
einen oder anderen Art der Steuerung im Verhältnis zu den Gesamtkosten
der Anlage weniger ins Gewicht fallen.

Welchen Einfluß die Verlegungskosten des Verbindungskabels auf die
gesamten Beschaffungskosten einer Fernsteueranlage überhaupt haben, ist
von der Größe der Entfernung zwischen Steuerstelle und fernbedienter Stelle
und der Höhe der Verlegungskosten für den laufenden Meter abhängig. Diese
Kosten werden bei Erdkabeln sehr von der Art des zwischen beiden Stellen
vorhandenen Geländes beeinflußt und können bei schwierigem, bebautem
Gelände verhältnismäßig hohe Werte annehmen. Im Durchschnitt rechnet man
bei Erdkabeln mit einem Verlegungspreis von DM 4—5 pro Meter Kabel.

Eine Möglichkeit, die Verlegungskosten der in Frage kommenden Verbindungsleitungen herabzusetzen, ist in allen den Fällen gegeben, bei denen aus Gründen der Neuplanung oder Erweiterung des eigentlichen Hochspannungsnetzes auf der Trasse zwischen der Steuerstelle und der fernbedienten Stelle auch ein Hochspannungserdkabel neu verlegt werden muß. In solchem Falle kann nämlich das Schwachstromkabel für die Fernbedienung in dem gleichen Kabelgraben verlegt werden, in dem bereits das zwischen den beiden Stellen benötigte Hochspannungskabel verlegt wurde. Dadurch können die wesentlichen Kosten der Neuverlegung eines Fernbedienungskabels, nämlich die Erdarbeiten, fast ganz eingespart werden. Eine ähnliche Einsparung ist zu erreichen, wenn die Verbindungsleitungen als Luftkabel oder auch als Blankdrähte auf dem Hochspannungsgestänge verlegt werden können.

Wegen der in solchen Fällen zu erwartenden Hochspannungsbeeinflussung schließt eine solche unmittelbare Parallelführung des Fernbedienungskabels bei längeren Strecken die Anwendung einer Eindrahtsteuerung aus, so daß nur eine Wählersteuerung eingebaut werden kann. Infolgedessen verschieben

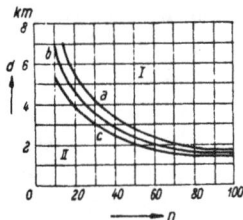

Bild 34: Grenzen der wirtschaftlichen Anwendung der Wähler (I) und Eindrahtsteuerung (II) ohne Berücksichtigung der Verlegungskosten des Steuerkabels
d Entfernung zur Steuerstelle
n Zahl der fernzusteuernden Einheiten
Vergleichsbasis: Die Eindrahtsteuerung benutzt ein Vielfachkabel mit 1,0 mm Aderdurchmesser für 220 V Betriebsspannung.
Die Wählersteuerung arbeitet über:
1. vielfach aufgehängtes Luftkabel (Kurve o)
2. Erdkabel (Kurve b)
3. selbsttragendes Luftkabel (Kurve a)

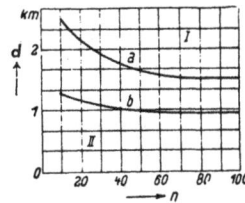

Bild 35: Grenzen der wirtschaftlichen Anwendung von Wähler (I) und Eindrahtsteuerung (II) bei Mitbenutzung von zwei vorhandenen Steueradern für die Wählersteuerung
d Entfernung zur Steuerstelle
n Zahl der fernzusteuernden Schalteinheiten
Vergleichsbasis wie bei Bild 34.
Die Verlegung des Steuerkabels für die Eindrahtsteuerung als Erdkabel erfordert
1. geringe Verlegungskosten (Kurve a)
2. hohe Verlegungskosten (Kurve b)

sich bei der Möglichkeit der gleichzeitigen Verlegung des Starkstrom- und Fernsteuerkabels die in Bild 34 angegebenen Vergleichswerte noch weiter zugunsten der Wählersteuerung, da für das zum Zwecke einer Eindrahtsteuerung erforderliche Vielfachkabel infolge des getrennten Verlegungsweges besondere Erdarbeiten geleistet werden müßten.

Zugunsten der Beschaffung eines Wählergerätes ist auch fast immer der Fall zu entscheiden, wenn in einem bereits vorhandenen Kabel, beispielsweise einem werkseigenen Fernsprechkabel größerer Länge freie Verbindungsadern nur in geringer Zahl für den Betrieb der Fernbedienungsanlage zur Verfügung gestellt werden können. In diesem Falle müßte zugunsten einer Eindrahtsteuerung nämlich ein neues vieladriges Kabel verlegt werden, wodurch die Anlagekosten gegenüber dem Einbau einer Wählersteuerung, die mit der bestehenden Doppelleitung auskommt, selbst bei geringeren Entfernungen erheblich höher werden (Bild 35).

Nicht so eindeutig liegt der Fall, wenn kein werkseigenes Verbindungskabel verfügbar ist und für den Betrieb eines Fernsteuerwählergerätes eine
Doppelader, z. B. von der Postbehörde, gemietet werden müßte. Abgesehen
von den bei einer mietweisen Überlassung der Verbindungsleitungen üblichen
Vorbehalten und Beschränkungen wird eine solche Mietung wegen der laufend
zu zahlenden, nicht unbeträchtlichen Gebühren nämlich nur dann wirtschaftlich, wenn die Verlegung eines werkseigenen Kabels für Eindraht- oder Wählersteuerung wegen besonderer Geländeschwierigkeiten unverhältnismäßig teuer
wird. Als überschläglicher Wert kann dabei für derartige Vergleichsrechnungen
ein mittlerer jährlicher Kostenaufwand von rund 150,— DM für jeden Kilometer mietweise zu Fernbetriebszwecken überlassener Übertragungsleitung
in Ansatz gebracht werden.

5. Die Frage des künftigen Ausbaues

Bei der Auswertung der vorstehenden Vergleichsgrenzen ist auch die Frage
der etwa später zu erwartenden Erweiterung der Fernbedienungsanlage im
Auge zu behalten. Ist es doch häufig so, daß die zur Verfügung stehenden
Adern eines vorhandenen Verbindungskabels zwar gerade noch für die Fernbedienung des Erstausbaues des betreffenden Unterwerkes nach dem Eindrahtverfahren ausreichen, dagegen nicht mehr für eine spätere Erweiterung
der Anlage nach demselben Verfahren. Ist also eine spätere Erweiterung der
Anlage über die Leistungsfähigkeit des für die Eindrahtsteuerung verwendeten
Kabels hinaus zu erwarten, so empfiehlt es sich, meist von vornherein ein
Wählergerät vorzusehen. Dadurch entstehen zunächst zwar höhere Kosten,
doch werden diese späterhin bei Vornahme der Erweiterung dann mehr als
ausgeglichen.

Die Erweiterung einer Fernbedienungsanlage mit Fernsteuerwählergeräten
erfordert keinen Neubedarf an Verbindungsadern, sofern nicht für die Erweiterung dauernd zu übertragende Meßwerte in Frage kommen, für die zusätzliche Übertragungsadern zur Verfügung gestellt werden müssen. Denn selbst
bei Unterwerken größten Umfangs kann bei Einsatz des Wählerverfahrens
der gesamte Fernsteuerverkehr über das gleiche Wählergerät und damit über
eine gemeinsame Doppelleitung abgewickelt werden.

Die Vornahme der Erweiterungsarbeiten an der in Betrieb befindlichen
Wählerfernsteuerung beschränkt sich daher meist auf den Einbau einer der
Zahl der hinzukommenden Schalteinheiten entsprechenden Zahl von Relais
zur Stellungsmeldung bzw. einiger Relais zur Bildung neuer Schaltergruppen.
Ein Eingriff in den eigentlichen Wählerkopf der Anlage, der die gemeinsamen
Wähler und Stromzeichenrelais des Gerätes enthält, wird nicht erforderlich,
da in der Grundschaltung desselben die Möglichkeit des späteren Anschlusses
neu hinzukommender Steuer- und Meldegruppen in der Regel bereits vorgesehen ist. Wurde, wie es zweckmäßig ist, das Gehäuse des Wählergerätes
bereits beim Erstausbau groß genug gewählt, so können die hinzukommenden
Stellungsmelderelais in das vorhandene Wählergerät eingebaut werden, so

daß bei der Erweiterung der Anlage nur die Kosten dieser Relais und ihrer Verkabelung für das Wählergerät aufzuwenden sind.

Bei der Erweiterung eines bereits in Betrieb befindlichen Fernsteuerwählergerätes läßt sich jedoch in den meisten Fällen eine Betriebsunterbrechung von einigen Tagen nicht vermeiden, zumal die Montage und Verkabelung der hinzukommenden Relais am Betriebsort erfahrungsgemäß wesentlich mehr Zeit in Anspruch nimmt, als wenn diese Relais gleich bei der Herstellung des Gerätes mit eingebaut worden wären. Dadurch wird die spätere Erweiterung natürlich auch teurer als ein entsprechender Mehrausbau des ursprünglich gelieferten Gerätes. Es empfiehlt sich daher, in allen Fällen Fernsteuerwählergeräte nicht nur für den Erstausbau in Auftrag zu geben, sondern das bestellte Gerät gleich für den Umfang ausbauen zu lassen, der einer in absehbarer Zeit zu erwartenden, umfangmäßig bereits zu übersehenden Erweiterung der Fernsteueranlage entspricht, zumal die dadurch entstehenden Mehrkosten im Verhältnis zu den für die übrigen Anlageteile anfallenden Kosten meist nur gering sind.

III. DIE ÜBERTRAGUNGSWEGE IN FERNBEDIENUNGSANLAGEN

1. Freie Leitungen

Wie in den vorausgegangenen Abschnitten auseinandergesetzt wurde, benötigt die Eindrahtsteuerung $(n + 2)$ Leitungen für die Steuerung und Überwachung von n Schaltern, die Wählersteuerung dagegen für praktisch beliebige Schalterzahlen in der Regel nur zwei Leitungen bzw. einen Frequenzkanal. Im einfachsten Fall kann man sich die erforderlichen Übertragungsleitungen dadurch schaffen, daß man auf die noch verfügbaren freien Reserveadern eines bereits verlegten Erd- oder Luftkabels zurückgreift. Dabei ist zunächst von untergeordneter Bedeutung, ob das in Frage kommende Kabel ein normales Fernsprechkabel mit verdrillten Aderpaaren oder ein unverdrilltes Signalkabel ist.

Der Aderquerschnitt des verwendeten Kabels spielt bei dem Einbau einer Wählerfernsteuerung erst bei großen Entfernungen eine Rolle, da die Empfangsrelais dieser Geräte empfindliche Telegraphenrelais sind, die bereits auf wenige mA Impulsstrom zum Ansprechen kommen. Daher können mit derartigen Wählergeräten bei normalen Fernsprechkabeln mit 0,8 mm Aderdurchmesser meist ohne weiteres Entfernungen von 100 km, d. h. 7000 Ohm Schleifenwiderstand überbrückt werden. Darüber hinausgehende Entfernungen erfordern dann einen größeren Aderdurchmesser oder den Einbau von Verstärkereinrichtungen.

Bei der Eindrahtsteuerung ist der Aderquerschnitt, wie bereits früher erwähnt, schon bei geringen Entfernungen von ausschlaggebender Bedeutung für die überhaupt erzielbare Reichweite. Allerdings kann man insbesondere bei der Verwendung von Signalkabeln auch durch Erhöhung der Isolation der Kabeladern die Betriebsspannung der Eindrahtsteuerung und damit ihre Reichweite beträchtlich erhöhen.

Ist das zur Verwendung kommende Steuerkabel hochspannungsbeeinflußt, so scheidet die Eindrahtsteuerung und auch jedes andere Gleichstromverfahren für Messung, Regelung und Zählung aus. Der Impulsverkehr oder die Meßwertdurchgabe kann in diesem Fall nur mit Wechselstrom erfolgen, da die Fernbedienungsgeräte gegen die beeinflußten Kabeladern durch Schutzübertrager (Bild 36) abgeriegelt werden müssen. Welche Type von Schutz-

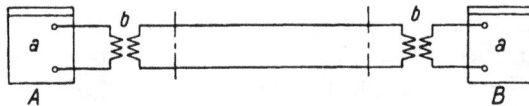

Bild 36: Abriegelung der Übertragungsleitung durch Schutzübertrager
A Steuerstelle   B Ferngesteuerte Stelle
a Fernbedienungsgerät   b Schutzübertrager

übertragern im Einzelfall vorgesehen werden muß bzw. wie hoch die Prüfspannung der Übertrager zu wählen ist, richtet sich dabei nach dem überschläglich errechneten Wert der größten, zu erwartenden Störspannung gegen Erde (Bild 37). Liegt diese Störspannung bei langen Kabelstrecken über den Isolationswerten des Kabels, so muß durch eine Längsunterteilung der Kabel-

Bild 37: Abriegelungsübertrager für 2 kV und 30 kV Prüfspannung

strecke durch Zwischenübertrager (Bild 38) die zu erwartende Längsspannung auf einen zulässigen Wert herabgesetzt werden. Auf keinen Fall soll man die Prüfspannung der Schutzübertrager höher wählen als die des angeschlossenen

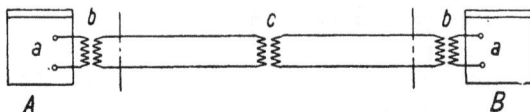

Bild 38: Längsunterteilung einer beeinflußten Kabelstrecke
a Fernmeldegerät   b Abriegelungsübertrager   c Übertrager zur Längsunterteilung

Kabels, da man sonst das Kabel zum schwächsten Punkt der Anlage macht und die Gefahr einer Beschädigung des Kabels unnötig erhöht.

Steht zwischen der Steuerstelle und der gesteuerten Stelle kein Verbindungskabel zur Verfügung, so muß dasselbe neu verlegt werden. Bei der Festlegung des Verlegungsweges für das Fernsteuerkabel, das normalerweise zugleich zu Fernsprechzwecken benutzt wird, ist zunächst zu untersuchen, ob das Kabel so geführt werden kann, daß eine Hochspannungsbeeinflussung nicht zu befürchten ist. Läßt sich eine solche Kabelführung ohne Schwierigkeiten verwirklichen, so ist der entsprechende Weg zu wählen. In der Regel wird sich jedoch gerade in Elektrizitäts- und Bahnbetrieben eine beeinflussungsfreie Verlegung des Steuerkabels nicht verwirklichen lassen. So wird das Fernsteuerkabel zur Herabsetzung der Verlegungskosten bei Neuplanungen von Anlagen gern in demselben Kabelgraben verlegt wie das Hochspannungskabel, das zu der betreffenden fernbedienten Station führt. Bei dieser Verlegungsart (Bild 39) läßt sich in der Regel eine ins Gewicht fallende Hochspannungsbeeinflussung des Fernsteuerkabels nicht vermeiden, wenn es sich nicht gerade um besonders kurze Entfernungen oder kleine Doppelerdschlußströme im

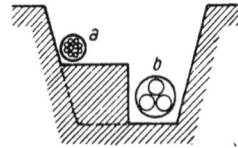

Bild 39: Fernsteuerkabel (a) und Hochspannungskabel (b) im gleichen Kabelgraben

Starkstromnetz handelt. Ob man das Fernsteuerkabel dabei in 20 oder 80 cm Abstand vom Hochspannungskabel verlegt, spielt wegen der mit dem Abstand nur langsam abklingenden Gefährdungsspannung keine ausschlaggebende Rolle.

Bild 40: Selbsttragendes Luftkabel, als Blitzseil auf den Hochspannungsmasten verlegt. Über dieses Kabel wird die im Bild gezeigte 110 kV Umspannstelle von einem mehr als 50 km entfernten Kraftwerk fernbedient.

Aus dieser Tatsache erklärt sich auch, daß auch bei einer Verlegung eines Erdkabels unterhalb einer Hochspannungsfreileitung gleichfalls mit nicht wesentlich geringerer Hochspannungsbeeinflussung zu rechnen ist wie bei einer Verlegung im gleichen Kabelgraben. Auch macht es nicht viel aus, ob das Erdkabel auf 5 oder 20 Meter parallel zu den Masten der Hochspannungsfreileitung geführt wird. Man muß eben auch in diesen Fällen die Beeinflussung in Kauf nehmen und ihr durch entsprechende Schutzmaßnahmen Rechnung tragen.

Fernsteuerwählergeräte und mit Wechselstrom arbeitende Fernmeßgeräte können auch über ein Luftkabel betrieben werden, das entweder auf besonderem Gestänge oder unmittelbar auf den Masten der Hochspannungsfreileitungen zur Verlegung kommt (Bild 40). Im Falle einer Verlegung des Luftkabels auf besonderem Gestänge außerhalb des Beeinflussungsbereiches einer Hochspannungsleitung ist es jedoch erforderlich, zum Schutz der angeschlossenen Fernsteuergeräte gegen atmosphärische Störspannungen an den Einführungen des Luftkabels in die einzelnen Gebäude Strom- und Spannungssicherungen vorzusehen. Der Einbau von Schutzübertragern ist in diesem Fall an sich nicht erforderlich, kann aber bei größerer Länge des Luftkabels und der dadurch wachsenden Störanfälligkeit empfohlen werden, zumal man gerade bei Luftkabeln zur Erhöhung der Zahl der Übertragungswege gern von der Phantomkreisbildung Gebrauch macht und hierfür Schutzübertrager sowieso benötigt werden.

Wird das für den Fernsteuerverkehr vorgesehene Luftkabel unmittelbar auf den Masten einer Hochspannungsfreileitung verlegt, so muß außer dem Schutz gegen atmosphärische Störungen auch noch ein zusätzlicher Schutz gegen Berührungsspannungen vorgesehen werden. Die hierfür erforderlichen Schutzübertrager werden zusammen mit den Strom- und Spannungssicherungen auf einem besonderen Hochspannungs-Schutzgestell (Bild 41) vereinigt, das an den Endpunkten der Luftkabelverbindung zur Aufstellung gelangt.

Im Grenzfall kann der Fernsteuerverkehr auch auf zwei blanken Freileitungsdrähten abgewickelt werden, die entweder auf besonderem Gestänge oder auf den Masten der Hochspannungsleitungen montiert werden. Im ersteren Fall genügen, sofern keine Berührungsspannungen zu befürchten sind, als Schutz die bereits für den Luftkabelabschluß erwähnten Strom- und Spannungssicherungen. Bei Verlegung der Blankdrähte unmittelbar auf dem Hochspannungsgestänge muß die hier erforderliche Hochspannungsschutzeinrichtung zum min-

Bild 41: Hochspannungsschutzgestell mit Erdungsspule

destens auf einer Seite der Leitung zusätzlich noch mit einer Erdungs-
drosselpule versehen werden, damit der Ladestrom der Fernsteuerleitung zur
Erde abgeleitet werden kann. Außerdem müssen in diesem Falle die Schutzübertrager des Hochspannungsschutzgestelles meist wesentlich höher, z. B. bis
30 kV isoliert und bei erhöhter Blitzgefahr als Schutz gegen Wanderwellen
Kathodenfallableiter (Bild 42) vor das ganze System geschaltet werden.

Wegen der erhöhten Störbeeinflussung, insbesondere durch atmosphärische
Einflüsse ist die Betriebssicherheit einer auf Freileitungen betriebenen Fernsteueranlage natürlich wesentlich geringer als bei
Benutzung von Übertragungsadern eines Kabels,
wobei natürlich das Erdkabel die sicherste Verbindung darstellt. Man soll daher die Verwendung von
Freileitungen und zum Teil auch Luftkabeln in der
Regel auf die Fernsteuerung kleinerer Schaltstellen,
z. B. in Überlandwerken, beschränken, da in diesem
Fall die vorübergehende Unterbrechung der Fern-
steuerverbindung durch Leitungsstörung nicht von
solcher Bedeutung ist wie bei umfangreichen und
betriebswichtigen Netzstützpunkten.

2. Zusätzliche Übertragungswege durch Kunstkreise

Bild 42: Kathodenfall-
ableiter

Ist zwischen der Steuerstelle und der gesteuerten
Stelle an sich ein Verbindungskabel vorhanden, in
dem aber für Fernbedienungszwecke keine freien Übertragungsadern
mehr zur Verfügung gestellt werden können, so empfiehlt es sich stets,
zunächst Untersuchungen darüber anzustellen, ob nicht durch die Anwendung von Hilfsmitteln der Übertragungstechnik ein oder mehrere
zusätzliche Übertragungswege zur Abwicklung des Fernbedienungsverkehrs
geschaffen werden können, wobei natürlich der Einsatz einer Eindrahtsteuerung ausscheidet. Durch zweckmäßige Ausnutzung der bekannten
Bausteine und Leitungsschaltungen der Übertragungstechnik, die eine
Mitbenutzung bereits anderweitig belegter Verbindungswege gestatten,
kann man nämlich bei Einsatz einer Wählerfernsteuerung häufig die Beschaffung und Verlegung eines besonderen Fernsteuerkabels vermeiden und dadurch
außer der Einsparung von Kabelrohstoffen die Wirtschaftlichkeit der gesamten
Fernsteueranlage erhöhen.

Der in derartigen Fällen einzuschlagende Weg richtet sich dabei in der
Hauptsache nach der Art der auf den mitzubenutzenden Leitungen bereits
betriebenen Fernmeldeanlage. Wird beispielsweise zwischen der geplanten
Steuerstelle und der fernzusteuernden Stelle bereits Fernsprechverkehr durchgeführt oder werden andere mit Impulszeichen arbeitende Fernmeldegeräte,
wie z. B. Fernzähleinrichtungen, über die vorhandene Leitung betrieben, so
kann häufig ohne besondere Schwierigkeit und ohne nennenswertes Leitungs-
zubehör über die bereits belegten Doppelleitungen zusätzlich ein Fernsteuerverkehr mit Wählergeräten eingerichtet werden, sofern das für den Fern-

sprechverkehr benutzte Kabel, wie es an sich in der Regel der Fall ist, symmetrisch in seinem Aufbau ist.

Bei einem solchen symmetrisch aufgebauten, z. B. sternviererverseilten Kabel können nämlich durch die Bildung von *Kunstkreisen* leicht billige zusätzliche Übertragungskanäle für Fernsteuer- oder Fernmeßzwecke geschaffen werden (Bild 43). Sind zwei Doppelleitungen eines bestehenden Fernsprechkabels mit Fernsprechverkehr oder anderen geeigneten Fernmeldeübertragungen belegt, so kann durch Einbau von Ringübertragern in die einzelnen Melde- oder Fernsprechschleifen über die Mittelzapfung dieser Übertrager ein Phantomkreis, d. h. ein neuer Übertragungsweg geschaffen werden, über den ohne gegenseitige Beeinflussung der alten Übertragungsschleifen und des neu eingerichteten Fernsteuerverkehrs die Fernsteuerwählergeräte betrieben werden können. Der in die Mittelanzapfung des Ringübertragers des einzelnen Stammaderpaares eingeführte Arbeitsstrom des Fernsteuerverkehrs verteilt sich nämlich bei der Phantomschaltung so gleichmäßig auf die beiden gegenläufig geschalteten Wicklungen des Ringübertragers und die beiden Adern des Stammaderpaares, daß eine Beeinflussung des Fernsprechverkehrs vermieden wird.

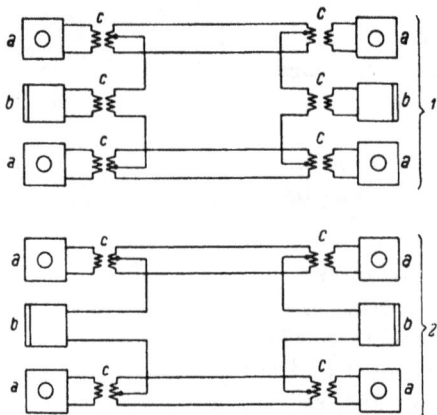

Bild 43: Kunstkreise als zusätzliche Übertragungswege
1. bei beeinflußter Leitung
2. bei unbeeinflußter Leitung
a Fernsprechgerät   *b* Fernsteuergerät
c Schutzübertrager

Sind auf der in Frage kommenden Kabelstrecke Fernmeldeübertragungen in Betrieb, die mit Gleichstromimpulsen arbeiten, so ist es bisweilen zweckmäßig, zur Bildung von Kunstkreisen diese Übertragungen auf Wechselstromverkehr umzustellen. Die Lösung kommt erfahrungsgemäß meist wesentlich billiger, als wenn für den Betrieb der Fernsteuergeräte ein besonderes Steuerkabel getrennt verlegt werden müßte.

Derartige Kunstkreise stellen ein außerordentlich billiges Hilfsmittel zur Mehrfachausnutzung der vorhandenen Übertragungswege dar, so daß die durch ihre zweckmäßige Anwendung gebotenen Möglichkeiten auch in der Fernsteuertechnik weitgehende Berücksichtigung verdienen.

Außer den Kunstkreisen kommen für die Mehrfachausnutzung bestehender oder zu erstellender Übertragungsleitungen auch eine größere Zahl anderer, hochwertiger Übertragungsverfahren in Frage, die für die Abwicklung des Fernbedienungsverkehrs von Bedeutung sind und die in den nächsten Abschnitten ausführlicher behandelt werden. Dabei ist insbesondere zwischen den Verfahren zu unterscheiden, die auf der mehrfach benutzten Übertragungsleitung einen Fernsprechverkehr zulassen oder nicht.

3. Übertragungswege auf besprochener Leitung

a) Die Werks-Fernsprechleitung als Verbindungsweg

Ist die Schaffung eines neuen Verbindungsweges zur Abwicklung des Fernsteuerverkehrs zwischen der Steuerstelle und der gesteuerten Stelle durch die Bildung von Kunstkreisen nicht möglich, andererseits aber eine einfache Werks-Fernsprechverbindung vorhanden, so kann man mit verhältnismäßig einfachen Mitteln diese Fernsprechleitung zur Übermittlung der Fernsteuer- bzw. Fernmeldeimpulse heranziehen.

Die einfachste Form eines solchen Gemeinschaftsverkehrs zwischen Fernsprechen und Fernsteuern stellt folgende Lösung dar. Auf der vorhandenen Fernsprechleitung werden die Fernsteuer- und Fernmeldeimpulse zusätzlich mit Wechselstrom von 50 Hz, d. h. der normalen Netzfrequenz übertragen. Die Sprachübertragung erfolgt nach wie vor innerhalb des Sprachfrequenzbandes. Der Fernsprechruf kann dagegen nicht mehr, wie üblich, mit einer Frequenz von etwa 25 Hz übertragen werden. Bei Induktorruf streut nämlich diese Frequenz sehr, so daß eine Abriegelung gegen die mit 25 Hz übermittelten Fernsteuerzeichen praktisch nicht durchführbar ist. Durch jeden Fernsprechruf würde daher unnötigerweise auch das Fernsteuerwählergerät zum Anlauf kommen.

Um einen solchen überflüssigen Umlauf der Befehls- oder Rückmeldewähler und die damit verbundene Störmeldung zu vermeiden, greift man zu folgendem Hilfsmittel: Der Fernsprechruf wird in beiden Verkehrsrichtungen nicht mehr mit 25 Hz übertragen, sondern mittels der zum Einbau gelangenden Fernsteuerwählergeräte, und zwar in der Befehlsrichtung ähnlich wie ein Schaltbefehl und in der Rückmelderichtung wie eine Stellungs- oder Warnmeldung. Durch diesen Befehl oder diese Meldung wird in der betreffenden Stelle ein Rufrelais erregt, das nunmehr örtlich den Anrufwecker des Fernsprechers einschaltet.

Selbstverständlich ist bei einem derartigen Gemeinschaftsbetrieb Voraussetzung, daß die Betriebsbereitschaft des Fernsteuergerätes, und zwar besonders bezüglich der Stromversorgung sichergestellt ist, da andernfalls bei einer Störung des Fernsteuerverkehrs zwar die fernmündliche Verständigung nach wie vor möglich ist, aber kein Anruf übermittelt werden kann.

Zu beachten bleibt auch, daß durch die 50 Hz-Fernsteuerimpulse vorübergehend die Sprachverständigung beeinträchtigt wird. Man schaltet daher für die Dauer der Befehls- oder Meldungsübertragung durch die Fernsteuergeräte zweckmäßig beiderseits die Sprechgeräte von der Leitung ab und gibt den Teilnehmern ein Besetztzeichen. Da diese Unterbrechung des Fernsprechverkehrs stets nur einige Sekunden dauert, kann sie in den meisten in Frage kommenden Fällen betrieblich ohne weiteres in Kauf genommen werden.

Glaubt man, bei stärkerem Fernsprechverkehr eine solche kurzzeitige Unterbrechung desselben betrieblich nicht vertreten zu können, so kann man auch durch Anordnung eines einfachen Hoch- und Tiefpasses an beiden Leitungsenden die Beeinflussung des Sprechverkehrs durch die Fernsteuerimpulse ganz ausschalten (Bild 44). Dabei ist der zum Einbau gebrachte Tiefpaß *d* eine Spulenleitung, die nur Frequenzen unter 200 Hz, d. h. also die Fernsteuerimpulse durchläßt, während der Hochpaß *e* eine Kondensatorleitung darstellt, die nur für Frequenzen über 200 Hz, d. h. die Sprachfrequenzen, durchlässig ist.

Liegt schließlich der Fall so, daß die werkseigene Fernsprechanlage nicht mit einfachen Rufzeichen wie z. B. Induktorruf, sondern mit Nummernwahl betrieben wird, so ist die Übernahme des Fernsprechrufes durch das Fernsteuerwählergerät natürlich nicht möglich. Will man trotzdem auf dieser Leitung fernsteuern, so muß man die Abwicklung des Fernsprechverkehrs unverändert lassen und zwischen den Rufzeichen und den Sprachfrequenzen über 300 Hz eine neue Zeichenfrequenz von 100 oder 200 Hz für die Übermittlung der Fernsteuer- und Fernmeldeimpulse vorsehen (Bild 45). Dieser neue Unterlagerungskanal muß in diesem Falle hochwertige Filter *d* enthalten, die eine gegenseitige Beeinflussung von Rufzeichen und Sprachfrequenzen einerseits und des Fernsteuerverkehrs andererseits zuverlässig verhindern. Da dieser Übertragungskanal für die Fernsteuerung in beiden Richtungen betrieben werden muß, sind die Sende- und Empfangskreise ebenso wie die Siebmittel in beiden Stellen erforderlich, wodurch gegenüber den früher geschilderten Lösungen für die Fernsteueranlage erhebliche Mehrkosten entstehen.

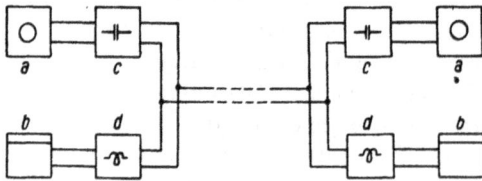

Bild 44: Einfache Trennung von Fernsprech- und Fernsteuerverkehr
a Fernsprechgerät   *b* Fernsteuergerät
c Hochpaß   *d* Tiefpaß

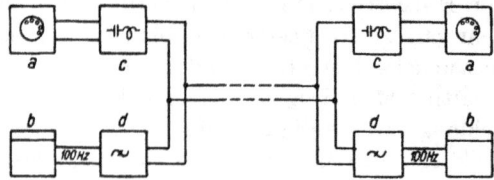

Bild 45: Besonderer Unterlagerungskanal zur Übertragung der Fernsteuerzeichen
a Fernsprechgerät   *b* Fernsteuergerät
c Bandpaß für Ruf- und Sprachfrequenzen
d Filter für den Unterlagerungskanal von 100 bzw. 200 Hz

Die praktische Anwendung des vorbeschriebenen Gemeinschaftsverkehrs von Fernsteuerung und Fernsprechen ist aus betrieblichen Gründen besonders in den erstgenannten Ausführungsformen hauptsächlich auf die Fälle zu beschränken, wo es sich um einfache, werkseigene Fernsprechanlagen handelt, die der Abwicklung des Fernsprechverkehrs zwischen der Steuerstelle und der fernzubedienenden Stelle dienen. Nicht für einen solchen Gemeinschaftsverkehr geeignet sind solche Fernsprechanlagen, die Glieder eines weitverzweigten Fernsprechnetzes mit Nummernanwahl oder mehreren an einer Leitungsschleife liegenden Fernsprechstellen sind, auch wenn man einen besonderen Übertragungskanal für die Fernsteuerimpulse vorsieht.

Man soll also einen Gemeinschaftsverkehr von Fernsteuer- und Fernsprechanlage besonders bei der Übernahme des Fernsprechrufes durch das Fernsteuerwählergerät auf einfach gelagerte Fälle und kleinere Fernsteueranlagen beschränken, bei denen jede andere Lösung, z. B. die Neuverlegung eines besonderen Fernsteuerkabels im Verhältnis zum geringen Umfang der gelösten Fernsteueraufgaben zu unwirtschaftlich wird.

Die gleiche Beschränkung der Anwendung des Gemeinschaftsverkehrs gilt natürlich auch für diejenigen Anlagen, bei denen man für die Abwicklung des Fernsteuerverkehrs keinen dauernden Übertragungsweg auf der Fernsprechleitung zur Verfügung stellen kann, sondern die Verbindung zwischen Steuerstelle und der gesteuerten Stelle von Fall zu Fall durch Nummernwahl oder Handvermittlung über die Fernsprechleitungen bzw. die Fernsprechvermittlung herstellen läßt.

b) Überlagerungskanäle auf besprochener Leitung

Soll über eine bereits mit Fernsprechverkehr belegte Doppelleitung eine umfangreiche Fernbedienungsanlage mit dauernd zu übertragenden Meß-

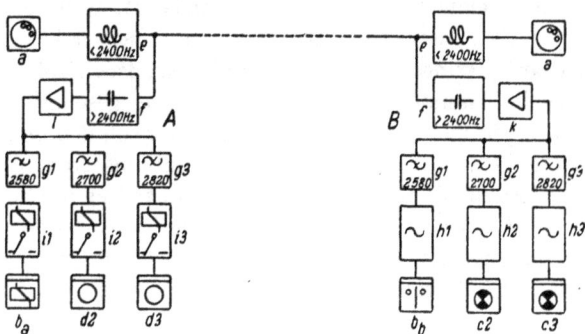

Bild 46: Überlagerungsverfahren für Fernbedienung auf besprochener Leitung
A Überwachungsstelle   B Überwachte Stelle
a Fernsprechgerät b_a Zeichenempfänger b_b Zeichensender der Fernmeldeeinrichtung
c 2, c 3 Fernmeßgeber   d 2, d 3 Fernmeßanzeiger   e Tiefpaß für Fernsprechverkehr
f Hochpaß für Fernbedienungsverkehr   g 1, g 2, g 3 Filter für die Frequenzen 1, 2 und 3
h 1, h 2, h 3 Röhrenerzeuger für die Frequenzen 1, 2 und 3
i 1, i 2, i 3 Empfangsrelais für die Frequenzen 1, 2 und 3
k Sendeverstärker   1 Empfangsverstärker

werten, kontinuierlichen Regelungen u. a. betrieben werden, so muß man zur Anwendung von Überlagerungsverfahren übergehen. Bei diesem im Bild 46 wiedergegebenen Verfahren werden oberhalb der wichtigsten Sprachfrequenzen, d. h. über 2400 Hz zusätzliche Wechselstromfrequenzen übertragen, die z. B. zur Durchgabe von Fernsteuer-, Fernmeß- oder Fernregelimpulsen verwendet werden können und bei denen durch geeignete Siebmittel eine gegenseitige Beeinflussung von Fernsprech- und Fernbedienungsverkehr verhindert wird.

Die Wirkungsweise solcher Überlagerungsgeräte ist dabei folgende (Bild 46): Die für die einzelnen Übertragungskanäle in Frage kommenden Überlagerungsfrequenzen werden in der Stelle B durch je ein Röhrengerät h 1, h 2 usw. erzeugt. Die einzelnen Frequenzen werden dann von dem Sendekontakt des zugehörigen Zeichensenders b_b, c 2 oder c 3, z. B. der Fernmeldeeinrichtung oder der Fernmeßgeber, impulsweise auf das entsprechende Sendefilter g 1, *g 2* usw. durchgegeben und von dort aus einem gemeinsamen Sendeverstärker *k* zugeführt. Das gesamte Frequenzgemisch wird nun über einen Hochpaß *f* auf die gemeinsame Übertragungsleitung gegeben, an die über einen Tiefpaß *e* auch das Fernsprechgerät *a* angeschlossen ist. Der Hochpaß ist dabei eine Anordnung von Kondensatoren und Drosseln, die nur Frequenzen über 2400 Hz durchläßt, während der Tiefpaß nur für Frequenzen unter 2400 Hz durchlässig ist.

In der Gegenstelle *A* gelangt das Frequenzgemisch von Ruf-, Sprach- und Überlagerungsfrequenzen auf eine ähnliche Frequenzweiche von Hoch- und Tiefpaß, durch die der Fernsprechruf und die Sprache dem Fernsprechgerät *a* und das Überlagerungsfrequenzgemisch dem gemeinsamen Empfangsverstärker *l* zugeführt wird. Von dem Empfangsverstärker *l* werden die einzelnen impulsweise ankommenden Frequenzen über die Empfangsfilter *g 1*, *g 2* usw. auf die der einzelnen Frequenz bzw. der einzelnen Fernmeldung zugeordneten Empfangsrelais *i 1*, *i 2* usw. weitergeleitet, wodurch diese Relais im Takt der jeweils einlaufenden Impulse zum arbeiten kommen.

Durch das Überlagerungsverfahren kann eine größere Zahl von sich gegenseitig nicht beeinflussenden Übertragungskanälen geschaffen werden, da man bei Freileitungen und unpupinisierten Kabeln nach den höheren Frequenzen hin ziemliche Bewegungsfreiheit hat. Bei pupinisierten Kabeln dagegen tritt je nach der Pupinisierungsart eine höhere oder tiefere Grenzfrequenz in Erscheinung, die die Anzahl der möglichen Überlagerungsfrequenzen häufig schon auf drei Frequenzen begrenzt, da man zur Vermeidung allzu hochwertiger Filter einen Mindestabstand von 120 Hz zwischen den einzelnen Frequenzen wählt.

Über die einzelnen Überlagerungskanäle können nun grundsätzlich alle im Fernbedienungsverkehr gebräuchliche Impulsverfahren für Fernmessung, Fernregelung, Fernzählung, Fernmeldung und auch Fernsteuerung betrieben werden. Erwähnt werden muß jedoch, daß die gebräuchlichen Typen der Überlagerungseinrichtungen meist nur für den Verkehr in einer Richtung, also von oder zur fernbedienten Stelle, ausgelegt sind, der Fernsteuerverkehr für Steuerung und Meldung jedoch stets zwei Verkehrsrichtungen benötigt. Um bei einer solchen Sachlage die Umänderung der vorhandenen Geräte auf den an sich ohne weiteres durchführbaren Zweirichtungsverkehr zu vermeiden, kann man sich im Fall einer umfangreichen Fernbedienungsanlage mit mehreren Übertragungskanälen so helfen, daß man zur Abwicklung des Gegenverkehrs des Fernsteuerwählergerätes einen besonderen Unterlagerungskanal von beispielsweise 200 Hz von der im vorigen Abschnitt besprochenen Ausführung einrichtet und die in der anderen Richtung zu übertragenden Fernmeldeimpulse zusammen mit den Fernmeß- oder Fernzählimpulsen mittels der Überlagerungsfrequenzen im Einrichtungsverkehr durchgibt.

Überlagerungsgeräte sind hochwertige Einrichtungen zur Mehrfachausnutzung einer besprochenen Leitung und fallen daher kostenmäßig ziemlich ins Gewicht. Ihr Einsatz lohnt sich daher nur bei größeren Entfernungen

zur fernbedienten Stelle, weil bei kürzeren Entfernungen die Verlegung eines
besonderen Steuerkabels billiger wird.

c) Gemeinschaftsverkehr mit Hochfrequenz-Fernsprechanlage

Bei der Planung von Fernsteueranlagen tritt besonders in Kraftwerks-
betrieben auch häufig der Fall auf, daß zwischen der Steuerstelle und dem
fernzubedienenden Werk bereits eine Hochfrequenz (HF)-Fernsprechanlage
besteht bzw. vorgesehen wird. Man stellt in solchen Fällen zweckmäßig
Untersuchungen darüber an, ob man nicht in Form einer geeigneten Zusammenarbeit die für den Fernsprechverkehr benutzten Hochfrequenzwellen
gleichzeitig für den Fernsteuerverkehr mitbenutzen kann.

Für eine derartige enge Zusammenarbeit von Fernsteuerung und Fernsprechverkehr sind in der Hauptsache zwei verschiedene Wege möglich. Als
erste billige Lösung kommt die bedarfsweise Tastung der bereits für den
Sprechverkehr benutzten Hochfrequenzwellen durch die Impulse der Fernsteuer-Wählergeräte in Frage. Diese Art der
Zusammenarbeit (Bild 47) bringt eine vorübergehende Unterbrechung eines etwa gerade im
Gang befindlichen Hochfrequenzgespräches
zugunsten einer Fernsteuerung oder Fernmeldung mit sich. Sie erfordert ferner den
Einbau eines Zusatzgerätes in jeder Stelle,
durch das der bei Hochfrequenz-Fernsprechgeräten erforderliche Verbindungsaufbau mittels Zahlengeber selbsttätig erfolgt. Bei Abgabe eines Befehles bzw. zum Zwecke der
Durchgabe einer Meldung muß sich nämlich
das Zusatzgerät in der Wählerapparatur
selbsttätig den Übertragungskanal aufbauen,
damit anschließend die Befehls- oder Meldungsdurchgabe durch die Tastung, d. h. im-

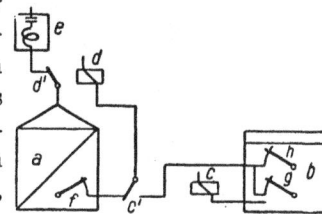

Bild 47: Gemeinschaftsverkehr von
Fernsteuer- und HF-Fernsprechanlage
a Hochfrequenzfernsprechgerät
b Fernsteuergerät
c Umschaltrelais für Impulsgabe
  durch das Fernsteuergerät
d Tastrelais zur impulsweisen Unterbrechung der Hochfrequenz
e HF-Koppelfilter
f Nummernwähler des Fernsprechers
g Zahlengeber für Verbindungsaufbau
h Fernsteuer-Sendewähler

pulsweise Unterbrechung der Trägerwelle im Rhythmus der Fernsteuer-
bzw. Fernmeldeimpulse erfolgen kann. Ist die Verbindung bereits durch ein
Gespräch aufgebaut, so werden die Fernsteuerzeichen unter vorübergehender
Abschaltung des Sprechkanals sofort durch unmittelbare Tastung der
bereits durchgeschalteten Hochfrequenzwelle übertragen.

Eine derartige weitgehende Zusammenfassung von Hochfrequenz-Fern-
sprech- und Fernsteuerverkehr ist an ganz bestimmte Voraussetzungen
gebunden und kann daher nur in Sonderfällen mit Erfolg zur Anwendung
gebracht werden. Die erste Voraussetzung für diese Art des Gemeinschaftsverkehrs ist, daß die Hochfrequenz-Fernsprechgeräte (Bild 48) nicht zu einem
Dreistellenbezirk zusammengefaßt sind, der einen Wellenwechsel bedingt.
In diesem Falle ist nämlich die bevorzugte Durchgabe von Steuerung und
Meldung dadurch in Frage gestellt, daß man ein zwischen den Stellen A und
B im Gange befindliches Gespräch nicht zuverlässig durch eine von der Stelle

C her durchzugebende Meldung abbrechen kann. Andererseits müssen Steuerungen und Meldungen infolge der Vorrangstellung des Fernsteuerverkehrs stets unverzögert durchgegeben werden. Die enge Zusammenfassung von Hochfrequenz-Fernsprech- und Fernsteuerverkehr ist daher nur dann möglich, wenn es sich bei dem Hochfrequenz-Fernsprechverkehr nur um eine Anlage handelt, bei der Steuerstelle und gesteuerte Stelle zu einem Sprechbezirk zusammengefaßt sind, der eine jederzeitige bevorzugte Abwicklung des Fernsteuerverkehrs gestattet.

Eine weitere Voraussetzung für die Zusammenfassung ist ein verhältnismäßig ruhiger Fernsteuerbetrieb. Wenn nämlich die Fernsteueranlage umfangreich ist und vor allem häufige Schalt- und Regelvorgänge zu erwarten sind, muß von der Tastung der Hochfrequenzwelle für die Sprachübertragung Abstand genommen werden, da sonst der Fernsprechverkehr zu häufig unterbrochen und daher die Güte der anderweitigen Nachrichtenübermittlung betrieblich unzulässig eingeschränkt wird.

Muß aus betrieblichen Gründen auf die unmittelbare Tastung der Fernsprechwelle verzichtet werden, besteht aber andererseits infolge weitgehender Kupplung der einzelnen Versorgungsnetze Mangel an verfügbaren HF-Wellen, so kann man einen zusätzlichen Übertragungskanal für den Fernsteuerverkehr auch durch den Einbau eines Unterlagerungskanals in das HF-Fernsprechgerät schaffen. Dieser Unterlagerungskanal wird dann durch die Impulse der Fernsteuergeräte getastet. Zusammen mit der Sprache und der Rufzeichenfrequenz wird diese Unterlagerungsfrequenz zur Modulation der gemeinsamen Hochfrequenzwelle benutzt. Bei dieser Lösung wird eine gegenseitige Beeinflussung von Fernsteuer- und Fernsprechverkehr vermieden, trotzdem die gleiche Hochfrequenzwelle benutzt wird.

Bild 48: Hochfrequenz-Fernsprechgerät

Beide vorerwähnten Arten der engeren Zusammenarbeit von Fernsteuer- und HF-Fernsprechgeräten haben nur beschränkte Bedeutung. Sie werden nur dann zur Anwendung gebracht, wenn es sich um kleinere Fernsteueranlagen handelt, und wenn z. B. wegen der Größe der Entfernung ein niederfrequenter Übertragungsweg mit wirtschaftlich vertretbaren Mitteln nicht zu beschaffen ist oder der Mangel an freien HF-Wellen die Belegung getrennter HF-Wellen für den Fernsteuerverkehr verbietet.

4. Mehrfachübertragung auf nicht besprochenen Leitungen
a) Einfache Übertragungswege

Steht für die Übermittlung der Fernsteuerbefehle und Meldungen eine bereits vorhandene Übertragungsleitung zur Verfügung, die *nicht* durch Fernsprechverkehr belegt ist, sondern durch eine andere Fernmeldeart, wie z. B. Fernzählung, so kann die zusätzliche Übertragung von Fernsteuer- und Fernmeldezeichen in diesem Falle je nach Art und Umfang der Fernbedienungsanlage in verschiedener Weise vorgenommen werden.

Die einfachste Form der Anordnung eines zusätzlichen Übertragungskanals stellt die *Gleichrichterweiche* (Bild 49) dar. Sie kann für die Übertragung zusätzlicher Impulse im Fernbedienungsverkehr nur ganz bedingt in Anwendung gebracht werden. So ist es z. B. möglich, in der gleichen Richtung, in der bisher schon ein Fernmeßwert übertragen wurde, noch zusätzliche Fernmeldeimpulse dadurch zu übertragen, daß man der Messung die eine Richtung einer neu zu schaffenden Gleichrichterweiche zuordnet und dem Fernmeldegerät die andere Richtung. Auch beschränkt sich diese Lösung stets auf unbeeinflußte, d. h. nicht durch Schutzübertrager abgeriegelte Übertragungsleitungen.

Bild 49: Mehrfachübertragung mittels Gleichrichterweiche
A Überwachungsstelle   *B* Überwachte Stelle
a Gleichrichterweiche *b* Fernmeldegerät   *c* Fernmeßgerät

Eine weitere einfache Möglichkeit der Mehrfachübertragung auf nicht mit Fernsprechverkehr belegten, unbeeinflußten Übertragungsleitungen besteht darin, daß man eine Fernmeldung, beispielsweise die Meldeimpulse einer Fernüberwachungsanlage mit *Gleichstrom* überträgt, während der zweite Fernmeldewert, z. B. ein zusätzlich zu übertragender Dauermeßwert, mit einer *Wechselstromfrequenz* von 100 oder 200 Hertz durchgegeben wird (Bild 50).

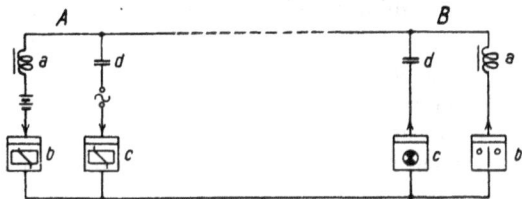

Bild 50: Mehrfachübertragung mit Gleich- und Wechselstrom
A Überwachungsstelle   *B* Überwachte Stelle
a Drosselspule   *b* Fernmeldegerät
c Fernmeßgerät   *d* Kondensator

Ist die zur Verfügung stehende Übertragungsleitung hochspannungsbeeinflußt, so scheidet die reine Gleichstromübertragung wegen der erforderlichen Leitungsabriegelung durch Schutzübertrager aus. An Stelle der Gleichstromübertragung kann man bei vorliegender Hochspannungsbeeinflussung zur Durchgabe des zweiten Fernmeldewertes auf das sogenannte *Gleichstromstoßverfahren* übergehen · (Bild 51). Bei diesem Verfahren werden mit Hilfe einer Gleichrichterschaltung *a* in Abhängigkeit von dem Kontakt *b'* des Impulssenderelais *b* Gleichstromstöße wechselnder Polarität auf die Leitung gegeben, die über die vorhandenen

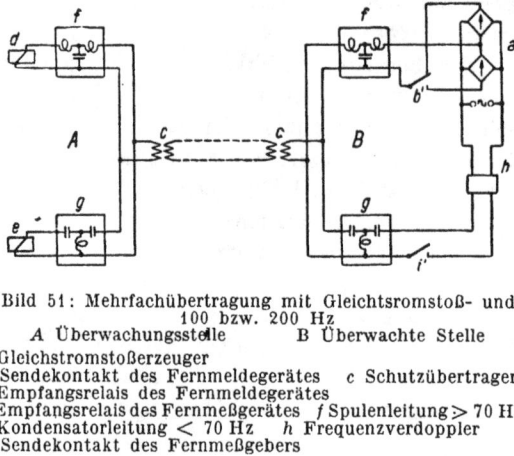

Bild 51: Mehrfachübertragung mit Gleichtsromstoß- und
100 bzw. 200 Hz

A Überwachungsstelle   B Überwachte Stelle

a Gleichstromstoßerzeuger
b′ Sendekontakt des Fernmeldegerätes   c Schutzübertrager
d Empfangsrelais des Fernmeldegerätes
e Empfangsrelais des Fernmeßgerätes   f Spulenleitung > 70 Hz
g Kondensatorleitung < 70 Hz   h Frequenzverdoppler
i′ Sendekontakt des Fernmeßgebers

Schutzübertrager c hinweg auf das polarisierte Empfangsrelais d in der Gegenstelle gelangen.

Der zweite Fernmeldewert kann auch in diesem Falle mit 100- oder 200-periodigem Wechselstrom auf ein neutrales Empfangsrelais e übertragen werden. Die Trennung der beiden Übertragungskanäle erfolgt beiderseits durch eingebaute Sperr- und Siebmittel. Dabei werden durch die Spulenleitungen f nur die Frequenzen 0 bis 70 Hertz, d. h. also die Gleichstromstoßimpulse und durch die Kondensatorleitungen g nur die Frequenzen über 70 Hertz, d. h. die 100- oder 200-Hertz-Impulse durchgelassen.

Statt des Gleichstromstoßverfahrens kann man auch eine *zweite* Unterlagerungsfrequenz, z. B. 50 Hertz, verwenden, so daß man z. B. den gesamten Fernsteuerverkehr in beiden Richtungen mit 50 Hertz betreibt und einen zusätzlichen Fernmeßwert mit 200 Hertz überträgt. Gegenüber der Anwendung des Gleichstromstoßverfahrens müssen die Sperr- und Siebketten zur einwandfreien Trennung der beiden Übertragungsfrequenzen jedoch hochwertiger sein und verteuern dadurch dieses Verfahren im Vergleich zum Gleichstromstoßverfahren.

Trotzdem sind alle zuletzt beschriebenen Übertragungsverfahren für nicht besprochene Leitungen noch wesentlich billiger als die nachfolgend beschriebenen Tonfrequenzverfahren. Das hängt damit zusammen, daß die hierfür erforderlichen Betriebsfrequenzen im Gegensatz zu den Tonfrequenzen in einfacher Weise durch ruhende Frequenzverdoppelung ohne Röhrenschaltung erzeugt werden können. Andererseits können diese Verfahren nur bei Fernbedienungsanlagen angewendet werden, die nicht mehr als zwei voneinander unabhängige Übertragungswege erfordern.

b) Die Tonfrequenzübertragung

Werden in einer Fernbedienungsanlage, die über nur eine verfügbare Doppelader betrieben werden muß, mehr als zwei dauernd durchgeschaltete Übertragungskanäle erforderlich, so kommt man mit den vorgenannten einfachen Verfahren nicht mehr aus. Man muß in solchen Fällen zum Tonfrequenzverfahren (Bild 52) übergehen. Bei diesem Verfahren, das natürlich nur auf nicht besprochenen Übertragungsleitungen angewendet werden kann, wird jedem zu übertragenden Fernmeldewert, z. B. jedem dauernd durchzugebenden Fernmeßwert, eine bestimmte Frequenz im Bereich der Sprachfrequenzen zugeordnet und durch die Impulsgeber im jeweiligen Impulsrhythmus getastet.

Die einzelnen Tonfrequenzen selbst werden in der Regel durch Röhrengeräte *a1*, *a2* usw. erzeugt, die ihre erforderlichen Hilfsspannungen einem besonderen, gemeinsam benutzten Netzanschlußgerät entnehmen. Diese Tonfrequenzen werden von dem Kontakt des entsprechenden Zeichengebers *b*, *c2* oder *c3*

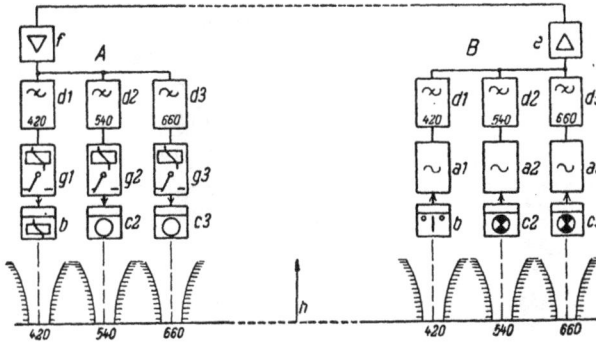

Bild 52: Tonfrequenzverfahren

A Überwachungsstelle   B Überwachte Stelle
a1, *a2*, *a3* Röhrengeräte zur Erzeugung der Tonfrequenzen 1, 2, 3
b Fernmeldegerät   *c2*, *c3* Fernmeßgeräte   *d1*, *d2*, *d3* Filter für Frequenz
1, 2, 3 *e* Sendeverstärker *f* Empfangsverstärker *g1*, *g2*, *g3* Empfangsrelais
h Dämpfung

impulsweise getastet und über das zugehörige Sendefilter *d1*, *d2* usw., das den entsprechenden Frequenzkanal gegen die Nachbarfrequenzen abtrennt, auf den gemeinsamen Sendeverstärker *e* gegeben. Dieser gibt das verstärkte Tonfrequenzgemisch auf die Übertragungsleitung zur Gegenstelle.

Auf der Empfangsseite wird das ankommende Frequenzgemisch durch einen gemeinsamen Empfangsverstärker *f* verstärkt und auf die einzelnen Empfangsfilter *d1*, *d2* usw. gegeben, die nur für die jeweils zugeordnete Tonfrequenz durchlässig sind. Die hinter den Empfangsfiltern liegenden Empfangsrelais *g1*, *g2* usw. werden daher im Takt der mit der zugehörigen Tonfrequenz übertragenen Impulsreihe zum Ansprechen gebracht.

Wie in dem Diagramm Bild 52 wiedergegeben, beträgt der Abstand zwischen den einzelnen Tonfrequenzen 120 Hertz. Bei einem derartigen Abstand läßt sich mit wirtschaftlich tragbaren Mitteln eine voneinander unabhängige, störungsfreie Übertragung der Zeichen der einzelnen Tonfrequenzen erreichen. Insgesamt lassen sich mit dem Tonfrequenzverfahren bis zu 18 Frequenzen übertragen. Werden Tonfrequenzen in beiden Verkehrsrichtungen benötigt, so geht man mit der Höchstzahl der übertragenen Tonfrequenzen auf 12 herunter, da man zweckmäßig zwischen den Freuenzbändern der beiden Verkehrsrichtungen einen größeren Abstand läßt.

Die Bedeutung der Tonfrequenzeinrichtungen (Bild 53) für die Fernbedienungstechnik liegt darin, daß es mit ihrer Hilfe möglich wird, auf einer Doppelleitung bzw. einem Hochfrequenzkanal umfangreiche Fernbedienungsanlagen zu betreiben, bei denen außer dem für das Fernsteuerwählergerät erforderlichen Übertragungsweg auch noch eine größere Zahl dauernd verfügbarer Übertragungskanäle für registrierte Meßwerte, Fernregelwerte und Fernzählaufgaben benötigt werden. Die Tonfrequenzgeräte stellen ziemlich hochwertige Geräte zur Mehrfachausnutzung von Übertragungsleitungen dar und fallen bei der Planung von Fernsteueranlagen preislich wesentlich ins Gewicht.

Man wendet daher zweckmäßig Tonfrequenzgeräte nur zur Überbrückung größerer Entfernungen zwischen der Steuerstelle und der gesteuerten Stelle an, vorausgesetzt, daß man eine freie Übertragungsleitung oder Hochfrequenzwelle zur Verfügung stellen kann. Bei geringeren Entfernungen wird es häufig wirtschaftlicher, neue Verbindungswege durch die Verlegung eines besonderen Fernsteuerkabels zu schaffen.

Da die einzelnen Tonfrequenzen erfahrungsgemäß in der Hauptsache für die Übertragung von Fernmeßwerten benötigt werden, ist ferner bei der Planung einer Fernbedienungsanlage von Fall zu

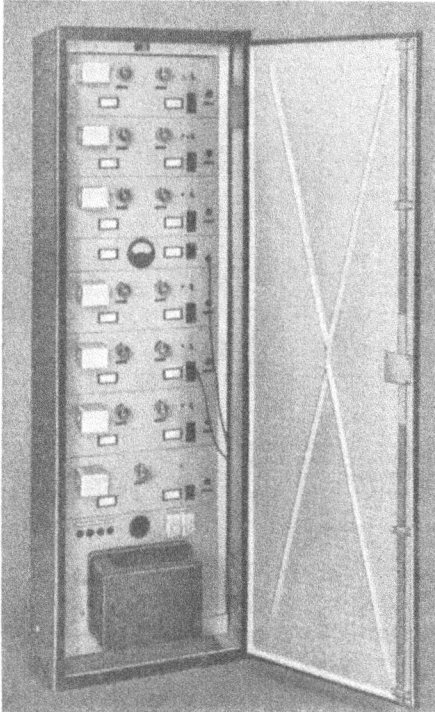

Bild 53: Tonfrequenz-Übertragungseinrichtung

Fall genauer zu überlegen, ob es betrieblich tatsächlich erforderlich ist, die in die engere Wahl gezogenen Fernmeßwerte mittels besonderer Tonfrequenzkanäle dauernd zu übertragen, und ob es nicht möglich ist, wenigstens auf einen Teil dieser Werte, auch wenn sie bei ortsbedienten Anlagen üblicherweise angezeigt werden, ganz zu verzichten oder sie zum mindesten als Wahlfernmeßwerte über einen gemeinsamen Übertragungskanal durchzugeben.

c) Fernbedienungsverkehr auf besonderer Hochfrequenzwelle

Abschließend muß noch eine Übertragungsart erwähnt werden, die besonders in letzter Zeit durch die erforderlich gewordene Ausdehnung des Verbundbetriebes und den Einsatz von Lastverteileranlagen besondere Bedeutung gewonnen hat, nämlich die Abwicklung des Fernbedienungs- bzw. Fernmeldeverkehrs auf besonderer Hochfrequenzwelle unmittelbar über die Hochspannungsleitungen.

Die wachsende Ausdehnung der einzelnen Versorgungsnetze in Bahn- und Elektrizitätsbetrieben bringt es mit sich, daß zwischen der zentralen Befehls- oder Lastverteilerstelle und den einzelnen Netz- oder Übergabepunkten häufig Entfernungen von mehr als hundert Kilometern zu überbrücken sind. Stehen auf derartigen Strecken niederfrequent benutzbare Verbindungsleitungen nicht zur Verfügung, so muß man zwangsläufig auf die Hochfrequenzüber- tragung zurückgreifen, da die Verlegung von Steuerkabeln allein für Fern- bedienungszwecke auf derartige Entfernungen unwirtschaftlich und technisch nicht vertretbar ist. Erleichtert wird die Anwendung der hochfrequenten Übertragung der Fernsteuer-, Fernmelde- oder Fernmeßimpulse dabei dadurch, daß zwischen den in Frage kommenden Netzstellen meist auch eine HF- Fernsprechanlage vorhanden ist bzw. eingerichtet werden muß, so daß man die erforderlichen Ankopplungsglieder (Bild 54) für die Hoch- spannungsleitung mitbenutzen und damit die Beschaffungskosten für den hochfrequenten Übertragungsweg des Fernbedienungsverkehrs herab- setzen kann.

Sieht man von der bereits früher erörterten, nur für bestimmte Sonder- fälle geeignete Übertragung der Fernsteuerzeichen über die bereits für den Fernsprechverkehr benutzten HF-Wellen ab, so sind je nach dem Umfang der Anlage zwei HF-Übertragungsverfahren auf besonderer HF-Welle gebräuchlich. Für kleinere Anlagen kommt die unmittelbare Ta- stung der HF-Welle durch die Impulszeichen in Frage, während bei größeren Anlagen, die mehrere gleichzeitig betriebene Übertragungs- kanäle verlangen, die Modulation der gemein- samen HF-Welle mit verschiedenen Tonfrequen- zen gebräuchlich ist.

Bei dem Verfahren mit unmittelbarer Trägertastung (Bild 55), das nur für HF- Netze ohne Wellenmangel tragbar ist, wird in der Steuerstelle bei jeder Befehlsgabe die von dem dortigen Hochfrequenzsender *d* er- zeugte Hochfrequenz *f 1* durch den Sendekon- takt des Fernsteuergerätes *e* impulsweise unter- brochen. Die entsprechend getastete Hoch- frequenz *f 1* gelangt dann über das für mehrere

Bild 54: Hochfrequenz-Koppel- glieder in Freiluftausführung

HF-Wellen durchlässige und die Koppelkapazität ausgleichende Koppelfilter *c* und den für die volle Betriebsspannung der Leitung ausgelegten Koppelkon- densator *b* auf die Hochspannungsleitung. Das Abwandern der Hochfrequenz in die Erzeuger- oder Verteileranlagen der betreffenden Netzstellen wird dabei durch besondere, für den vollen Betriebsstrom der Hochspannungs- leitung bemessene und auf bestimmte Wellenlängen abgestimmte HF- Sperren *a* verhindert, so daß die Hochfrequenz nur auf die Leitung zur Ge- genstelle gelangen kann.

In der ferngesteuerten Stelle *B* wird die getastete Hochfrequenzwelle *f 1* über den Koppelkondensator *b* und das Koppelfilter *c* auf die HF-Empfänger-schaltung *g* gegeben. Dadurch wird das Empfangsrelais des Fernsteuergerätes *e* der gesteuerten Stelle im Takt der einlaufenden Impulse zum Arbeiten ge-

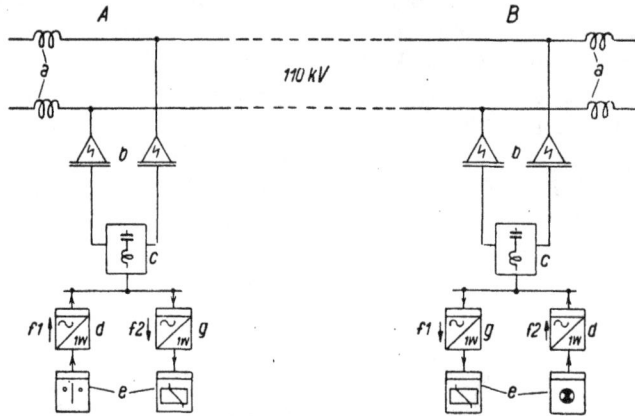

Bild 55: Übertragung der Fernsteuerzeichen durch HF-Trägertastung
(Zweiphasenkopplung)

A Steuerstelle   B Ferngesteuerte Stelle
n HF-Sperre   b HF-Koppelkondensator   c HF-Koppelfilter
d HF-Sender   e Fernsteuergerät   f 1, f 2 Hochfrequenzen
g HF-Empfänger

bracht und die Befehlsausführung vollzogen. Für die Durchgabe der Stellungs-meldungen wird eine zweite Hochfrequenz *f 2* benötigt, die von dem Sende-kontakt des Fernsteuergerätes *e* der gesteuerten Stelle impulsweise getastet

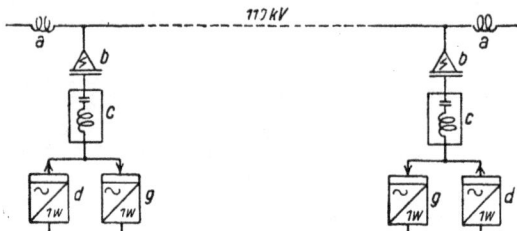

Bild 56: Einphasen-Kopplung

a HF-Sperre   b HF-Koppelkondensator   c HF-Koppelfilter
d HF-Sender   g HF-Empfänger

wird und dadurch das Emp-fangsrelais des Fernsteuer-gerätes der Steuerstelle ent-sprechend beeinflußt.

Zu bemerken bleibt, daß die Übertragung der Hoch-frequenzströme über die Hochspannungsleitungen entweder mittels der in Bild 55 wiedergegebenen Zweiphasenkopplung oder der in Bild 56 dargestell-ten Einphasenkopplung erfolgen kann. Bei der Einphasenkopplung benutzt man nur eine Phase der Hochspannungsleitung zur Übertragung der ausge-sandten HF-Energie nach der Empfangsstelle, bei der Zweiphasenkopplung dagegen aus Sicherheitsgründen zwei. Im letzteren Falle ist natürlich die doppelte Anzahl von Koppelkondensatoren und HF-Sperren erforderlich, wodurch sich die Kosten der Leitungsankopplung praktisch auf das Doppelte erhöhen. Dies fällt für die gesamte Fernbedienungsanlage um so mehr ins

Gewicht, je höher die Betriebs spannung der Hochspannungsleitung und je teurer infolgedessen der erforderliche Koppelkondensator ist.

Zur Frage, welche Kopplungsart man im Einzelfall bei Fernbedienungs-anlagen wählen soll, läßt sich sagen, daß die Zweiphasenkopplung eine größere Betriebssicherheit der angeschlossenen Anlage gewährleistet als die Ein-phasenkopplung, da man bei Bruch einer Kopplungsphase meist noch über die unversehrt gebliebene Phase weiter verkehren kann. Außerdem ist die Dämpfung bei der Zweiphasenkopplung wesentlich geringer, so daß man auch zuverlässiger größere Entfernungen oder Leitungsstrecken mit einer größeren Zahl von Abzweig- oder Trennstellen beherrschen kann.

Soweit es also wirtschaftlich vertretbar ist, sollte man gerade bei wichtigen Fernbedienungs- oder Streckenschutzanlagen die Zweiphasenkopplung be-vorzugen und die Einphasenkopplung auf Fälle beschränken, wo es sich um eine nicht für die unmittelbare Einsatzbereitschaft wichtige Übertragung von Fernmeß- oder Fernzählwerten handelt.

Weist die Hochspannungsleitung zwischen den beiden Betriebsstellen der Fernbedienungsanlage Abzweige auf, so ist das Abwandern von Hochfrequenzenergie in diese Abzweige durch den Einbau von Hoch-frequenzsperren zu verhindern (Bild 57). Sind im Leitungszug Trennstellen vorhan-den, so muß jede Trennstelle durch Hoch-feqruenzbrücken so gebrückt werden, daß

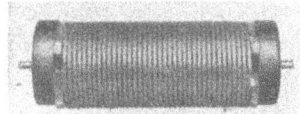

Bild 57: Hochfrequenzsperre für 400 A in Innenraumausführung

auch bei geöffneten Trennern der Hochfrequenzkanal durchgeschaltet bleibt (Bild 58).

Erfordert die einzurichtende Fernbedienungsanlage mehr als nur einen Übertragungsweg in einer Richtung, so ist mit den einfachen HF-Tastgeräten,

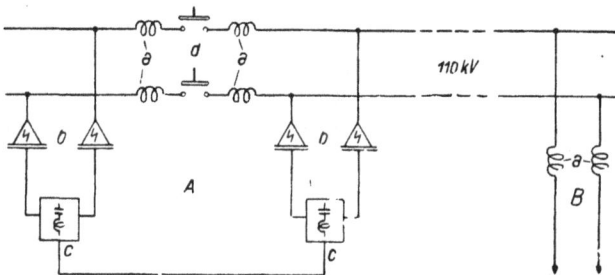

Bild 58: Trennstellen und Abzweige in Hochfrequenzanlagen
A Trennstelle   B Abzweig
a HF-Sperre   b HF-Koppelkondensator   c HF-Koppelfilter
d Schalter zum Auftrennen der Hochspannungsleitung

d. h. der Tastung der HF-Welle, nicht mehr auszukommen. Man muß in derartigen Fällen dazu übergehen, auf der benutzten HF-Welle eine Mehr-fachübertragung einzurichten. Dies geschieht in der Weise, daß man die bereits früher beschriebenen Tonfrequenzgeräte mit den HF-Geräten kom-

biniert und die HF-Welle als Träger des Tonfrequenzgemisches benutzt
(Bild 59). Die verschiedenen, impulsweise getasteten Tonfrequenzen modu-
lieren auf der Sendeseite die ausgesandte Hochfrequenz, die über die Koppelglieder und die Hochspannungsleitung übertragen und in der Gegenstelle
wieder demoduliert wird, so daß die dort an die einzelnen Tonempfänger
angeschlossenen Empfangsgeräte im Takt der sendeseitig abgegebenen Impulsreihen zum Arbeiten kommen. Mit diesem Modulationsverfahren kann eine

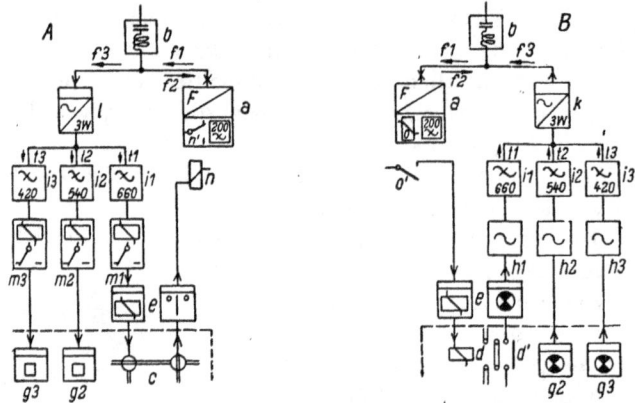

Bild 59: Tonfrequenzübertragung auf Hochfrequenzverbindungen
A Steuerstelle   B Ferngesteuerte Stelle
a HF-Fernsprechgerät   b Koppelfilter   c Fernsteuertafel
d Ferngesteuerter Schalter mit Meldehilfskontakt d'
e Fernsteuerwählergerät   f 1, f 2, f 3 Hochfrequenzen
g 1, g 2 Fernmeßgerät   h 1, h 2, h 3 Tonfrequenzerzeuger
i 1, i 2, i 3 Filter   k Hochfrequenzsender   l Hochfrequenzempfänger
m 1, m 2, m 3 Empfangsrelais für Fernmelde- und Fernmeßimpulse
n Senderelais für Fernsteuerimpulse   o Empfangsrelais für
Fernsteuerimpulse   t 1, t 2, t 3 Tonfrequenzen

ganze Reihe von Übertragungskanälen geschaffen werden. Allerdings ist die
Höchstzahl der über eine HF-Welle zu übertragenden Tonfrequenzkanäle
bei der hochfrequenten Übertragung wesentlich geringer als bei der niederfrequenten Übertragung. Dies hängt damit zusammen, daß die insgesamt
ausgesandte HF-Energie sich in diesem Falle anteilig auf die einzelnen Tonfrequenzkanäle verteilt. Daher wird z. B. bei einer Sechsfachübertragung
von einer bestimmten Entfernung an der Energieanteil des einzelnen Tones
gegenüber dem zu erwartenden Störpegel so klein, daß man keinen einwandfreien Betrieb mit sechs Übertragungskanälen mehr durchführen kann. Man
muß dann entweder die Anforderungen bezüglich der Zahl der Kanäle zurück-
schrauben oder eine zweite HF-Welle vorsehen.
    Ein Beispiel einer HF-Fernsteueranlage, die die gleichen Koppelglieder
wie die zugehörige HF-Fernsprechanlage benutzt, gibt die Anordnung des
Bildes 59 wieder. Den Fernsprechverkehr vermitteln die HF-Fernsprech-
geräte a mit den Frequenzen f 1 und f 2, die über die Koppelglieder b auf
die Hochspannungsleitung gegeben und durch die HF-Sperre gegen die Schaltanlage abgeriegelt werden. Der Fernsteuer- und Fernmeldeverkehr von der

Steuertafel *c* zu den fernbedienten Schaltern *d* und umgekehrt übernehmen die Wählergeräte *e*. Diese übertragen ihre Impulszeichen in der Steuerrichtung von *A* nach *B* durch die impulsweise Tastung eines zusätzlichen Unterlagerungskanals von beispielsweise 200 Hz auf der Fernsprechwelle *f 1*, und zwar mit Hilfe des Senderelais *n* und des Empfangsrelais *o*. In der Melderichtung wird zur Impulsübermittlung der Tonfrequenzkanal *t 1* benutzt, mit dem die Hochfrequenz *f 3* moduliert wird. Die weiteren Tonfrequenzen *t 2* und *t 3* dienen der Übertragung von zwei zu übertragenden Fernmeßwerten.

Die Frequenz *f 3* für Fernmeldung und Messung benutzt die gleichen Koppelglieder wie die HF-Fernsprechanlage. Nur ist eine weitere HF-Sperre hinzuzufügen, damit auch die Frequenz *f 3*, auf die diese Sperre abgestimmt ist, ohne Energieverlust übertragen werden kann. Wenn der Unterlagerungskanal in der Steuerrichtung nicht eingerichtet werden·kann, so muß für die Übertragung der Fernsteuerzeichen mit einer vierten Frequenz eine HF-Tastverbindung zur gesteuerten Stelle hergestellt werden.

Die Hochfrequenzgeräte (Bild 60) werden normalerweise durch ein Netzanschlußgerät gespeist. Fällt die Netzspannung aus, so tritt ein Notstromsatz in Tätigkeit, der aus einer vorhandenen Gleichstrombatterie angetrieben wird und die Betriebsbereitschaft der Übertragungsgeräte gewährleistet Wegen der Bedeutung der HF-Fernsprechanlage und des Fernsteuer-

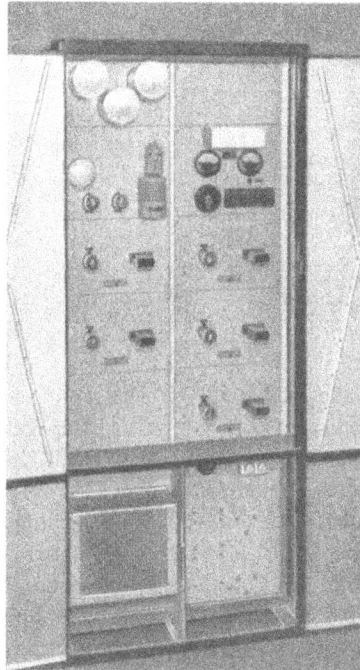

Bild 60: Hochfrequenz-Übertragungseinrichtung mit Tonfrequenzmodulator für einen Höchstausbau von 6 Tonfrequenzen

verkehrs für den Betrieb muß ein derartiger Notstromsatz auf jeden Fall vorgesehen werden.

Es ist aus vorstehendem ersichtlich, daß die HF-Übertragung besonders mit Tonfrequenzmodulation eine hochwertige Übertragungstechnik darstellt, deren Anwendung im Fernbedienungsverkehr nur dann wirtschaftlich wird, wenn es sich um größere Entfernungen und wichtige bzw. umfangreiche Anlagen handelt.

5. Die Wirtschaftlichkeit der Mehrfachübertragung

In dem Abschnitt II 4 wurde bereits der wirtschaftliche Vergleich der Anwendung von Eindrahtsteuerung oder Wählersteuerung für die Fälle behandelt, bei denen freie Verbindungsleitungen für die Wählersteuerung vorhanden sind bzw. beschafft werden können. Ein entsprechender Vergleich

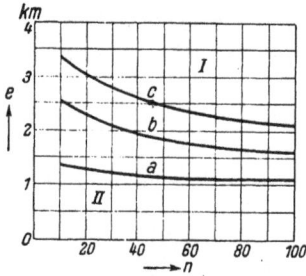

Bild 61: Grenzen der wirtschaftlichen Anwendung von Wähler- (I)- und Eindraht- (II)-Steuerung bei Mitbenutzung einer besprochenen Leitung zugunsten der Wählersteuerung. (Vergleichsbasis wie Bild 34). Die Fernsteuerimpulse werden übertragen: 1. mit 50 Hz ohne besondere Siebmittel (Kurve *a*) 2. auf besonderem 100 Hz-Kanal (Kurve *b*) 3. auf Unterlagerungskanal einer bestehenden HF-Fernsprechverbindung (Kurve *c*)
e Entfernung zur Steuerstelle
n Zahl der fernzusteuernden Einheiten

läßt sich nach der vorstehend gebrachten, grundsätzlichen Erörterung der Verfahren zur Mehrfachausnutzung einer Übertragungsleitung nun auch für die Fälle aufstellen, in denen durch Mehrfachausnutzung der vorhandenen Übertragungsleitung und den Einbau eines Wählergerätes auch bei mittleren oder kleineren Entfernungen die Verlegung eines besonderen Vielfachkabels zum Betrieb einer Eindrahtsteuerung eingespart werden kann.

Die Kurven des Bildes 61 stellen die Grenzen der wirtschaftlichen Anwendung der Eindraht- und Wählersteuerung für den Fall dar, daß entsprechend den Ausführungen des Abschnittes III 3 a eine bereits mit Fernsprechverkehr belegte Leitung für den Betrieb der Wählersteuerung mitbenutzt werden kann. Dabei ist ebenso, wie bei den beiden nachfolgenden Bildern 62 und 63, angenommen, daß für die Eindrahtsteuerung ein adrig verseiltes Steuerkabel für 220 V und 1,0 mm Aderdurchmesser verlegt werden müßte. Aus den Kurven ist zu ersehen, daß bei Mitbenutzung einer einfachen Fernsprechverbindung das Wählerverfahren gegenüber der Eindrahtsteuerung einschließlich des neu zu verlegenden Vielfachkabels schon bei weniger als $1^{1}/_{2}$ km Entfernung wirtschaftlich wird. Für den Fall, daß man eine gegenseitige Beeinflussung von Fernsprech- und Fernsteuerverkehr ausschalten will und daher einen besonderen 200-Hz-Kanal für die Fernsteuerimpulse einrichtet, verläuft die Wirtschaftlichkeitsgrenze abhängig von der Schalterzahl zwischen $1^{1}/_{2}$ und $2^{1}/_{2}$ km.

Die oberste Kurve gibt die Wirtschaftlichkeitsgrenze für den Fall an, daß bereits eine Hochfrequenz-Fernsprechübertragung vorhanden ist, bei der zur Durchführung des Fernbedienungsverkehrs mittels Wählergerät entsprechend Abschnitt III 3 c ein zusätzlicher Unterlagerungskanal eingerichtet werden kann. Dabei ist zu den Kurven der Hochfrequenzübertragung in diesem und den nachfolgenden Bildern zu bemerken, daß die angegebenen Werte bei den kurzen Entfernungen insofern nur theoretische Grenzwerte darstellen, als auf so kurze Entfernungen normalerweise keine Hochfrequenzgeräte vorgesehen werden. Unter Berücksichtigung dieser Tatsache wird daher eine HF-Übertragung über bereits vorhandene oder noch zu beschaffende HF-Sprechgeräte in der Regel wirtschaftlicher als ein entsprechendes Vielfachkabel mit Eindrahtsteuerung.

Das Bild 62 gibt die Grenzen der wirtschaftlichen Anwendung der Eindraht- und Wählersteuerung für den Fall wieder, daß eine anderweitig, jedoch *nicht* mit Fernsprechverkehr belegte Leitung für den Betrieb der Wählersteuerung mitbenutzt werden kann. Aus den Kurven dieses Bildes ist ersichtlich, daß bei Anwendung der in Abschnitt III 4 a beschriebenen einfachen Verfahren beispielsweise mit Gleichstromstoß und 200 Hz schon bei $1^1/_2$ bis 2 km Entfernung die Anwendung der Wählersteuerung wirtschaftlich wird, während diese Werte bei der Einrichtung eines 50-Hz-Kanals auf einer mit Gleichstrom betriebenen Leitung noch unterschritten werden. Bei Übergang auf besondere Tonfrequenzkanäle liegen die Grenzentfernungen natürlich wesentlich

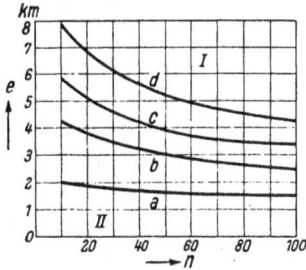

Bild 62: Grenzen der wirtschaftlichen Anwendung von Wähler- (I)- und Eindraht-(II)-Steuerung bei Mitbenutzung einer anderweitig, aber nicht mit Fernsprechverkehr belegten Übertragungsleitung (Vergleichsbasis wie Bild 34) Die Fernsteuerimpulse werden übertragen: 1. auf zusätzlichem 200 Hz-Kanal (Kurve a) 2. auf zusätzlichem Tonfrequenzkanal (Kurve b) 3. auf zusätzlicher HF-Welle bei vorhandenen Koppelgliedern (Kurve c) 4. auf neuer HF-Verbindung (Kurve d)
e Entfernung zur Steuerstelle
n Zahl der fernzusteuernden Schalter

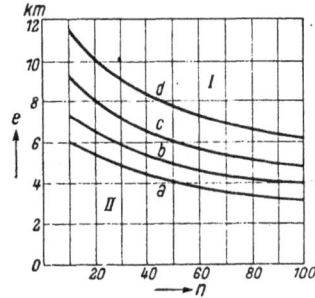

Bild 63: Grenzen der wirtschaftlichen Anwendung von Mehrfach-Übertragungseinrichtungen und Wählersteuerung (I) gegenüber Vielfachkabel und Eindrahtsteuerung (II) bei umfangreichen Fernbedienungsanlagen. (Vergleichsbasis wie Bild 34) Grenzkurven bei 4 Übertragungskanälen für Fernsteuerung und Fernmessung: 1. bei Tonfrequenzkanälen (Kurve a) 2. bei Überlagerungskanälen (Kurve b) 3. bei Tonfrequenzmodulation einer zusätzlichen Hochfrequenzverbindung
a) Koppelglieder vorhanden (Kurve c)
b) Koppelglieder sind zu beschaffen (Kurve d)
e Entfernung zur Steuerstelle
n Zahl der fernzusteuernden Schalter

höher und nehmen bei Einrichtung einer zusätzlichen Hochfrequenzwelle bzw. einer neuen Hochfrequenzverbindung Werte bis zu 8 km an.

Um auch den Verhältnissen bei mittleren und größeren Fernbedienungsanlagen Rechnung zu tragen, ist in Bild 63 schließlich noch der Fall behandelt, daß die einzurichtende Fernbedienungsanlage nicht nur einen Kanal für die Abwicklung des reinen Fernsteuerverkehrs benötigt, sondern zusätzlich noch vier dauernd beanspruchte Übertragungskanäle, beispielsweise für Fernmeßübertragung. In diesem Falle rückt selbstverständlich, die Wirtschaftlichkeitsgrenze für die Anwendung des Tonfrequenzverfahrens bzw. der Wählersteuerung wesentlich heraus, da die zusätzlichen Übertragungskanäle für die Fernmessung bei einem besonders zur Verlegung kommenden Vielfachkabel für die Eindrahtsteuerung wesentlich billiger sind als besondere Tonfrequenzkanäle. Daher liegt bereits bei der rein niederfrequenten Tonfrequenzübertragung die wirtschaftliche Grenze für die Anwendung von Tonfrequenzgeräten bzw. der Wählersteuerung zwischen 3 und 6 km.

Die darüber gezeichnete Kurve b behandelt den Fall, daß die Übertragungskanäle für die Fernbedienung durch Überlagerungskanäle geschaffen werden, die über dem Sprachband einer bereits bestehenden Fernsprechverbindung eingerichtet werden, wobei daran zu erinnern ist, daß bei Kabeln die Zahl der verfügbaren Überlagerungskanäle wegen der Grenzfrequenz des Kabels meist verhältnismäßig beschränkt ist. Die beiden obersten Kurven schließlich behandeln die Wirtschaftlichkeit der Mehrfachausnutzung der Übertragungsleitung für den Fall, daß eine besondere Hochfrequenzübertragung mit Tonfrequenzmodulierung vorgesehen wird, wobei die untere Kurve für den Fall Gültigkeit hat, daß bereits vorhandene HF-Koppelglieder mitbenutzt werden können.

Die Wirtschaftlichkeitskurven der Bilder 61 und 63 setzen, wie bereits erwähnt, voraus, daß für die Eindrahtsteuerung ein adrigverseiltes Fernsteuerkabel für 220 V Betriebsspannung und 1,0 mm Aderdurchmesser verlegt werden muß. Kann ein Fernsprechkabel zur Verlegung kommen, so wird wegen der geringeren Kabelkosten die wirtschaftliche Grenzentfernung der Eindrahtsteuerung wesentlich größer, als in den Bildern 61 bis 63 wiedergegeben. Noch größer werden diese Grenzwerte natürlich dann, wenn ein Vielfachkabel bereits zur Verfügung steht und die bei der Wirtschaftlichkeitsberechnung besonders in Gewicht fallenden Verlegungskosten wegfallen.

Vorstehend gebrachte Grenzkurven beweisen die Tatsache, daß der Einbau von Geräten zur Mehrfach- bzw. Hochfrequenzübertragung häufig auch schon bei kürzeren Entfernungen der Verlegung eines besonderen vieladrigen Fernsteuerkabels, z. B. zum Betrieb einer Eindrahtsteuerung, wirtschaftlich überlegen ist. Aus diesem Grunde ist bei jeder Planung einer Fernsteueranlage stets auch auf die durch Mehrfachausnutzung bestehender Übertragungsleitungen gegebenen Möglichkeiten zu achten.

6. Betriebliche Gesichtspunkte

Bei der Entscheidung über die Wahl eines geeigneten Fernsteuerverfahrens muß man außer der rein wirtschaftlichen Gegenüberstellung auch die betrieblichen Vorteile bzw. Nachteile der einzelnen Verfahren berücksichtigen. Unter diesem Gesichtspunkt betrachtet, ist zunächst festzustellen, daß das Fernsteuerkabel zur gesteuerten Stelle je nach seiner Länge und Streckenführung mehr oder weniger Beschädigungen durch Witterungseinflüsse oder mechanische Eingriffe bei Erdarbeiten ausgesetzt ist. Bei der Anwendung der Eindrahtsteuerung kann bei derartigen Beschädigungen ein zuverlässiger Schutz gegen Fehlsteuerungen und Fehlmeldungen nicht erreicht werden, da die in Frage kommenden Leitungen dauernd mit den zugehörigen Befehls- und Melderelais in Verbindung stehen. Bei den Wählergeräten, die überhaupt nur von Fall zu Fall auf die Fernsteuerleitung geschaltet werden, ist ein Schutz gegen Fehlsteuerungen oder Fehlmeldungen bei Kabelbeschädigungen durch die Übermittlung genau überprüfter Stromzeichenreihen gewährleistet. Selbstverständlich wird im Falle einer Beschädigung des Kabels auch meist die Betriebsbereitschaft der Wählerfernsteuerung in Frage gestellt sein.

Andererseits muß festgestellt werden, daß die Eindrahtsteuerung in ihrem grundsätzlichen Aufbau wesentlich einfacher und übersichtlicher ist als ein entsprechendes Wählergerät bzw. die für die Mehrfachausnutzung der Übertragungsleitung eingesetzten Einrichtungen. Da aber die Wählergeräte in der Hauptsache aus erprobten Bausteinen der Fernsprechtechnik zusammengesetzt und auch die Einrichtungen zur Mehrfachausnutzung als bewährte Hilfsmittel der Nachrichtentechnik bekannt sind, ist bei Einhaltung der verhältnismäßig einfachen Wartungsvorschriften auch die Betriebssicherheit der Wählergeräte gewährleistet, so daß man die Wahl des geeigneten Fernsteuer- und Übertragungsverfahrens in der Hauptsache nach den vorstehend erörterten technischen und wirtschaftlichen Gesichtspunkten treffen kann.

Vergleicht man schließlich die einzelnen Verfahren zur Mehrfachausnutzung der Übertragungsleitung miteinander, so kann man die Feststellung treffen, daß die Unterlagerungsverfahren, die ihre Frequenzen 50, 100 und 200 Hz durch ruhende Frequenzverdoppelung mittels Übertrager von der Netzspannung ableiten, in ihrem Betrieb robuster und daher weniger störanfällig sind, wie die mit Röhrenschaltungen arbeitenden Ton-, Überlagerungs- und Hochfrequenzverfahren. Andererseits ist die Zahl der möglichen Unterlagerungskanäle für umfangreiche Fernbedienungsanlagen zu begrenzt, so daß die mit Röhren arbeitenden Übertragungsverfahren zur Anwendung gebracht werden müssen. Soweit diesbezüglich bisher Betriebserfahrungen vorliegen, haben sich die Röhrenschaltungen bei Beachtung der an anderer Stelle erörterten Überwachungsmaßnahmen, ähnlich wie z. B. in der Telegraphen- bzw. Hochfrequenz-Fernsprechtechnik, bewährt und können als ein durchaus verläßlicher Baustein der Fernsteuertechnik betrachtet werden.

IV. DIE WICHTIGSTEN FERNBEDIENUNGSAUFGABEN

1. Die Fernsteuerung von Schaltern

Eine der häufigsten von jeder Fernbedienungsanlage zu lösende Aufgabe stellt die Fernsteuerung der verschiedenen betriebswichtigen Schalter der fernbedienten Schaltanlage dar. So sind in den einzelnen ferngesteuerten Umspannwerken, Gleichrichterwerken und Schaltstellen stets eine Reihe von Leistungsschaltern, Kuppelschaltern oder z. T. auch Trenn- und Erdungsschaltern fernzusteuern und zu überwachen. In Anlagen von Verkehrsbetrieben kommt meist noch die Steuerung von Streckenschaltern und Prüfschützen hinzu.

Welche Schalter der fernbedienten Anlage man im Einzelfall in die Fernsteuerung einbezieht, hängt von den örtlich gegebenen Betriebsverhältnissen ab. An erster Stelle sind in jedem Fall die Leistungsschalter der verschiedenen Abzweige fernzusteuern, da die zentrale Steuerstelle stets in der Lage sein muß, im Bedarfsfalle schnellstens Speiseleitungen bzw. Umspanner, Gleichrichter, Generatoren oder andere Aggregate ebenso wie die einzelnen Verbrauchergruppen zu- oder abzuschalten. Dagegen richtet sich die Entscheidung der Frage, ob und in welchem Umfang im einzelnen Fall auch die Trennschalter ferngesteuert werden sollen, ganz nach den jeweils vorliegenden Verhältnissen.

Wichtig ist für eine diesbezügliche Entscheidung zunächst die Tatsache, ob das in Frage kommende Werk besetzt oder unbesetzt ist. Ist das fernzubedienende Werk nämlich besetzt, weil z. B. in diesem Werk eine Turbinenanlage örtlich zu bedienen und zu betreuen ist, so kann auf die Fernsteuerung aller derjenigen Schalter verzichtet werden, die, wie z. B. die Kabeltrennschalter und Erdungsschalter, nur in größeren Zeitabständen betätigt werden. Ob in diesem Fall auch auf die Fernsteuerung der übrigen Trennschalter verzichtet werden kann, hängt dann weiterhin davon ab, ob es sich bei der in Frage kommenden Anlage um einen ruhigen oder unruhigen Betrieb handelt. Müssen z. B. die Sammelschienentrennschalter aus betrieblichen Gründen häufig betätigt werden, so empfiehlt sich aus Gründen der schnellen Einsatzbereitschaft meist die Fernsteuerung der Sammelschienentrenner. Wird die zweite Sammelschiene dagegen z. B. als ausgesprochene Hilfsschiene gefahren, so ist eine Trennerumschaltung nur selten zu erwarten und auf die Fernsteuerung der Sammelschienentrenner kann infolgedessen verzichtet werden.

Anders liegt der Fall natürlich, wenn es sich bei der fernbedienten Stelle um ein vollkommen unbesetztes Werk handelt. Bei unruhigem Betrieb mit häufigen Sammelschienenwechsel muß man auf jeden Fall außer den Leistungsschaltern auch die Sammelschienentrenner fernsteuern, da man sonst die betreffende Stelle fernsteuertechnisch überhaupt nicht in der Hand hat. Bei ruhigem Betrieb ist die Steuerung der Trennschalter des unbesetzten Werkes je nach den wirtschaftlichen Möglichkeiten empfehlenswert, jedoch in den Fällen keine betriebliche Notwendigkeit, in denen man bei Störungen schnell einen in der Nähe wohnenden Wärter zur Vornahme der nötigen Umschaltungen heranbeordern kann.

Voraussetzung für die Fernsteuerung der in Frage kommenden Schalter ist natürlich stets das Vorhandensein einer geeigneten Antriebsvorrichtung, wie Druckluft- oder elektrischer Antrieb. Sind solche Antriebe z. B. bei Trennschaltern nicht vorhanden, so muß natürlich entgegen den vorstehend gegebenen Richtlinien der Kreis der fernbedienten Schalter wesentlich enger gezogen werden. Zum mindesten sollen dann aber die in Frage kommenden Schalter, ähnlich wie die übrigen Leistungs- und Trennschalter, fernüberwacht werden, damit die Befehlsstelle stets einen genauen und vollständigen Überblick über den jeweiligen Schaltzustand der fernbedienten Anlage einschließlich der Trennschalter hat.

Zu beachten ist bei der Fernsteuerung von Schaltern von Fall zu Fall auch die Eigenschaltzeit, die der betreffende Schalter zum Umlegen von der einen in die andere Schaltstellung benötigt. Bei der Eindrahtsteuerung muß, wie bereits früher erwähnt, der Befehlsschalter in der Steuerstelle für die gesamte Dauer der Schalterbewegung in der Befehlsstellung festgehalten werden. Bei Fernsteuerwählergeräten bleibt im Gegensatz hierzu die erforderliche Betätigungszeit des Befehlsschalters unabhängig von der Eigenzeit der einzelnen Schalter. Die Befehlsschalter brauchen hierbei nur solange in ihrer Befehlsstellung verbleiben, bis der Befehlswähler der Steuerstelle den gerade abgegebenen Befehl aufgenommen und zur gesteuerten Stelle übertragen hat.

Die Eigenschaltzeit der Schalter muß in diesem Fall von dem Fernsteuerwählergerät der gesteuerten Stelle erfaßt werden, und zwar durch eine entsprechend lange Erregung des vom Wählergerät zum Ansprechen gebrachten
Steuerzwischenrelais, das solange eingeschaltet bleiben muß, bis der entsprechende Schalter seine Umschlagbewegung beendet hat. Nur, wenn der
Antrieb des betreffenden Schalters an sich schon eine Selbsthaltung besitzt,
braucht von dem Steuerzwischenrelais nur ein Anreizimpuls gegeben zu
werden.

Am zuverlässigsten wird die Wiederabschaltung des durch das Wählergerät
zum Ansprechen gebrachten Steuerzwischenrelais von den Meldehilfskontakten
des ferngesteuerten Schalters vorgenommen, da die jeweilige Stellung dieser
Hilfskontakte am besten den Stand der Schalterbewegung wiedergibt. Dabei
muß jedoch durch die Bauart der Hilfskontakte die Gewähr dafür gegeben
sein, daß diese Kontakte auch wirklich erst mit Beendigung der Schalterbewegung zum Schließen kommen. Das Steuerzwischenrelais selbst kann
dabei einen zusätzlichen Selbsthaltekontakt erhalten, der die Einschaltung
des Steuerzwischenrelais unabhängig von der Dauer des Befehlsanreizes
seitens des Wählergerätes macht. Ein solcher Selbsthaltekontakt ist besonders
dann vorteilhaft, wenn es sich um Schalter mit längerer Eigenschaltzeit handelt,
weil andernfalls das Wählergerät für die ganze Dauer dieser Eigenschaltzeit
in der Befehlsstellung gehalten werden muß.

Der Nachteil eines solchen zusätzlichen Haltekontaktes des Steuerzwischenrelais liegt, abgesehen von dem zusätzlichen Kontaktaufwand, darin, daß die
übliche Abriegelung des Starkstromteils der Anlage gegen die Schwachstrom-
wählergeräte, die normalerweise zwischen Wicklung und Kontakten der
Steuerzwischenrelais (Bild 115) liegt, insofern beeinträchtigt wird, als in diesem
Fall auf dem gleichen Relais Kontakte angeordnet sind, von denen einer im
Starkstromkreis und ein anderer im Schwachstromkreis liegt. Da außerdem
die Verkabelung der allein für die Haltung des Steuerzwischenrelais erforderlichen Schalterhilfskontakte einen zusätzlichen Montageaufwand bedeutet,
löst man die Frage der Beherrschung der Eigenschaltzeit häufig auch in einfacherer Weise, indem man den Befehlsanreiz seitens des Wählergerätes stets
etwas länger anstehen läßt, als der Schalter im ungünstigsten Betriebsfall zum
Umlegen in die befohlene Stellung benötigt. Das Steuerzwischenrelais bleibt
in diesem Fall stets ausreichend lange erregt.

Schwierig wird diese Lösung dann, wenn in einer ferngesteuerten Anlage
Schalter der verschiedensten Bauart bzw. der verschiedensten Eigenzeiten
vorhanden sind. Man muß in diesem Fall die Schalter gleicher Schaltzeit in
verschiedenen Gruppen zusammenfassen und die Steuerzwischenrelais einer
jeden Gruppe seitens des Fernsteuergerätes für die der betreffenden Schaltergruppe eigenen Umschlagdauer erregt halten. Macht eine derartige Gruppenbildung Schwierigkeiten, so kann man auch die bereits in Bild 20 gezeigte
Überwachungskette für die Meldekreise dazu benutzen, die Beendigung der
Umschlagzeit des fernbedienten Schalters festzustellen und den Befehlsanreiz
seitens des Wählergerätes sofort nach der ordnungsgemäßen Befehlsaus-

führung abzubrechen. In diesem Falle kann man nämlich ohne weiteres Schalter mit verschiedenen Eigenzeiten in der gleichen Schaltergruppe anordnen.

Zur Frage der gegenseitigen Verriegelung der vorhandenen Leistungs-, Trenn- und Kuppelschalter ist zu sagen, daß bei Fernsteueranlagen diese Verriegelung stets in der gesteuerten Stelle selbst vorzusehen ist, da sie sonst keinen zuverlässigen Schutz gegen unzulässige Schaltvorgänge bietet. In irgendeiner Form muß nämlich in jedem fernbedienten Werk auch die Möglichkeit einer für den Notfall geeigneten örtlichen Bedienung der einzelnen Schalteinheiten vorgesehen sein. Da der Schaltfehlerschutz sich auch auf die örtliche Bedienung erstrecken muß, muß er in der gesteuerten Stelle in Form einer pneumatischen oder elektrischen Verriegelung vorgesehen sein. In der Steuertafel und in dem Wählergerät der Befehlsstelle ist eine solche Verriegelung daher nicht erforderlich. In dem Wählergerät der gesteuerten Stelle dagegen kann eine solche Verriegelung als zusätzliche Sicherheit wahlweise vorgesehen werden.

2. Die gruppenweise Steuerung von Schaltern

Im allgemeinen schaltet man in fernbedienten Schaltanlagen die einzelnen jeweils fernzusteuernden Schalter einzeln nacheinander ein oder aus. Da die Befehlsausführung bei der Eindrahtsteuerung praktisch verzögerungsfrei vorgenommen wird und auch bei Wählergeräten meist nur wenige Sekunden von dem Augenblick der Befehlsgabe bis zur Befehlsausführung vergehen, bringt die Einschaltung der Fernsteuergeräte in den betrieblichen Ablauf der einzelnen Schalthandlungen gegenüber der reinen Ortsbedienung kaum eine spürbare Verzögerung. Da jedoch bei Wählergeräten die zwischen den einzelnen Fernsteuerbefehlen zu übertragende Stellungsrückmeldung des fernbetätigten Schalters abzuwarten ist, die gleichfalls einige Sekunden in Anspruch nimmt, kommt bei der Einzelsteuerung einer ganzen Gruppe von Schaltern dennoch eine beträchtliche Gesamtzeit für die Abwicklung der einzelnen Befehle zusammen, die in bestimmten Betriebsfällen unerwünscht ist.

So sind z. B. in Verkehrsanlagen bei Betriebsaufnahme oder Betriebsschluß stets eine ganze Reihe von Schaltern gleichzeitig fernzubedienen. Bei größeren Schaltwarten, die eine große Zahl von Streckenabschnitten zu betreuen haben, würde der Schaltwärter eine geraume Zeit in Anspruch genommen werden, wenn er sämtliche in Frage kommenden Schalter einzeln nacheinander unter Abwarten der jeweiligen Rückmeldung fernbetätigen wollte. Außerdem würde die längere Dauer der Einschalt- und Ausschaltvorgänge die meist schon sehr knappe, für Überholungsarbeiten benötigte Zeit der Betriebspause noch weiter verkürzen.

Um nun in solchen Fällen die Gesamtzeit für die Ein- bzw. Ausschaltung der zu betätigenden Schalter auf ein Mindestmaß herabzusetzen, geht man in den Stromversorgungsanlagen der Verkehrsbetriebe häufig zu einer Gruppensteuerung über. Diese Gruppensteuerung wird so durchgeführt, daß man die regelmäßig zu gleichen Zeiten ein- oder auszuschaltenden Schalter der einzelnen Stationen zu bestimmten Schaltergruppen zusammenfaßt und durch einen gemeinsamen, in einem Umlauf des Fernsteuerwählergerätes durchgegebenen Befehl zum gleichzeitigen Ein- oder Ausschalten bringt. Da die Wählergeräte anschließend auch die Stellungsmeldungen sämtlicher eingeschalteter Schalter der Gruppe in einem einzigen Umlauf des Rückmeldewählers durchgeben, wird die Gesamtzeit für die Befehls- und Meldungsdurchgabe an eine solche Schaltergruppe außerordentlich gering. Zu beachten ist bei der Einführung der Gruppensteuerung natürlich, ob die Stromversorgung oder die Druckluftanlage der gesteuerten Stelle für die gleichzeitige Steuerung der in Frage kommenden Zahl der Schalter auch reichlich genug dimensioniert ist.

Die Befehlsgabe für die Gruppensteuerung kann entweder durch einen besonderen Sammelbefehlsschalter erfolgen, der durch das Wählergerät sämtliche in Frage kommenden Steuerzwischenrelais der gesteuerten Stelle gleichzeitig einschaltet oder auch dadurch, daß die Bedienungsperson die für die Betätigung der einzelnen Schalter vorgesehenen Befehlsschalter zunächst nacheinander in die entsprechende Arbeitslage umlegt und erst anschließend durch Auslösung einer besonderen Speichertaste das Wählergerät zur gemeinsamen Befehlsausführung freigibt. Selbstverständlich bleibt unabhängig von der Gruppensteuerung die Möglichkeit der Einzelsteuerung der verschiedenen Schalter der Steuergruppe durch die Betätigung der einzelnen Befehlsschalter aufrechterhalten.

Abgesehen von der günstigen Auswirkung auf die Übertragungszeit von Befehlen und Meldungen einer größeren Schalterzahl, kann die gleichzeitige Ausführung mehrerer Schaltbefehle durch das Fernsteuergerät auch in anderen Fällen aus betrieblichen Gründen unbedingt notwendig sein. Handelt es sich z. B. bei der fernbedienten Stelle um ein Gleichrichterwerk einer Bahnanlage, so kann man z. B. nach einem Ausfall der Gleichrichter des Werkes in der Zeit der Verkehrsspitze das Werk durch die einzelne Zuschaltung der verschiedenen Gleichrichter nicht sofort wieder in Betrieb setzen, da der zuerst durch Fernsteuerung wieder eingeschaltete Gleichrichter stets gleich wieder herausfällt, da er allein die anstehende Gesamtlast nicht übernehmen kann. Man muß daher in derartigen Fällen die Möglichkeit haben, durch die gleichzeitige Befehlsgabe an mehrere Gleichrichterschalter mehrere Gleichrichter zusammen zur Lastübernahme einzuschalten. Man soll daher für die Fernbedienung derartiger Werke stets nur solche Fernsteuergeräte einsetzen, die die gleichzeitige Steuerung mehrerer Schalter zulassen.

Ist nämlich die Möglichkeit der gleichzeitigen Einschaltung mehrerer Schalter bzw. Gleichrichter nicht vorhanden, so müßte man im vorerwähnten Fall zunächst sämtliche Speise- bzw. Streckenschalter einzeln abschalten, um so die Last des Gleichrichterwerkes herabzumindern, dann die Gleichrichter nach und nach wieder einschalten und erst dann die verschiedenen Speise- und Streckenabschnitte einzeln wieder zuschalten. Hierdurch würde jedoch bis zur vollständigen Wiederinbetriebsetzung des Gleichrichterwerkes eine außerordentlich lange Zeit in Anspruch genommen werden, die gerade in Verkehrsbetrieben zu wesentlichen Störungen führen kann.

3. Die Schalterstellungsmeldung und Betriebsüberwachung

Die Stellungsmeldung der einzelnen ferngesteuerten bzw. fernüberwachten Schalter wird von den Hilfskontakten dieser Schalter abgeleitet. Dabei wird in der Regel für jeden Schalter nur ein Hilfskontakt für die Ein- und Aus-stellung benötigt. Dieser Hilfskontakt steuert bei der Eindrahtsteuerung über die Steuerader ein Stellungskontrollrelais in der Steuerstelle. Bei Wähler-geräten wird vom Hilfskontakt je ein Stellungskontrollrelais in dem Gerät der gesteuerten Stelle beeinflußt. Jede Änderung der Stellung eines über-wachten Schalters bzw. eines Stellungskontrollrelais wird durch den Rück-meldewähler sofort auf ein zugehöriges Stellungskontrollrelais in dem Gerät der Steuerstelle übertragen.

Die von Fernbedienungsanlagen verlangte Zuverlässigkeit macht es er-forderlich, die einwandfreie Funktion der Schalterhilfskontakte und ihre Ver-bindungen zu den Fernsteuergeräten laufend zu überwachen, damit Fehl-anzeigen oder nicht eindeutige Meldungen vermieden werden. Sofern also ein Schalterhilfskontakt nicht richtig arbeitet oder die Zuleitung zu einem Hilfskontakt unterbrochen ist, muß ähnlich der bereits in Abschnitt I 6 d angegebenen Weise eine Störungsmeldung zur Steuerstelle durchgegeben werden, die auf die eingetretene Unregelmäßigkeit hinweist. Die gleiche Meldung muß erfolgen, wenn ein Schalter nicht ordnungsgemäß umgeschaltet hat und in seiner Zwischenstellung hängen geblieben ist.

Die eingetretene Störung der Rückmeldestromkreise kann man in der Befehlsstelle entweder für jeden Schalter getrennt durch je eine besondere Störungslampe bzw. durch das Erlöschen der normalen Signallampen im Mel-dungssymbol kennzeichnen oder durch eine gemeinsame Störungslampe für jede Schaltergruppe zur Anzeige bringen. Von der Einzelmeldung macht man nur dann Gebrauch, wenn sie sich bei Geräten mit doppelpoliger Meldung schaltungstechnisch in einfacher Weise ergibt. Dabei wird man in der Regel von der Anordnung besonderer Störungslampen absehen, um nicht die Über-sichtlichkeit des Überwachungsschaltbildes zu gefährden. Gebräuchlicher und praktisch ausreichend ist die Kennzeichnung der Schaltergruppe, in der die Störung der Meldekreise aufgetreten ist, da man auf Grund dieser Gruppen-meldung und der zuletzt vorgenommenen Schalthandlung meist leicht den in Frage kommenden Schalter herausfinden kann.

Eine andere Störung der Rückmeldung kann bei Fernsteuerwählergeräten besonders bei Verkehr über hochspannungsbeeinflußte Leitungen dadurch auftreten, daß das übermittelte Impulstelegramm durch Störimpulse ver-stümmelt wird und daher nicht ausgewertet werden kann, weil durch Außer-trittfall des Empfangswählers die Gefahr zu Fehlmeldungen besteht. Die früher erwähnte Maßnahme der Synchronkontrolle verhindert in diesem Fall selbsttätig die Kennzeichnung der verstümmelten und daher wahrscheinlich falschen Meldung.

Die unterdrückte Meldung darf nun aber nicht unbemerkt verlorengehen, da sonst das Überwachungsschaltbild nicht mehr mit dem tatsächlichen Schalt-zustand der fernbedienten Anlage übereinstimmt. Zur Nachholung der zunächst unterdrückten Meldung kann man je nach dem angewandten Verfahren verschiedene Wege beschreiten. Entweder wird auf den Außertrittfall des Empfangswählers hin selbsttätig ein erneuter Umlauf der Rückmeldewähler veranlaßt und solange wiederholt, bis die unterdrückte Meldung richtig durchgekommen ist oder es wird der Bedienungsperson durch das Aufleuchten einer gemeinsamen Störungslampe zugleich mit akustischer Alarmgabe von dem Meldungsausfall Kenntnis gegeben, woraufhin sich die Bedienungsperson durch Betätigung der vorgesehenen Abfragetaste das neue Stellungsbild der überwachten Stelle erneut durchgeben lassen kann.

Bei der Betätigung der Abfragetaste wird nämlich durch einen Befehlswählerumlauf veranlaßt, daß nacheinander sämtliche Meldegruppen der überwachten Stelle ihre Meldungen durchgeben, worunter auch die zunächst unterdrückte Meldung enthalten ist. Die Betätigung der Abfragetaste ist natürlich auch nach aufgetretenen Störungen in der Stromversorgung der Geräte bzw. an der Übertragungsleitung vorzunehmen, damit das Überwachungsbild der Steuerstelle mit dem Schaltzustand der Anlage wieder voll in Einklang kommt.

Außer der Überwachung der jeweiligen Stellung der einzelnen Schalter sind für die laufende Kontrolle der Betriebsbereitschaft des fernbedienten Werkes auch stets eine Reihe von Zustands- und Warnmeldungen zu übertragen. Hierzu gehören in der Hauptsache Warnmeldungen über das Ansprechen des Buchholzschutzes, über zu hohe Temperatur der Umspanner, über Unregelmäßigkeiten im Arbeiten von Maschinenaggregaten und andere Zustandsmeldungen.

Es ist natürlich nun nicht immer erforderlich, sämtliche bei der reinen Ortsbedienung gebräuchliche Alarm- und Betriebsmeldungen von der fernbedienten Stelle zur Überwachungsstelle durchzugeben. Man kann diesbezüglich in Fernbedienungsanlagen wesentliche Einschränkungen machen. So empfiehlt es sich z. B. in kleineren Anlagen häufig nur zwei Sammelwarnmeldungen zu übertragen. In der einen Sammelwarnmeldung werden alle die Warnzustände zusammengefaßt, die ein sofortiges Eingreifen zur Behebung des Gefahrzustandes erforderlich machen und in der anderen die übrigen, die gewisse Unregelmäßigkeiten im Betrieb feststellen, deren Behebung jedoch nicht unbedingt sofort erfolgen muß.

In größeren Anlagen kommt man natürlich nicht mit zwei Sammelmeldungen aus. Hierbei ist es zum mindesten erforderlich, für jeden Umspanner, jeden Gleichrichter, jede Maschine zwei Sammelwarnmeldungen zu übertragen, von denen gleichfalls wieder die eine auf das Vorliegen einer akuten Gefahr und die andere auf das Auftreten gewisser, zunächst ungefährlicher Unregelmäßigkeiten hinweist. Hierzu kommt dann noch zweckmäßig mindestens eine gemeinsame Sammelmeldung über den Ausfall bzw. den drohenden Ausfall der Hilfsbetriebe, wie Batteriespannung, Druckluftantrieb und andere. Selbstverständlich kann man je nach den gerade vorliegenden Betriebsverhältnissen auch über dieses Mindestmaß von Warn- und Zustandsmeldungen hinausgehen; denn es ist natürlich klar, daß die Fernsteuerstelle die fern-

bediente Stelle um so mehr in der Hand hat, je ausführlicher die Fernüberwachung der einzelnen Betriebsvorgänge gestaltet werden kann und je schneller
die Abschaltung kranker Anlageteile und die Zuschaltung von Reserveaggre-
gaten erfolgen kann.

4. Die Übertragung von Fernregelbefehlen

a) Die stufenweise Fernregelung

Eine weitere, häufig anzutreffende Aufgabe der Fernbedienungstechnik
besteht in der Fernregelung von Regeleinheiten in der gesteuerten Stelle,
und zwar sowohl der stufenweisen Fernregelung von Umspannern, Erdungs-
spulen usw., wie auch der kontinuierlichen Regelung von Maschinen u. a.

Ist zwischen der Steuerstelle und der gesteuerten Stelle eine Eindrahtsteuerung vorgesehen, so sind für jeden Regelwert je zwei zusätzliche Verbindungsadern für die Höher- oder Tiefer-Regelung erforderlich, über die in
Abhängigkeit von der Betätigung der Regeltasten die Regelrelais der gesteuerten Stelle beeinflußt werden.

Bei der Wählersteuerung ist die stufenweise und kontinuierliche Regelung
unterschiedlich zu behandeln. Am einfachsten wickelt sich hierbei die stufenweise Fernregelung ab, die ähnlich wie ein Schaltbefehl für die Ein- oder Aussteuerung eines fernbedienten Schalters durchgeführt wird. Es wird also
abhängig von der Betätigung einer „Höher"- oder „Tiefer"-Taste im Bedienungsfeld der Steuerstelle wie bei einer Schalterfernsteuerung je ein bestimmter Auswahlschritt auf dem Befehlswähler belegt und daraufhin der
Umlauf des Befehlswählerpaares veranlaßt. Dadurch wird in der ferngc-
steuerten Stelle über ein Zwischenrelais statt der Schaltspule eines bestimmten
Schalters durch das Wählergerät ein Schaltschütz erregt, das beispielsweise
den Verstellmotor des vorhandenen Regelumspanners in dem befohlenen
Regelsinn einschaltet, so daß der Umspanner wie bei einer örtlichen Regelung
um eine Stufe weitergeschaltet wird.

Sind mehrere Regeleinheiten in der fernbedienten Stelle vorhanden, so
werden zur stufenweisen Höher-Tiefer-Fernregelung dieser Einheiten eine
Reihe verschiedener Wählerschritte belegt, so daß die einzelnen Einheiten
jederzeit unabhängig voneinander durch das Fernsteuerwählergerät geregelt
werden können. Wird außer der Einzelregelung z. B. bei Umspannern auch
eine gleichzeitige, parallele Regelung der vorhandenen Umspanner durch
eine örtliche Selbstschaltung vorgesehen, so kann diese parallele Höher-
Tiefer-Regelung natürlich auch durch die Fernsteuerung ausgelöst werden.
In der Befehlsstelle wird in solchen Fällen ein besonderer Umschalter vorgesehen. Wird dieser in die „Parallelauf"-Stellung gebracht, so wird mit
Hilfe des Wählergerätes jeder einzeln abgegebene Regelbefehl auf sämtliche
in Frage kommenden Umspanner geleitet und ausgewertet.

Häufig wird in der gesteuerten Stelle auch eine selbsttätige Spannungsregelung vorgesehen. Bei Ausfall der selbsttätigen Spannungsregelung oder
bei besonderen betrieblichen Erfordernissen muß es möglich sein, die Regel-

umspanner entweder örtlich von Hand oder durch Fernsteuerung von der Steuerstelle her zu regeln. Es wird daher in solchen Fällen in der Befehlsstelle ein weiterer Befehlsschalter mit entsprechenden Rückmeldelampen vorgesehen, nach dessen Betätigung die selbsttätige Spannungsregelung bedarfsweise außer Betrieb gesetzt wird und eine Fernregelung von der Steuerstelle her möglich ist.

Um jederzeit den ordnungsgemäßen Ablauf der selbsttätigen oder fernbeeinflußten Fernregelung überwachen zu können, ist es erforderlich, daß in der Befehlsstelle, insbesondere vor und nach der Übermittlung eines Regelbefehles, die jeweils erreichte Stufe der ferngeregelten Einheiten erkennbar sein muß. Zu diesem Zweck ist daher eine zuverlässige Rückmeldung der Stufenstellung vorzusehen. Bei der Eindrahtsteuerung wird für eine solche Stufenstellungsmeldung eine der Zahl der Stufen der ferngeregelten Einheit entsprechende Zahl zusätzlicher Übertragungsadern erforderlich. Bei der Wählersteuerung können für die Stufenstellungsmeldung besondere Übertragungsadern natürlich nicht zur Verfügung gestellt werden. Es müssen daher die jeweilig eingenommenen Stufen der überwachten Umspanner durch die bereits für die Schalterstellungsmeldung benutzten Rückmeldewähler übertragen werden.

Der Anreiz zur Durchgabe einer Stufenmeldung über das Wählergerät wird zweckmäßig vom Laufkontakt des Stufen-Verstellmotors des Regel-Umspanners abgeleitet. Dadurch wird gleichzeitig Gewähr dafür geboten, daß eine Stellungsänderungsmeldung auch für den Fall durchgegeben wird, daß die Regeleinheit in der gesteuerten Stelle selbsttätig oder von Hand geregelt wird. Die von diesem Laufkontakt angereizten Rückmeldewähler kommen nach jeder Regelung zum Umlauf und übertragen die Stufenstellungsmeldung auf einen besonderen Stufenmeldewähler oder eine Relaiskombination in der Steuerstelle, von wo aus eine der jeweiligen Stufe entsprechende Lampe im Lampentableau auf der Befehlstafel eingeschaltet wird.

Wird es in bestimmten Fällen nicht für erforderlich erachtet, sämtliche Stufenstellungen dauernd anzuzeigen, weil man z. B. aus der Beobachtung der jeweiligen Spannung ausreichende Rückschlüsse auf die gerade eingenommene Stufenstellung des Umspanners ziehen kann, so kann man auch nur Bereichsmeldungen oder überhaupt nur Grenzmeldungen der höchsten oder tiefsten Stufe übertragen. Dadurch wird natürlich der erforderliche Aufwand für die Übertragung und Anzeige der Stufenmeldungen wesentlich vereinfacht.

Erwähnt werden muß schließlich auch die Möglichkeit, die jeweilige Umspannerstufe in Abhängigkeit von einem durch die Regeleinheit geänderten Widerstand als Meßwert auf einen in Stufen geeichten Meßwertanzeiger zu leiten. Bei Anlagen mit Eindrahtsteuerung können bei Anwendung dieses Verfahrens zusätzliche Meldeadern bis auf zwei pro Umspanner eingespart werden. Für Wählersteuerungen hat die Übertragung auf meßtechnischer Grundlage keine Bedeutung. Die Anwendung des Verfahrens empfiehlt sich auch nur dann, wenn die Zahl der Stufen nicht zu groß ist, da sonst die Anzeigegenauigkeit leidet oder wenn man in diesen Fällen an die Genauigkeit der Meldungen keine großen Ansprüche stellt.

Nach Möglichkeit muß für jede Art der Stufenstellungsmeldung ein freier Kontaktkranz auf dem Regelumspanner zur Verfügung gestellt werden. Ist dies im Ausnahmefall nicht möglich, so muß man versuchen, die Fernmeldung von den für die örtliche Signalisierung vorgesehenen Lampenstromkreisen abzuleiten, was aber meist schaltungstechnisch schwierig ist oder einen zusätzlichen Relaisaufwand mit sich bringt.

b) Die kontinuierliche Fernregelung

Ebenso wie die stufenweise Fernregelung kann auch jede erforderlich werdende kontinuierliche Fernregelung mit Hilfe der Fernsteuerwählergeräte

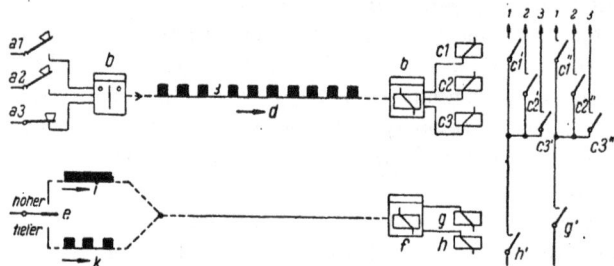

Bild 64: Kontinuierliche Fernregelung über Fernsteuer-Wählergeräte
a 1, a 2, a 3 Regelanwahltasten   b Fernsteuerwählergerät
c 1, c 2, c 3 Regel-Vorbereitungsrelais für die Regeleinheiten 1, 2, 3
d Impulsdiagramm zur Anwahl der Regeleinheit 3
e Gemeinsame Höher-Tiefer-Regeltaste
f Relaisanordnung zur Auswertung der beiden Impulsarten
g Gemeinsames Höher-Regelrelais   h Gemeinsames Tiefer-Regelrelais
i Dauerimpuls für Höherregelung   k Impulse für Tieferregelung

durchgeführt werden. Allerdings ist in diesem Falle zur Übertragung der Regelimpulse normalerweise eine besondere Doppelleitung erforderlich. Nur in Ausnahmefällen, wenn zur gesteuerten Stelle hin außer der Fernsteuerdoppelader keine weitere Doppelader zur Verfügung steht, kann man die Übertragung der Regelimpulse in der Ruhelage des Wählergerätes auch auf der bereits zur Übertragung der Fernsteuerimpulse benutzten Doppelader vornehmen. Die kontinuierliche Regelung selbst wird dabei in grundsätzlich anderer Weise durchgeführt als die Stufenregelung.

Sollen z. B. bei der Fernbedienung eines unbesetzten Wasserkraftwerkes die Verstellmotoren für Drehzahländerung oder Spannungsregelung der vorhandenen Turbinensätze bedarfsweise ferngeregelt werden, so werden im Bedienungsfeld der Steuerstelle besondere Regelanwahltasten a 1, a 2 usw. für diese einzelnen Regeleinheiten vorgesehen (Bild 64). Wird eine dieser Tasten, z. B. a 3, betätigt, so kommt das Wählergerät zum Anlauf und schaltet in der gesteuerten Stelle das Relais c 3 ein, das die spätere Regelung der zugehörigen Regeleinheit 3 vorbereitet.

Zur Durchführung der Regelung der angewählten Einheit ist anschließend die Höher-Tiefer-Regeltaste e in dem einen oder dem anderen Sinne zu betätigen. Dadurch wird entweder ein Dauerimpuls i für die Dauer der Höher-Regelung oder eine Folge zerhackter Impulse k für die Dauer der Tiefer-Regelung über den besonderen Regelkanal zur gesteuerten Stelle übertragen. Durch die Relaisanordnung f wird die Art der einlaufenden Impulse überprüft und dadurch entweder das gemeinsame Höher-Regelrelais g durch das Tiefer-Regelrelais h zum Ansprechen gebracht. Der Kontakt h' oder g' veranlaßt nun über den Kontakt des eingeschalteten c-Relais die Höher- oder Tiefer-Regelung der angewählten Einheit für die Dauer der Impulsgabe. Will man von der unterschiedlichen Impulsgabe absehen, so kann man auch für die Höher- oder Tiefer-Regelung je einen getrennten Übertragungskanal vorsehen.

Für den Fall, daß eine besondere Doppelleitung für die Durchgabe der Regel-impulse vorhanden ist, brauchen keinerlei zusätzliche Umschaltvorrichtungen vorgesehen zu werden. Muß dagegen aus Mangel an Übertragungsleitungen bzw. Übertragungskanälen die kontinuierliche Regelung in der Ruhelage der Wählergeräte über die gleiche Doppelleitung durchgeführt werden, so müssen die Wählergeräte mit einer Umschaltvorrichtung versehen werden, die nach erfolgter Regelanwahl beiderseitig die Wählergeräte vorübergehend abschaltet und einerseits die Höher-Tiefer-Regeltaste und andererseits die Zwischen-relais für die Regelung auf die Fernsteuerader schaltet. Nach vollzogener Regelung wird einige Zeit später selbsttätig die Regelbereitschaft wieder ab-geschaltet, damit nicht durch das unnötige Anstehen der Regelbereitschaft infolge von Störimpulsen auf der Leitung ungewollte Regelungen vorgenommen werden. Nach der Wiederabschaltung des Regelkanals werden die Fernsteuer-wählergeräte wieder auf die gemeinsame Doppelleitung zurückgeschaltet.

Die Durchführung der kontinuierlichen Regelung über die eigentliche Fernsteuerdoppelader ist nur dann vertretbar, wenn es sich um Fernsteuer-anlagen handelt, bei denen nicht zu häufig Fernregelbefehle übermittelt werden müssen und die an sich nicht zu umfangreich sind; denn bei der Übertragung der Regelbefehle über die Fernsteuerdoppelader wird für die Dauer der Rege-lung die Befehls- und Rückmeldemöglichkeit für den übrigen Teil der fern-bedienten Anlage vorübergehend abgeschaltet.

Zu beachten ist ferner, daß bei der kontinuierlichen Regelung in der Regel auch die wahlweise bzw. dauernde Übertragung des Meßwertes der geregelten Größe erforderlich wird, sofern nicht der Erfolg der Regelung in der Bedie-nungsstelle selbst an örtlich bereits vorhandenen Anzeigegeräten beobachtet werden kann. Man muß daher meist zur Überwachung des Regelvorganges in der Richtung zur Steuerstelle noch einen oder mehrere Fernmeßwerte übertragen und dafür noch weitere Adern des Fernsteuerkabels oder weitere Übertragungskanäle zur Verfügung stellen. Dabei ist es natürlich nicht er-forderlich, für jede zu regelnde Einheit einen besonderen Übertragungskanal zu schaffen, sondern man kann mit Hilfe der später beschriebenen Meßwert-anwahl in Abhängigkeit von der getroffenen Regelanwahl zugleich auch den der Regeleinheit zugehörigen Fernmeßwert anwählen und für die Dauer des Fernre-gelvorganges über eine gemeinsame Übertragungsleitung durchgeben lassen. Da-durch wird der Bedarf an zusätzlichen Übertragungswegen wesentlich verringert.

c) Die Sollwertregelung

Sind bei stark schwankenden Netzen in der fernbedienten Stelle die vorhandenen Umspanner häufig über eine größere Zahl von Stufen zu regeln,
so kann man statt der stufenweisen Einzelregelung von Hand mit Hilfe eines
Sollwertgebers auch eine Schnellregelung über mehrere Stufen hinweg vornehmen. Man spart dadurch die Übertra-
gung der einzelnen Höher- bzw. Tiefer-Be-
fehle für die verschiedenen Stufen und setzt
damit die Inanspruchnahme der Bedienungsperson zur Durchführung dieser Regelungen
wesentlich herab.

Ist eine solche Sollwertstufenregelung beab-
sichtigt, so wird im Bedienungsfeld der Steuerstelle ein besonderer Wahlschalter (Bild 65)
vorgesehen. Wird dieser in die der gewünschten Stufe entsprechende Stellung
und das ' Fernsteuergerät daraufhin zum
Umlauf gebracht, so wird diese Sollwertstellung in der gesteuerten Stelle auf einen

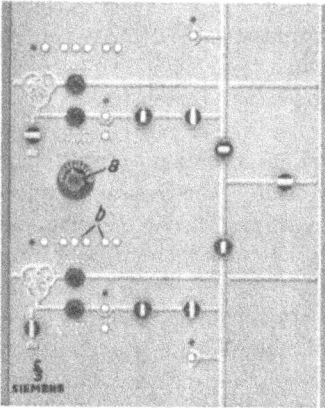

Bild 65: Ausschnitt aus einer Fernbedienungstafel mit Wahlschalter (a) und
Stufenmeldelampen (b)

besonderen Stufenwähler übertragen und
die in Betracht kommende Regeleinheit
anschließend durch örtliche Stromkreise
selbsttätig stufenweise in die befohlene Stellung gebracht. Dabei stellt
der zusätzliche Stufenwähler den erforderlichen Regelsinn durch Vergleich
zwischen der Sollwertstellung und den bisher eingenommenen Stufen der
betreffenden Regeleinheit selbsttätig fest. Am Schluß der Sollwertregelung
wird dann durch das Wählergerät die nunmehr von den einzelnen Umspannern
eingenommene Stufe zur Steuerstelle gemeldet.

Während die vorbeschriebene Sollwertregelung von Umspannern nur für
bestimmte Sonderfälle Bedeutung hat, kommt der Sollwerteinstellung für
selbsttätige Regelungen größere Bedeutung zu. Sofern diese Sollwerteinstellung laufend von irgendwelchen Meßwerten abgeleitet wird, werden die
erforderlichen Regelimpulse entweder in der geregelten Stelle selbst erzeugt
oder über getrennte Übertragungskanäle zur geregelten Stelle übertragen.
Soll die Sollwertregelung jedoch nicht in unmittelbarer Abhängigkeit von
irgendwelchen Meßwerten erfolgen, sondern auf Grund von Betriebs-
beobachtungen bzw. betrieblichen Zwischenfällen, die der zentralen Befehlsstelle zur Kenntnis kommen, so kann die Beeinflussung eines Sollwert-
bzw. Fahrplanreglers von dieser Befehlsstelle mit Hilfe der vorhandenen
Fernsteuerwählergeräte durchgeführt werden. Ähnlich wie bei der Um-
spannersollwertregelung beschrieben, wird in diesem Fall ein besonderer
Wahlschalter in der Steuerstelle vorgesehen, dessen jeweilige Stellung mit
Hilfe der Wählergeräte auf ein Sollwertempfangsorgan in der gesteuerten
Stelle übertragen wird. Dabei kann entsprechend der großen Zahl der verfüg-

baren Wählerschritte auch meist eine verhältnismäßig feine Stufung der Sollwertgabe eingehalten werden.

Soll die Regelung in der gesteuerten Stelle örtlich nach einem für den ganzen Tag im voraus festgelegten Fahrplan vor sich gehen, so kann in der Steuerstelle ein besonderes Befehlstableau angeordnet werden, auf dem von der Bedienungsperson jeweils im voraus, entsprechend der für den betreffenden Tag zu erwartenden Belastung eine entsprechende Regelstellung von Hand eingestellt wird. Mit Hilfe einer Schaltuhr wird dann am Schluß der einzelnen beispielsweise halbstündigen Zeitspanne das Wählergerät angelassen, der für die nächste Zeitspanne eingestellte Wert festgestellt und selbsttätig auf das Regelrelais der fernbedienten Stelle übertragen. Die Anordnung dieses Fahrplangebers in der zentralen Befehlsstelle hat den Vorteil, daß jederzeit eine Anpassung des jeweils eingestellten Sollwertes an bestimmte unerwartete Betriebsvorgänge möglich ist.

5. Die mittelbare Fernsteuerung durch eine Kommandoanlage

Soll ein größeres Kraftwerk, das keine Selbststeuerung besitzt und von Schaltwärtern örtlich bedient wird, in die Befehlsgewalt einer zentralen Steuerstelle einbezogen werden, so ist es in der Regel technisch schwierig und vor allem unwirtschaftlich, sämtliche bei einem Kraftwerk anfallenden Schalt- und Regelkommandos mit Hilfe einer Fernsteueranlage von dieser Stelle aus unmittelbar zur Ausführung zu bringen. Ist das Bedienungspersonal hinreichend geschult, so kann man sich häufig damit begnügen, den Schaltwärtern von Fall zu Fall telefonisch Richtlinien für die örtliche Bedienung zu erteilen. Reicht die Schulung der Schaltwärter für die selbständige Abwicklung der erforderlich werdenden Schalt- und Regelvorgänge dagegen nicht aus, so kann man in solchen Fällen zweckmäßig eine Kommandoanlage vorsehen, bei der die Fernbetätigung der einzelnen Aggregate nicht durch unmittelbare Fernsteuerung vorgenommen wird, sondern die entsprechenden Befehle durch die Fernsteuergeräte nur an die Schaltwärter durchgegeben werden.

Abgesehen von den besonderen Verhältnissen in einem Kraftwerk, kann eine solche Kommandoanlage auch bei jeder anderen besetzten fernbedienten Netzstelle für den Fall vorgesehen werden, daß in dieser Stelle noch nicht die für eine Fernbedienung erforderlichen Schalterantriebe und Hilfsstromquellen vorhanden sind. Die Fern-Kommandoanlage stellt in diesem Fall ein Übergangsstadium zur späteren unmittelbaren Fernbedienung der Anlage dar.

Für die Übertragung der Kommandos werden an sich die gleichen Übertragungsmittel wie bei der Fernbedienungstechnik, wie z. B. Fernsteuerwählergeräte, zum Einsatz gebracht. Das bringt den Vorteil mit sich, daß die Zuverlässigkeit der Befehlsübertragung in dem gleichen Grade sichergestellt ist wie bei den üblichen Fernbedienungsanlagen. Allerdings geht bei der Fernkommandoanlage ein wesentlicher Vorteil der Fernsteuergeräte, nämlich die schnelle Befehlsausführung verloren, da zur Ausführung der Schaltbefehle immer noch Schalthandlungen des örtlichen Bedienungspersonals erforderlich sind.

Der Aufbau derartiger Fernkommandoanlagen ist etwa der im Bild 66 wiedergegebene. Das Aussenden des in Frage kommenden Kommandos wird durch Betätigung der zugehörigen Befehlstaste *a 1, a 2* usw. in der Steuerstelle veranlaßt. Mit Hilfe der vorgesehenen Wählergeräte *e* wird der Befehl über die Steuerleitung zum Unterwerk übertragen. Dort wird zugleich mit einem akustischen Alarm durch die Hupe *f* ein mit entsprechender Beschriftung

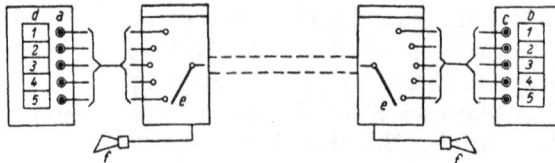

Bild 66: Fernkommandoanlage mit Wählergerät

a Befehlstasten	*b* Leuchtfelder zur Befehlskennzeichnung
c Quittungstasten	*d* Leuchtfelder für Quittungsgabe
e Wählergeräte	*f* Hupe zur Alarmgabe

versehenes Leuchtfeld *b 1, b 2* usw. eingeschaltet, aus dem der Schaltwärter des Unterwerkes ersehen kann, welcher Schaltbefehl zur Durchführung zu bringen ist. Zur Bestätigung des richtigen Befehlsempfanges wird von der Bedienungsperson in der Unterstelle ein Quittungsdruckknopf *c 1, c 2* usw. betätigt, der die Durchgabe einer Bestätigungsmeldung an die Befehlsstelle veranlaßt. Dort wird beispielsweise in einem ähnlichen Tableau das betreffende Leuchtfeld *d 1, d 2* usw. zum Aufleuchten gebracht, so daß die Befehlsstelle daraus ersehen kann, daß die Ausführung des betreffenden Befehles eingeleitet ist.

Hat der Schaltwärter im Unterwerk den Befehl ordnungsgemäß durchgeführt, so kann entweder von dem betätigten Organ eine unmittelbare Rückmeldung zur Steuerstelle gegeben werden, aus dem die Befehlsstelle die richtige Ausführung des Befehles ersieht oder der Schaltwärter des Unterwerkes betätigt einen entsprechenden Quittungsschalter, durch den eine entsprechende mittelbare Ausführungsmeldung zur Befehlsstelle übertragen wird. In beiden Fällen werden die solange zum Aufleuchten gebrachten Leuchtfelder wieder abgeschaltet. Selbstverständlich kann die optische Signalisierung der einzelnen Vorgänge zur besseren Sichtbarmachung auch durch Flackerlicht erfolgen.

6. Die Übertragungszeit von Befehlen und Meldungen

Für die Beurteilung des Leistungsvermögens der einzelnen Fernsteuergeräte ist es von Bedeutung, welche Übertragungszeiten für die Durchgabe von Befehlen und Meldungen bei den einzelnen Fernsteuergeräten erforderlich sind. Es wurde schon erwähnt, daß die Eindrahtsteuerung und zum Teil auch die Steuerung nach dem Kombinationsverfahren, ähnlich wie die Ortssteuerung, eine sofortige Ausführung der übertragenen Befehle oder der durchzugebenden Meldungen ermöglicht. Anders liegt der Fall bei den Fernsteuerverfahren, die mit besonderen umlaufenden Verteiler arbeiten. Dabei muß man zwischen denjenigen Fernsteuergeräten unterscheiden, die ihre Befehle bereits während der synchronen Umdrehung zur Durchführung bringen und den anderen Verfahren, die die Ausführung der Befehle erst am Schluß des übermittelten Impulstelegramms vornehmen.

Bei den zuerst genannten Verfahren ist die Übertragungszeit für den einzelnen Befehl von Fall zu Fall verschieden, weil die insgesamt benötigte Zeit davon abhängig ist, an welcher Stelle auf dem Verteilerumfang die Übertragung des betreffenden Befehles bzw. die Meldungsdurchgabe vorgesehen ist. Je nachdem nämlich, ob die Steuerung für den betreffenden Schalter auf den ersten Verteilersegmenten oder auf den letzten angeordnet ist, wird die Übertragungszeit für den in Frage kommenden Befehl kürzer oder länger sein. Die ungünstigste Übertragungszeit ist daher diejenige, die etwa für den Gesamtumlauf des Verteilerorgans benötigt wird. Je nach der Geschwindigkeit des Umlaufes des Verteilerorganes bzw. der Zahl der Verteilersegmente schwankt die Übertragungszeit in der Regel zwischen 2 und 20 Sekunden.

Bei dem mit Impulstelegrammen arbeitenden Verfahren bzw. überhaupt bei denjenigen Verfahren, die die Befehlsausführung erst am Schluß der Verteilerumdrehung durchführen, wird der übertragene Befehl während des Wählerumlaufes zunächst auf Vorbereitungsrelais gegeben und erst bei beendigtem Wählerumlauf zur Ausführung gebracht. Durch diese Tatsache ergibt sich, daß die Übertragungszeit für sämtliche Befehle stets die gleiche ist. Sie hängt von der möglichen Impulsgeschwindigkeit und der Schrittzahl der verwendeten Wähler ab. Bei größeren Anlagen werden als Verteilerorgane Wähler mit großer Schrittzahl erforderlich, wodurch auch eine höhere Gesamtübertragungszeit für den einzelnen Befehl bedingt ist. Während man nämlich bei kleinen Anlagen sehr gut mit einem 10-teiligen Wähler auskommen kann, wird für große Anlagen mit beispielsweise 150 Schalteinheiten zum mindesten ein 36 teiliger Wähler erforderlich. Die Zahl der insgesamt zu übermittelnden Impulse ist daher für kleine und große Anlagen verschieden.

Legt man nun die größte für Fernsteuerwählergeräte bisher zur Anwendung gebrachte Impulsgeschwindigkeit von 20 Impulsen pro Sekunde zugrunde, so ergibt sich für kleine Anlagen eine Grundzeit für das übermittelte Telegramm von einer halben Sekunde und für die großen Anlagen von knapp 2 Sekunden. Hierzu kommen dann noch die einzelnen Auswahl- und Kontrollkriterien zur Kennzeichnung der übertragenen Befehle, die bei den Verfahren mit Impulstelegrammen rein zeitliche Kriterien sind und daher eine zusätzliche Übertragungszeit erfordern. Insgesamt ergibt sich daher für kleine Anlagen eine Übertragungszeit für den einzelnen Befehl von etwa 1 Sekunde, während bei großen Anlagen eine Übertragungszeit von etwa $2^1/_2$ Sekunden angesetzt werden kann.

Zu diesen Übertragungszeiten ist zu bemerken, daß man nicht in sämtlichen Fällen mit Impulsgeschwindigkeiten von 20 Impulsen pro Sekunde arbeiten kann. So muß man z. B. bei Hochfrequenz- und Tonfrequenzübertragung auch geringere Impulsgeschwindigkeiten in Kauf nehmen, da bei diesen Übertragungsverfahren Impulse größerer Übertragungsgeschwindigkeit zur Verzerrung neigen. Es ist weiterhin zu beachten, daß Impulsgeschwindigkeiten von 20 Impulsen pro Sekunde den neuesten Stand der Technik entsprechen und daher auch Geräte auf dem Markt sind, die noch Impulsgeschwindigkeiten von 10 Impulsen pro Sekunde und weniger aufweisen, wodurch die erforderliche Übertragungszeit der Befehle natürlich wesentlich erhöht wird.

Wichtig ist, daß die Übertragungszeit für mehrere Befehle in einem Wählerumlauf, wie sie bereits früher erwähnt wurde, nur eine geringe Erhöhung der vorgenannten Übertragungszeiten bedingt, da in diesem Fall nur die Zeitkriterien für die zusätzlichen Befehle oder Meldungen hinzukommen. Dies hat zur Folge, daß man z. B. bei mittleren Anlagen 3 Schalter in einer Gesamtzeit von etwa $2^1/_2$ Sekunden fernsteuern kann.

Die Zeiten für die Durchgabe von Stellungs- und Warnmeldungen liegen bei den meisten Fernsteuerwählerverfahren um etwa 30% über den für die Befehlsdurchgabe genannten Werten. Das hängt damit zusammen, daß man bei der Durchgabe von Stellungsmeldungen nicht allein die neue Stellung des gerade geänderten Schalters überträgt, sondern dabei stets gleichzeitig das gesamte Stellungsbild derjenigen Schaltergruppe durchgibt, in der die Schalteränderung stattgefunden hat. Infolge dieser Übertragung des Gesamtstellungsbildes ist die Durchgabe von zeitlichen Meldekriterien für jeden einzelnen Schalter erforderlich, was eine zusätzliche Übertragungszeit bedingt.

Es hat sich in der Praxis ergeben, daß eine Befehlsausführung innerhalb weniger Sekunden für alle praktisch vorkommenden Fälle ausreichend ist; denn im Vergleich zu der Dauer der Überlegung, die ein Schaltwärter zur Vornahme einer wichtigen Schalthandlung anstellen muß, ist diese Übertragungszeit außerordentlich gering. Nur in bestimmten Ausnahmefällen kommt es tatsächlich auf ein unbedingt zeitgetreues und verzögerungsfreies Schalten an. Bei zweckmäßiger Anordnung der Schaltkreise bzw. durch die Hinzunahme selbsttätig arbeitender Hilfsgeräte können jedoch auch derartige Fernsteueraufgaben von Fernsteuerwählergeräten gelöst werden. Es ist z. B. möglich, durch die Fernsteuerwählergeräte diejenige Einheit, die zeitgetreu einzuschalten ist, zunächst durch ein Impulstelegramm auszuwählen und anschließend von einer Auslösetaste her über die zur Verfügung stehende Fernsteuerleitung einen unmittelbaren Betätigungskreis zu dem fernzubedienenden Organ durchzuschalten. Wird nun diese Auslösetaste zu einem bestimmten Zeitpunkt betätigt, so erfolgt die Ausführung des entsprechenden Befehles praktisch verzögerungsfrei.

In diesem Zusammenhang ist auch der verhältnismäßig häufig auftretende Fall zu erwähnen, daß in der fernbetätigten Stelle Parallelschaltvorgänge durchzuführen sind, bei denen es auf zeitgetreues Einschalten der Kupplungsschalter ankommt. Eine solche Parallelschaltung könnte nach dem eben erwähnten Verfahren durchgeführt werden. Es wäre jedoch in diesem Falle erforderlich, daß sämtliche für den Parallelschaltvorgang wichtigen Meßgrößen, wie Spannung und Frequenz, in der Steuerstelle zur Anzeige gebracht werden können. Da dies stets gewisse Schwierigkeiten bereitet, greift man normalerweise auf den Einsatz eines selbsttätigen Parallelschaltgerätes in der gesteuerten Stelle zurück, dessen Zusammenarbeit mit den Fernsteuerwählergeräten an anderer Stelle ausführlicher behandelt wird.

7. Das Leistungsvermögen der einzelnen Fernsteuergeräte

Für die Planung einer Fernsteueranlage ist auch die Frage von Bedeutung, welche Höchstzahl von Schalthandlungen man mit den verschiedenen Fernsteuergeräten zur Ausführung bringen kann und in welchem Umfang die Überwachung der vorhandenen Betriebseinheiten durchführbar ist. Hierzu läßt sich im einzelnen folgendes sagen: Bei der Eindrahtsteuerung wird für jeden ferngesteuerten oder überwachten Schalter eine Steuerader in dem Fernsteuerkabel benötigt. Es ist also bei der Eindrahtsteuerung nur eine Frage der verfügbaren Aderzahl des Fernsteuerkabels, wieviel Schalter in einer Anlage fernbedient und überwacht werden können. Reicht das Fassungsvermögen eines Fernsteuerkabels nicht aus, so können die noch nicht erfaßten Schalter über ein weiteres Fernsteuerkabel mit ausreichender Aderzahl fernbedient werden.

Das Fassungsvermögen der Fernsteuerwählergeräte dagegen hängt zunächst von der Schrittzahl der zur Verwendung gelangenden Wähler ab. Je nach dem Umfang der Anlage sind verschiedene Wählertypen mit einer Schrittzahl zwischen 10 und 36 Schritten gebräuchlich. Derartige Schrittzahlen reichen natürlich nicht ohne weiteres für jeden beliebigen Umfang einer Fernsteueranlage aus. Da man andererseits zur Erzielung geringer Übertragungszeiten höhere Schrittzahlen möglichst vermeidet, muß man durch Vielfachausnutzung der verfügbaren Schritte bzw. Gruppenbildung das Fassungsvermögen der verwendeten Wähler zu erhöhen versuchen. Zu diesem Zweck faßt man die Schalter einer größeren ferngesteuerten Anlage zu verschiedenen Gruppen zusammen und übermittelt zu Beginn der Befehlsübertragung ein besonderes Gruppenkennzeichen. Mit Hilfe einer solchen Gruppenvorwahl kann man die einzelnen Wählerschritte entsprechend der Zahl der gebildeten Gruppen vielfach ausnutzen. Je nach der gerade getroffenen Gruppenvorwahl wird dabei der auf einem bestimmten Schritt übermittelte Befehl an den dem betreffenden Schritt zugeordneten Schalter der einen oder anderen Gruppe geleitet.

Welche Steigerung des Fassungsvermögens der Wählergeräte man mit Hilfe der Gruppenteilung erreichen kann, zeigt das Beispiel des Bildes 67, bei dem vorausgesetzt ist, daß man einen Wähler mit 36 Schritten verwendet und zur Steuerung eines Schalters für den Ein- und Aus-Befehl je zwei Wählerschritte benötigt. Auf Grund dieser Voraussetzungen ergibt sich, daß man bei einer Gruppenteilung von 10 Gruppen und Verwendung eines 36teiligen Wählers

$$10 \cdot (36 - 10) / 2 = 130 \text{ Schalter}$$

fernbedienen kann. Diese Zahl kann jedoch bei gleichbleibender Schrittzahl noch leicht dadurch verdoppelt werden, daß man z. B. auf dem gleichen Wählerschritt zur Ein- oder Aussteuerung verschiedene zeitliche Kennzeichen, wie Langimpuls oder Langpause, einführt. Eine ähnliche Steigerung

kann man erreichen, wenn man grundsätzlich ein gemeinsames Auswahlkenn-
zeichen für die Ein- oder Aussteuerung einführt und sich darauf beschränkt,
in einem Wählerumlauf stets nur Ein- oder Ausschaltbefehle zu übertragen.
Infolge der vorgenannten Möglichkeiten kann man sagen, daß Fernsteuerwählergeräte trotz der Beschränkung auf einen Übertragungskanal jeden

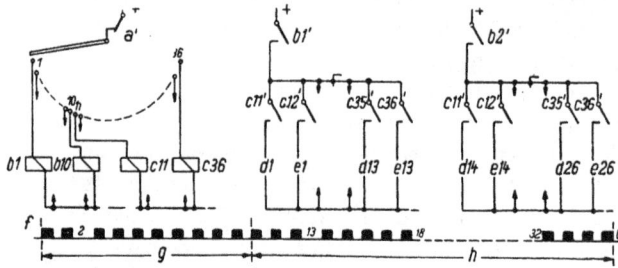

Bild 67: Gruppenvorwahl bei Fernsteuerwählergeräten
a' Kontakt des Pausenempfangsrelais
b 1—b 10 Relais zur Gruppenauswahl
c 11—c 36 Relais zur Schalterauswahl
d 1—d 26 Relais zur Einschaltung der Schalter 1—26
e 1—e 26 Relais zur Ausschaltung der Schalter 1—26
f Impulsdiagramm zur Einschaltung des Schalters 13
g Gruppenauswahl-Impulse   h Schalterauswahl-Impulse

praktisch vorkommenden Umfang einer Fernsteueranlage beherrschen können.
Dies ist um so mehr der Fall, als in Elektrizitäts- und Bahnbetrieben Fernsteueranlagen, bei denen in einer fernbedienten Stelle mehr wie 200 Schalteinheiten ferngesteuert und überwacht werden, kaum vorkommen.
    Im Gegensatz zur Eindrahtsteuerung bringt bei der Wählersteuerung die
Gruppenteilung eine gewisse Beschränkung der Steuer- und Meldemöglichkeit mit sich, da das Wählergerät in einem Umlauf stets nur die Befehle an
eine Steuergruppe bzw. die Meldungen von einer Meldegruppe gleichzeitig
durchgeben kann. Für die Abgabe von Fernsteuerbefehlen hat diese Einschränkung keine wesentliche Bedeutung, da von der gleichzeitigen Befehlsdurchgabe an mehrere Schalter meist nur in bestimmten Fällen Gebrauch
gemacht wird, und außerdem die aus betrieblichen Gründen gleichzeitig zu
betätigenden Schalter ohne Schwierigkeiten in einer gemeinsamen Steuergruppe untergebracht werden können.
    Bei der Meldungsdurchgabe kann durch die Gruppenteilung für Schalter
der letzten Gruppen dann eine unbedeutende Meldungsverzögerung von
einigen Sekunden auftreten, wenn in der ferngesteuerten Stelle gleichzeitig
mehrere Schalter verschiedener Gruppen selbsttätig oder durch Handschaltung
ihre Stellung ändern. In diesem Falle kommt das Wählergerät nämlich 2- oder
auch 3mal zum Umlauf, da es in einem Umlauf immer nur das Stellungsbild
einer Schaltergruppe durchgeben kann.
    Wichtig für die Anwendung von Fernsteuerwählergeräten ist die Tatsache,
daß beim Einsatz dieser Geräte die fernbedienten Schalter nicht sämtlich
in der gleichen Schaltstelle angeordnet zu sein brauchen. Man kann nämlich
mit Fernsteuerwählergeräten über eine gemeinsame Doppelleitung mehrere

Schaltstellen von einem gemeinsamen Gerät in der Steuerstelle fernsteuern und überwachen lassen.

In Bild 68 ist ein solcher Linienverkehr mit Fernsteuerwählergeräten wiedergegeben. Zur Befehlsgabe kommt der Befehlsgeber *a* der Steuerstelle zum Anlauf und überträgt durch den Befehlswähler Impulsreihen auf die parallel an der Doppelleitung liegenden Befehlsempfänger *b*, deren Befehlswähler dadurch synchron mit dem Befehlswähler der Steuerstelle zum Umlauf gebracht werden. Dabei wird in derjenigen Station, die durch eine Gruppenvorwahl

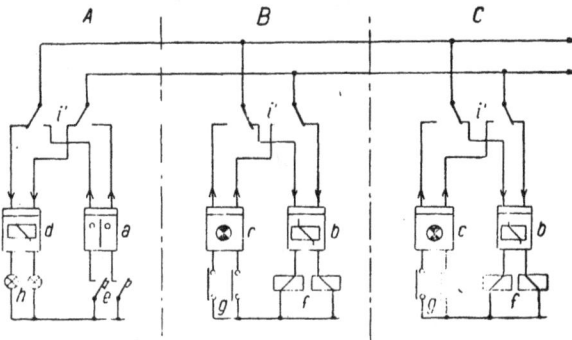

Bild 68: Linienverkehr mit Fernsteuerwählergeräten

A Steuerstelle	*B, C* Ferngesteuerte Stellen
a Befehlsgeber der Steuerstelle	*b* Befehlsempfänger
d Stellungsmeldeempfänger	*c* Stellungsmeldegeber
e Befehlsschalter	*f* Steuerzwischenrelais
h Meldelampen	*g* Melde-Hilfskontakte
i' Kontakt des Impulssenderclaus	

gekennzeichnet wurde, der betreffende Befehl durch die Einschaltung des in Frage kommenden Steuerzwischenrelais *f* zur Ausführung gebracht.

Tritt in einer der fernbedienten Stellen *B* oder *C* eine Stellungsänderung ein, so wird von dem Stellungsmeldegeber *c* der betreffenden Stelle eine Impulsreihe zur Steuerstelle gegeben, wo der Rückmeldewähler des Stellungsmeldeempfängers *d* synchron mit dem Rückmeldewähler der meldenden Stelle zum Umlauf gebracht und dadurch die Änderungsmeldung übermittelt wird. Während der Durchgabe der Meldeimpulse bleiben die Wähler der an der Meldung nicht beteiligten Stellen *C* usw. in ihrer Ruhestellung. Dies wird dadurch erreicht, daß die Impulsfolgen in der Steuerrichtung mit einem Langimpuls beginnen, während die Impulsfolgen für die Stellungsmeldung diesen Langimpuls nicht aufweisen. So kommen daher die Befehlswähler der einzeln parallelliegenden Schaltstellen nur dann zum Anlauf, wenn eine Befehlsimpulsfolge mit Langimpuls am Anfang eintrifft.

Eine gegenseitige Verstümmelung der übertragenen Rückmeldungen wird dadurch verhindert, daß während der Durchgabe der Meldungen einer Stelle der Anlauf der Stellungsmeldegeber der übrigen Stellen gesperrt ist.

Je nach der Empfindlichkeit des verwendeten Empfangsrelais können mit Fernsteuerwählergeräten 4 bis 10 Schaltstellen über eine mittlere Entfernung von der Steuerstelle von 20 bis 50 km parallel betrieben werden.

V. DIE FERNBEDIENUNG SELBSTGESTEUERTER ANLAGEN

1. Die Selbststeuerung

Der heute mehr und mehr erforderliche Zwang zum Verbundbetrieb bedingt die schnellste Einsatzbereitschaft der verfügbaren Energiereserven. Die in Frage kommenden Generatoren müssen daher in kürzester Zeit zur Lastübernahme bereit sein. Diese Forderung hat ihre besondere Bedeutung für Wasserkraftwerke mit Staubecken und Pumpspeicherwerke, die für den Ausgleich der Spitzenlast in Frage kommen. Hier heißt es, in kürzester Zeit die zur Lastübernahme zusätzlich in Frage kommenden Turbinen in Gang zu setzen und auf das Netz zu schalten.

Die Inbetriebnahme einer Turbine oder Turbinengruppe, z. B. in einem Wasserkraftwerk, bedingt nun aber die schnellste Abwicklung einer Reihe von Einzelvorgängen der Steuerung, Regelung und Schaltung, bevor die Turbine Strom auf das Hochspannungsnetz abgeben kann. Diese Vorgänge sämtlich nacheinander von Hand durch einen Schaltwärter durchführen zu lassen, würde viel Zeit erfordern und setzt außerdem eine weitgehende Schulung der Schaltwärter voraus, wenn fehlerhafte Eingriffe vermieden werden sollen, die eine Beschädigung von Maschinen und Netzteilen mit sich bringen.

Man ist daher schon seit vielen Jahren dazu übergegangen, für die Abwicklung der einzelnen Schalt- und Regelvorgänge Selbststeuereinrichtungen vorzusehen, die mit Hilfe von Relais und Prüfgeräten gleich einem fehlerfrei denkenden Uhrwerk der Reihe nach selbsttätig alle erforderlichen Schalthandlungen vornehmen, und zwar schneller und zuverlässiger als der geschulteste Schaltwärter es kann. Dieser braucht nur durch einen Tastendruck den richtigen Zeitpunkt anzugeben, an dem die Selbststeuerung in Tätigkeit treten und z. B. den Selbstanlauf der einzelnen Turbine oder Turbinengruppe, die Frequenz- und Spannungsabgleichung der Generatoren und ihre Zuschaltung auf das Netz bewerkstelligen soll.

Der Vorteil des Einsatzes einer Selbststeueranlage z. B. im Wasserkraftwerk (Bild 69) liegt außer in der Schnellbereitschaft zur Lastübernahme auch in der zuverlässigen Abwicklung der einzelnen Schalt- und Regelvorgänge. Jeder neue Vorgang wird durch die Selbststeuerung nämlich erst dann freigegeben, wenn durch Prüfstromkreise oder Messungen die reibungslose Durchführung des vorangegangenen Vorganges und die Erfüllung der Voraussetzungen für die nächste Schalthandlung einwandfrei festgestellt wurde. Eine Reihe von Abhängigkeitskontakten in der Schaltung der Steuerstromkreise

Bild 69: Tafel mit Selbststeuergeräten für ein Wasserkraftwerk.

übernimmt dabei den Schutz gegen fehlerhafte Schaltungen. Diese zuverlässigen Relaiswächter bieten naturgemäß eine größere Zuverlässigkeit der Überwachung als man sie etwa von dem Schaltwärter erwarten kann, der erst aus einer größeren Zahl von Einzelbeobachtungen von Anzeigeorganen sich über die Zulässigkeit des nächsten Schaltvorganges klar werden muß. Auch die ständige Beobachtung der Hilfsbetriebe für Druckluft, Preßöl und Wasser wird den Kontrollrelais der Selbststeuerung übertragen und damit die Voraussetzung für die ständige Betriebsbereitschaft der selbstgesteuerten Anlage geschaffen.

Außer den Wasserkraftwerken werden häufig auch an anderen Punkten des elektrischen Versorgungsnetzes selbsttätige Schaltmittel und Prüfgeräte eingesetzt, die die ständige Betriebsbereitschaft von Maschinen, Gleichrichtern, Umspannern und auch der Hochspannungsleitungen selbst überwachen und im Störungsfall eine sofortige selbsttätige Abschaltung von gestörten Aggregaten oder Netzteilen in Bruchteilen von Sekunden veranlassen. Andererseits kann durch die Schaltmittel der Selbststeuerung auch die selbsttätige Zuschaltung von Reservemaschinen bei Lastanstieg oder eine ähnliche Schalthandlung durchgeführt werden.

2. Die Zusammenarbeit von Fernsteuer- und Selbststeuergeräten

Der Einbau derartiger Relaiseinrichtungen zur Selbststeuerung und selbsttätigen Überwachung der Betriebsbereitschaft der einzelnen Anlageteile hat für die Fernsteuertechnik insofern große Bedeutung, als es erst durch sie möglich wird, auch solche Netzstützpunkte unbesetzt zu lassen und von einer zentralen Befehlsstelle her fernbedient zu betreiben, bei denen sonst zur Zu- und Abschaltung von Maschinen eine große Zahl von Einzelbefehlen und Einzelmeldungen bzw. Messungen erforderlich wären. Ohne den Einsatz von Selbststeuergeräten würde die Fernbedienungsanlage z. B. bei einem unbesetzten Wasserkraftwerk einen für größere Entfernungen nicht vertretbaren Aufwand an Kabeladern und Geräten erfordern. Sind dagegen Selbststeuergeräte vorhanden, so ist durch die Fernsteuergeräte nur eine geringe Zahl von Anlaß-, Schalt- und Stillsetzbefehlen zu übertragen. Auch die Zahl der erforderlichen Überwachungsmeldungen kann auf ein verhältnismäßig geringes Maß beschränkt werden, da die Verriegelung der Selbststeuerung an sich gegen fehlerhafte Schaltvorgänge schützt. Allerdings muß in der Befehlsstelle stets rechtzeitig zu erkennen sein, wann und aus welchem Grunde bei irgendeiner Störung die Betriebsbereitschaft der fernbedienten Anlage bzw. die Abwicklung der einzelnen Schalt- und Regelvorgänge in Frage gestellt ist.

Im Gegensatz zu der geringen Zahl von Fernsteuerbefehlen und Überwachungsmeldungen erfordert die reibungslose Betriebsführung eines solchen selbstgesteuerten Werkes jedoch meist eine größere Zahl von Fernregel- und Fernmeßkanälen. Diese Regelungen, die in diesem Fall meist kontinuierliche Regelungen darstellen, können bei kürzeren Entfernungen über besondere Übertragungswege oder sonst auch in der früher beschriebenen Weise auf einem gemeinsamen Regelkanal unter Anwahl der jeweilig zu regelnden Größe durchgeführt werden. Dabei ist natürlich darauf zu achten, daß mindestens so viel gleichzeitig zu betreibende Regelkanäle vorgesehen werden müssen, wie im ungünstigsten Fall zur Regelung der einzelnen Betriebsgrößen erforderlich sind.

Selbsttätige Regelung und Fernregelung schließen sich dabei nicht aus. Durch einen besonderen Umschalter bzw. einen fernbetätigten Umschalter kann jederzeit von der örtlichen selbsttätigen Regelung auf die Fernregelung der in Frage kommenden Regelgrößen übergegangen werden.

So macht es das zweckmäßige Zusammenwirken einer Selbststeuerungs- und einer Fernbedienungsanlage möglich, umfangreiche Wasserkraftwerke oder ähnliche Netzstützpunkte mit ihren häufig schwierigen Anlaß- und Regelvorgängen vollkommen fernbedient zu betreiben und nur für die laufenden Instandhaltungsarbeiten einen in der Nähe wohnenden Monteur oder Schaltwärter vorzusehen, der im Störungsfall auch zur schnellen Abstellung einer eingetretenen Störung herangezogen werden kann.

3. Das selbsttätige Parallelschaltgerät

Zu den interessantesten Aufgaben der Fernbedienungstechnik gehört die Fernparallelschaltung asynchroner Netze. Die hierfür gefundene Lösung stellt ein Musterbeispiel für das Zusammenwirken der Bausteine der Fernbedienungstechnik mit denen einer örtlichen Selbststeuerung dar. Sie ist von um so größerer Bedeutung, als die Fernparallelschaltung asynchroner Netze von einer zentralen Befehlsstelle aus für Zwecke des Verbundbetriebes in steigendem Maße erforderlich wird. Es erscheint daher auch geboten, die bei der Fernsynchronisierung auftretenden Fragen an dieser Stelle eingehender zu erörtern.

Schon bei der rein örtlichen Parallelschaltung asynchroner Netze werden bei Verzicht auf irgendwelche selbsttätig arbeitenden Geräte an den Schaltwärter besondere Anforderungen gestellt. Kann doch nur bei einem sachgemäßen Parallelschalten eine unzulässige Beanspruchung von Maschinen und Netzen verhindert werden. Hierzu ist bei der Parallelschaltung von Hand eine gute Beobachtungsgabe, Erfahrung und Verständnis für die Vorgänge im Netz erforderlich.

Um den Schaltwärter bei der Vornahme von Parallelschaltungen nach Möglichkeit von den erforderlichen Beobachtungen zu entbinden und außerdem die Geschwindigkeit und Genauigkeit der Zuschaltung wesentlich zu erhöhen, wurde bereits vor längerer Zeit das selbsttätige, schnellarbeitende Parallelschaltgerät entwickelt, das abweichend von den bis dahin bekannten Feinsynchronisierungsverfahren durch Einführung einer schlupfabhängigen Winkelvoreilung die Eigenschaltzeit des Leistungsschalters und den im Augenblick der Zuschaltung herrschenden Schlupf berücksichtigt (Bild 70). Auf Grund dieser zusätzlichen Vorkehrungen ist das Gerät bei seinem Einsatz in der Lage, auch bei großen und stark schwankenden Netzen eine schnelle und einwandfreie Parallelschaltung zu gewährleisten. So kann gegebenenfalls mit Hilfe des Gerätes die Parallelschaltung schon bei einem Frequenzunter schied von $1/_2$ Hz oder ± 1 vH der Nennfrequenz durchgeführt werden. Infolgedessen kann das Gerät innerhalb wesentlich weiterer Grenzen und damit viel kürzerer Zeit den Parallelschaltvorgang durchführen, als es bei einer Schaltung von Hand auf Grund der Beobachtung der Vergleichsmeßwerte bzw. des Synchronoskopes möglich ist bzw. gewagt werden kann (Bild 71).

Während sich der Einsatz des selbsttätigen Parallelschaltgerätes bei der reinen Ortsbedienung von Schaltanlagen bereits seit langer Zeit eingebürgert

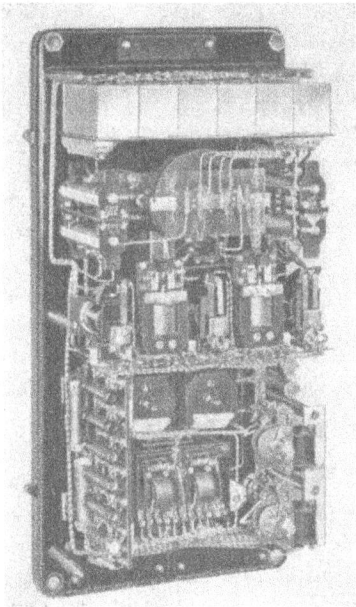

Bild 70: Selbsttätiges, schnellarbeitendes Parallelschaltgerät

Bild 71: Schalttafel für Synchronisierung von Hand oder durch Parallelschaltgerät. *a* Synchronoskop mit Frequenz- und Spannungsanzeiger, *b* Selbsttätiges Parallelschaltgerät, *c* Frequenzabgleicher, *d* Druckknopfschalter für Synchronisierung von Hand, *e* Umschalter für Hand- oder selbsttätige Synchronisierung

und bewährt hat, ist man erst in letzter Zeit auch zum Fernaeinsatz dieser Geräte übergegangen. Das hängt damit zusammen, daß beim Fernsynchronisieren gegenüber der rein örtlichen Synchronisierung gewisse zusätzliche Vorkehrungen zu treffen sind, die ein fehlerhaftes Zusammenwirken des Fernbedienungsgerätes mit dem Parallelschaltgerät verhindern müssen. Hierzu kommt noch, daß im Gegensatz zur Ortssynchronisierung dem Schaltwärter in der zentralen Befehlsstelle nicht immer die für die Synchronisierung benötigten Vergleichsmeßwerte mit ausreichender Genauigkeit zur Verfügung stehen.

4. Die Fernparallelschaltung

Der Einsatz des selbsttätigen Parallelschaltgerätes in einer fernbedienten Stelle erfolgt bei einfachen und übersichtlichen Netzverhältnissen und einer geringen Zahl von Parallelschaltstellen zweckmäßig in der Weise, daß in der Steuerstelle zunächst der übliche Einschaltbefehl für den für den Parallelschaltvorgang in Frage kommenden Leistungsschalter abgegeben und durch die Fernsteuereinrichtung übertragen wird. Dieser Befehl wird nun aber nicht wie bei den anderen Schaltern über Steuerzwischenrelais unmittelbar auf die Einschaltspule des betreffenden Schalters gegeben, sondern auf ein besonderes Steuerzwischenrelais mit einer größeren Zahl von Kontakten (Bild 72).

Dieses Steuerzwischenrelais in der gesteuerten Stelle, das bis zur Befehlsausführung eingeschaltet bleibt, steuert nun von sich aus den Einsatz des selbsttätigen Parallelschaltgerätes zur Vornahme der Parallelschaltung durch den angewählten Schalter. Um diesen Vorgang durchzuführen, schaltet dieses Relais zunächst die Spannungswandler der beiden parallel zu schaltenden Netzteile auf das Parallelschaltgerät durch, so daß dieses, wie bei einer Ortssteuerung, den geeigneten Augenblick für die Parallelschaltung ermitteln kann. Wird dieser festgestellt, so schaltet der Arbeitskontakt des Parallelschaltgerätes über den Kontakt des Steuerzwischenrelais die Einschaltspule des betreffenden Schalters ein und der Schalter schaltet die beiden asynchronen Netze parallel.

Die Ausführung der Schaltersteuerung bzw. des Parallelschaltvorganges wird nunmehr anschließend durch das Fernsteuergerät wie jeder andere Einschaltvorgang sofort zur Steuerstelle gemeldet und dort durch Blinken des betreffenden Quittungsschalters bzw. das Aufleuchten der zugehörigen Signallampe in dem Befehlsschaltbild gekennzeichnet. Die spätere Wiederausschaltung des betreffenden Schalters kann selbstverständlich ohne Inanspruchnahme des Parallelschaltgerätes durch einen getrennten Befehl erfolgen.

Handelt es sich um verzweigte und unübersichtliche Netze, die mit Hilfe der Fernsteuerung gekuppelt werden sollen und kommt für die Fernparallelschaltung eine größere Zahl fernbedienter Schalter in Frage, so ist aus betrieblichen Gründen eine vorherige Anwahl der Vergleichsmeßwerte empfehlenswert. Diese Anwahl der zur Steuerstelle zu übermittelnden Vergleichsmeßwerte wird dabei durch die Betätigung eines besonderen für jeden Schalter vorgesehenen Anwahlschalters vorgenommen. Nach der Anzeige und Kenntnisnahme der Meßwerte gibt der Schaltwärter der Steuerstelle daraufhin den Parallelschaltbefehl, woraufhin erst jetzt das Parallelschaltgerät zum Einsatz gebracht wird.

Da die Ausführung der Fernparallelschaltung mit oder ohne vorherige Meßwertanwahl in der gesteuerten Stelle nur geringfügig in der Schaltung abweicht, ist es zweckmäßig, auf jeden Fall die besonderen Meßwertanwahlschalter in der Steuerstelle vorzusehen und aus der Betriebsführung heraus festzustellen, ob auf die vorherige Meßwertanwahl verzichtet werden kann oder nicht, und danach die Art der Befehlsgabe zu wählen.

Wie aus Vorstehendem zu ersehen, weicht der Ferneinsatz des selbsttätigen Parallelschaltgerätes, abgesehen von der besonderen Ausführung der Steuerzwischenrelais und der vorherigen Meßwertanwahl, zunächst nicht wesentlich von den üblichen Fernsteuervorgängen ab. Trotzdem ist mit Rücksicht auf verschiedene Betriebsfälle eine Reihe zusätzlicher Vorkehrungen zu treffen. Während nämlich bei Anwendung des selbsttätigen Parallelschaltgerätes die Zeit bis zur Ausführung des Einschaltbefehles an sich meist verhältnismäßig gering ist, treten jedoch auch Fälle auf, bei denen die Parallelschaltung der Netze, z. B. bei Kraftwerksnetzkupplung, einige Zeit in Anspruch nimmt. Damit die Bedienungsperson auch in einem solchen Falle über den Ablauf der Schaltvorgänge in der fernbedienten Stelle klar sieht, wird durch das Fernsteuergerät einige Zeit nach dem Einsatz des Parallelschaltgerätes zweckmäßigerweise eine Meldung „Parallelschaltgerät arbeitet" übertragen, die durch eine Signallampe in der Steuerstelle gekennzeichnet wird.

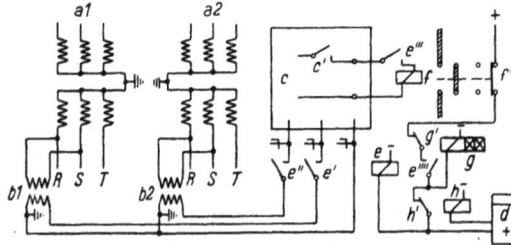

Bild 72: Die Fernparallelschaltung in der gesteuerten Stelle
a 1, a 2 Spannungswandler der parallelzuschaltenden Leitungen b 1, b 2 Hilfswandler c Selbsttätiges Parallelschaltgerät d Fernsteuergerät e Steuerzwischenrelais für den parallelschaltenden Schalter f g Zeitrelais zur Wiederabschaltung h Steuerzwischenrelais für Ausschaltung des Schalters f

Diese Lampe kommt später mit dem Einlaufen der Einschaltmeldung des Schalters wieder zum Erlöschen.

Besondere Beachtung erfordern bei der Fernsynchronisierung auch diejenigen Fälle, bei denen die Arbeitsbedingungen für das Parallelschaltgerät bei der Befehlsgabe überhaupt nicht erfüllt sind. Mit dieser Möglichkeit ist besonders dann zu rechnen, wenn in der Steuerstelle nicht sämtliche für die Beurteilung des jeweiligen Netzzustandes erforderlichen Meßwerte und Meldungen vorhanden sind. Es muß daher auf jeden Fall die Wiederabschaltung des Parallelschaltgerätes möglich sein.

Diese Wiederabschaltung kann sowohl selbsttätig wie auch durch Fernbedienung erfolgen (Bild 72) Für die selbsttätige Abschaltung kann ein besonderes Zeitrelais g vorgesehen werden, das nach einer bestimmten Dauer der Einschaltung des Parallelschaltgerätes das eingeschaltete Steuerzwischenrelais e und damit auch das Gerät selbst wieder abschaltet. Unabhängig hiervon muß das Gerät auch durch Fernbedienung wieder abgeschaltet werden können, und zwar entweder durch eine besondere Befehlstaste „Parallelschaltgerät aus" oder den Aus-Befehl für den angewählten Schalter. In beiden Fällen wird durch das Fernsteuergerät das Steuerzwischenrelais e und das Parallelschaltgerät c abgeschaltet und die erfolgte Abschaltung durch das Erlöschen der Lampe „Parallelschaltgerät arbeitet" in der Steuerstelle rückgemeldet.

Kommt es betriebsmäßig vor, daß der für die Parallelschaltung vorgesehene Schalter auch bei einseitiger Spannungslosigkeit eingeschaltet werden muß, so sind weitere zusätzliche Maßnahmen zu treffen. Der Zustand der einseitigen Spannungslosigkeit kann durch besondere Spannungskontrollrelais, die von den Spannungswandlern erregt werden, festgestellt werden, wobei natürlich diese Spannungswandler durch Schutzschalter mit Hilfskontakten abgesichert werden müssen. Diese Hilfskontakte müssen verhindern, daß durch die infolge des Ausfalles der Selbstschalter vorgetäuschte Spannungslosigkeit unzulässige Schalthandlungen zustande kommen. Stellen die Spannungskontrollrelais die einseitige Spannungslosigkeit fest, so kann der betreffende Schalter unter Umgehung des Parallelschaltgerätes eingelegt werden.

Wird grundsätzlich vor der Abgabe des Parallelschaltbefehls die Anwahl der Vergleichsmeßwerte bzw. der Spannungsmeldungen durchgeführt, so kann bei Vorliegen einseitiger Spannungslosigkeit in der gesteuerten Stelle die unmittelbare Einschaltung des betreffenden Schalters durch eine zusätzliche Relaiseinrichtung sofort selbsttätig vorgenommen werden; da die Steuerstelle in diesem Falle über das Vorliegen einseitiger Spannungslosigkeit bereits unterrichtet ist. Wird dagegen grundsätzlich ohne vorherige Meßwertanwahl parallelgeschaltet, so wird die Schaltung zweckmäßig so ausgebildet, daß bei Vorliegen einseitiger Spannungslosigkeit zunächst der Steuerstelle mit Hilfe des Fernsteuergerätes eine Meldung gegeben wird, daß die Vorbereitung zum Parallelschalten zwar getroffen wurde, das Parallelschaltgerät jedoch wegen einseitiger Spannungslosigkeit am Schalter nicht einschalten kann.

Auf Grund dieser Meldung kann sich nämlich der Schaltwärter zunächst darüber klar werden, ob es betrieblich richtig ist, bei einseitiger Spannungslosigkeit den betreffenden Schalter überhaupt einzulegen. Will er den betreffenden Einschaltbefehl trotz der Feststellung der einseitigen Spannungslosigkeit aufrecht erhalten, so ist für diesen Fall auf der Bedienungstafel der Steuerstelle ein besonderer Umgehungsschalter vorgesehen. Bei Betätigung desselben wird mit Hilfe des Fernsteuergerätes in der gesteuerten Stelle der bereits angewählte Schalter unter Umgehung des Parallelschaltgerätes unmittelbar von dem Kontakt des Steuerzwischenrelais eingeschaltet.

Ein weiterer betrieblich vorkommender Fall ist der, daß die zu kuppelnden Netzteile bereits synchron sind. Ist in einem Netzpunkt mit dieser Möglichkeit zu rechnen, so ordnet man dort eine besondere Zusatzeinrichtung an, die nach der Einschaltung des Parallelschaltgerätes feststellt, ob innerhalb einer bestimmten Mindestzeit irgendeine Schwebung zwischen den Frequenzen zu beobachten ist. Ist eine solche Schwebung nicht festzustellen, so wird mit Hilfe eines Zeitrelais dann unter Umgehung des Parallelschaltgerätes unmittelbar der Schalter eingelegt.

Hat man die vorgenannten Vorkehrungen getroffen, so kann die Fernparallelschaltung mit Ausnahme der Betriebsfälle durchgeführt werden, in denen tatsächlich die Parallelschaltung aus betrieblichen Gründen, d. h. z. B. zu großer Frequenzabweichung nicht möglich ist. Um auch diese Fälle erfassen zu können, muß durch die Fernbedienungslage dem Schaltwärter nach Möglichkeit ein Überblick über die gerade vorliegenden Parallelschaltbedingungen gegeben werden, damit er auf Grund dieses Überblickes den

Umständen entsprechende Maßnahmen, beispielsweise eine Frequenzregelung, veranlassen kann. Es muß aus diesem Grunde Wert darauf gelegt werden, daß nach Möglichkeit die Vergleichswerte für Frequenz und Spannung in der Steuerstelle angezeigt werden. In vielen Fällen sind dabei die Meßwerte von Frequenz und Spannung der einen Seite bereits vorhanden.

Bei größerer Entfernung der gesteuerten Stelle und einer größeren Zahl für Parallelschaltung in Frage kommender Schalter macht die Übertragung der erforderlichen Vergleichsmeßwerte häufig gewisse Schwierigkeiten. So ist es vor allem technisch schwierig, die Frequenz über größere Entfernungen mit der für den Parallelschaltvorgang erforderlichen Genauigkeit zu übertragen. Die unmittelbare Erregung eines Zungenfrequenzmessers scheitert nämlich bei größeren Entfernungen häufig an dem Widerstand und der Beeinflussung der Übertragungsleitung, während die mit Impulsen arbeitenden Meßverfahren nicht die benötigte Genauigkeit für die Frequenzanzeige gewährleisten.

Weiterhin fällt bei einer größeren Zahl von Schaltern für Parallelschaltung die erforderliche Anzahl von Übertragungsadern ins Gewicht, da für jeden Meßwert ein besonderer Übertragungsweg zur Verfügung gestellt werden muß. Man hilft sich in solchen Fällen dadurch, daß man gemeinsame Übertragungs-Aderpaare zur Verfügung stellt, und zwar für die Vergleichsspannungen und die Vergleichsfrequenzen. Über diese Aderpaare werden nun wahlweise die Vergleichsmeßwerte derjenigen Netzteile durchgegeben, die für den gerade beabsichtigten Parallelschaltvorgang in Frage kommen und zugleich mit der Befehlsgabe schon an das Parallelschaltgerät gelegt wurden.

Stellt die Bedienungsperson auf Grund der übertragenen Meßwerte fest, daß die Parallelschaltbedingungen nicht erfüllt sind, so kann sie entweder durch Regelungen in dem Eigennetz bzw. durch die Veranlassung von Regelungen in dem benachbarten Netz die Parallelschaltbedingungen herbeiführen. Dabei wird für die Dauer der Regelung zweckmäßigerweise sofort das Parallelschaltgerät ferneingeschaltet, damit es bei Durchfahren des Frequenzbereiches die Parallelschaltung der Netzteile veranlaßt.

Wird den vorstehend behandelten Betriebsfällen durch entsprechende Zusatzgeräte Rechnung getragen, so läßt sich die Fernsynchronisierung in durchaus zuverlässiger Weise verwirklichen. Durch eine zweckmäßige Zusammenarbeit von Fernsteuerung und Selbststeuerung ist also ein wichtiges Hilfsmittel geschaffen, um auch diejenigen Netzpunkte fernzubedienen, in denen eine größere Zahl von Parallelschaltvorgängen durchzuführen ist.

VI. DIE FERNMESSUNG IN FERNBEDIENUNGSANLAGEN

1. Die Bedeutung der Fernmessung in Fernbedienungsanlagen

Während Fernsteuergeräte in Fernbedienungsanlagen die Möglichkeit eines schnellen Eingriffes in einer fernbetriebenen Netzstelle schaffen und mit ihren Rückmeldeorganen ein getreues Stellungsbild der Schalter und Warnkontakte der betreffenden Stelle zur zentralen Steuerstelle übertragen, dient die Fernmessung der Überwachung laufend veränderlicher elektrischer Betriebsgrößen, wie Spannung, Strom, Wirkleistung, Blindleistung, Frequenz und der sie mittelbar beeinflussenden Meßgrößen, wie Wasserstand, Wehrstellung, Dampfdruck u. ä. Die Fernmessung bildet daher einen wesentlichen Bestandteil einer jeden Fernbedienungsanlage und es finden sich nur in besonders gelagerten Fällen Fernsteueranlagen, bei denen nicht auch Fernmeßgeräte in irgendeiner Form zur Anwendung kommen.

Die Fernmeßgeräte ermöglichen es, Spannungen und Frequenzen innerhalb eines verzweigten Netzgebildes mit einer Genauigkeit einzuhalten, die von den angeschlossenen Verbrauchern verlangt werden muß. Sie bilden zusammen mit den Geräten der Fernzählung ein wichtiges Hilfsmittel zur Einhaltung bestimmter Lieferungsverträge für elektrische Energie und der Leistungsverrechnung. Über diese mehr privatwirtschaftliche Bedeutung hinaus stellen sie ferner ein wichtiges Hilfsmittel zur volkswirtschaftlich besten Ausschöpfung aller verfügbaren Energiequellen und Energiereserven dar.

Es ist nun im Rahmen dieses Buches über die Fernsteuertechnik nicht möglich, einen ausführlichen Überblick über das gesamte Fernmeßgebiet zu geben. Um aber der engen Verflechtung der Fernsteuer- und Fernmeßtechnik in Fernbedienungsanlagen wenigstens in bescheidenem Maße Rechnung zu tragen, soll nachfolgend eine kurze Zusammenstellung derjenigen Fernmeßverfahren gegeben werden, die besonders für Fernbedienungsanlagen Bedeutung haben.

2. Die unmittelbare Übertragung von Fernmeßwerten

Die einfachste Art der Fernübertragung von Meßwerten kann dann angewendet werden, wenn die Entfernung zwischen dem Meßsender und der Überwachungsstelle nur wenige Kilometer beträgt. In diesen Fällen können meist Meßverfahren zur Anwendung gebracht werden, die der rein örtlichen Messung ähnlich sind und eine unmittelbare Meßwertübertragung ohne jedes Zwischenglied gestatten. Maßgebend für die Anwendungsmöglichkeit dieser Verfahren ist die Beschaffenheit der für die Meßwertübertragung benutzten Leitung, wobei besonders der Querschnitt, die Länge, die zulässige Betriebsspannung und die etwa vorliegende Hochspannungsbeeinflussung derselben von Bedeutung sind.

Spannungsmeßwerte können bei Entfernungen von wenigen Kilometern ohne weiteres unmittelbar übertragen werden; es ist nur zu prüfen, ob die zulässige Betriebsspannung des Verbindungskabels nicht überschritten wird. Wegen des verhältnismäßig hohen inneren Widerstandes der Spannungsmesser haben durch Temperaturschwankungen bedingte Widerstandsänderungen der Fernleitungen keinen Einfluß auf die Meßgenauigkeit.

Die unmittelbare Übertragung von Strom- und Leistungswerten ist dagegen schon bei weit kleineren Entfernungen an besondere zusätzliche Maßnahmen gebunden. Bei Gleichströmen sind wegen des Leitungswiderstandes Nebenwiderstände mit höherem Spannungsabfall vorzusehen, und zwar 300 bis 500 mV gegenüber 60 bis 100 mV bei der reinen Ortsmessung. Bei der Fernmessung von Wechselströmen müssen schon bei kleineren Entfernungen entweder die Stromwandler selbst für eine Sekundärstromstärke von 1 Amp. ausgelegt werden oder der übliche Hauptwandler mit 5 Amp. sekundär muß über einen Zwischenwandler von 5 A/1 A mit der Übertragungsleitung verbunden werden. Wird die Übertragungsleitung unmittelbar an den Hauptwandler angeschlossen, so sind zusätzlich noch besondere Vorkehrungen gegen das Auftreten von Überspannungen bei Auftrennen des Stromwandler-Sekun-

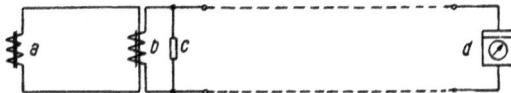

Bild 73: Unmittelbare Stromfernmessung

a Haupt-Meßwandler 5 A   b Zwischenwandler 5 : 1 A
c Schutzwiderstand   d Meßwertanzeiger

därkreises, z. B. durch Leitungsbruch, zu treffen. So ist der Zwischenwandler entweder als Streuwandler auszubilden oder parallel zu seiner Sekundärwicklung ein Schutzwiderstand zu legen (Bild 73).

Häufig formt man auch bei der unmittelbaren Fernmessung von Wechselspannungen oder Wechselströmen den Meß-Wechselstrom mit Hilfe eines besonderen Gleichrichters in der Sende- oder Empfangsstelle in Gleichstrom um und wertet ihn in der Empfangsstelle durch ein Drehpulsgerät aus (Bild 74). Erfolgt die Umformung in der Sendestelle, so darf die Übertragungsleitung

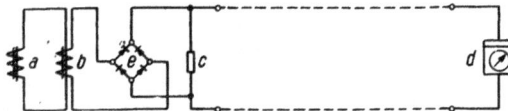

Bild 74: Gleichrichterfernmessung

a Haupt-Meßwandler 5 A   b Zwischenwandler 5 : 1 A
c Schutzwiderstand   d Meßwertanzeiger
e Meßgleichrichter

nicht hochspannungsbeeinflußt sein. Überhaupt gilt für alle Meßverfahren, bei denen Gleichstrom über die Übertragungsleitung gegeben wird, die Einschränkung, daß sie in der Regel nur bei nicht hochspannungsbeeinflußten Leitungen angewendet werden können. Sonst ist nämlich die beeinflußte Leitung durch Schutzübertrager abzuriegeln und ein mit Wechselstrom arbeitendes Meßverfahren anzuwenden.

Alle vorgenannten Fernmeßverfahren mit unmittelbarer Übertragung der Meßgrößen haben den Nachteil, daß bei Widerstandsänderungen der Übertragungsleitungen infolge Temperaturschwankungen die Meßgenauigkeit beeinflußt werden kann. Bei kurzen Entfernungen und Verwendung eines in seiner Temperatur nur wenig veränderten Erdkabels jedoch können diese Temperaturfehler meist vernachlässigt werden.

3. Stetige Fernmeßverfahren

Ist eine unmittelbare Meßwertübertragung nicht möglich oder nicht genau genug, so muß man zu Fernmeßverfahren übergehen, bei denen der Meßwert in eine für die Übertragung bequemere Hilfsgröße umgewandelt wird. Bei der ersten Gruppe dieser Verfahren, den stetigen Fernmeßverfahren, ist diese Hilfsgröße meist ein Gleichstrom bestimmter Intensität, der sich entsprechend der zugehörigen Meßgröße ändert. Bei der zweiten Gruppe, den Stromstoß- oder Impulsmeßverfahren, die besonders für Übertragung auf weitere Strecken in Frage kommen, wird der Meßwert in der Sendestelle durch einen Geber in bestimmte Impulsreihen umgewandelt. Diese Impulse werden über die

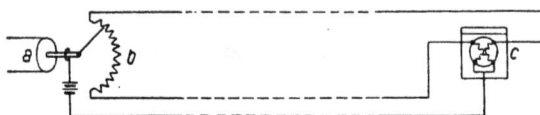

Bild 75: Widerstandsfernmessung zur Anzeige nicht elektrischer Größen
a Meßwertgeber   b Regelbarer Widerstand   c Kreuzspulanzeigegerät

Leitung auf einen Empfänger gegeben, der die ankommenden Impulse wieder in eine zur Anzeige geeignete Meßgröße umformt. Schließlich kann in Abhängigkeit von der Meßgröße auch noch die übertragene Frequenz verändert werden.

Zu den stetig arbeitenden Fernmeßverfahren rechnet zunächst das bereits vorher erwähnte Gleichrichter-Fernmeßverfahren, bei dem die Meßgröße rein elektrisch umgeformt wird. Bei den weiteren Verfahren sind zur Umformung der Meßgröße meist besondere Zwischenglieder vorgesehen. So wird z. B. bei den Widerstands- und Spannungsteilerverfahren durch Schleifbürsten oder Ringrohrgeber ein im eigentlichen Fernmeßstromkreis liegender Widerstand oder Spannungsteiler verhältnisgleich der Meßgröße geändert (Bild 75).

Bei einem anderen Fernmeßverfahren, dem Drehzahlgeber- oder Generatorverfahren wird von der Meßgröße ein Zähler angetrieben, auf dessen Achse ein kleiner Gleichstromerzeuger angebracht ist, der abhängig von der Drehgeschwindigkeit jeweils einen der Meßgröße entsprechenden Gleichstrom auf die Fernleitung gibt.

Die vorgenannten Meßverfahren sind nur für kürzere Entfernungen bzw. kleine Leitungswiderstände am Platze, da sonst wie bei den unmittelbar arbeitenden Meßverfahren die Meßgenauigkeit der gesamten Meßanordnung zu klein wird. Sie haben daher für die Fernbedienungstechnik keine praktische Bedeutung gewonnen.

Will man die Widerstandsänderungen auf der Leitung ausgleichen oder größere Entfernungen überbrücken, so muß man zu der Anwendung von Ausgleichsverfahren übergehen. Bei diesen Ausgleichsverfahren wird in einem besonderen Kompensator die Wirkung der eigentlichen Meßgröße durch die Gegenwirkung einer Hilfsgröße ausgeglichen, die selbsttätig und unabhängig von den Widerstandsänderungen der Leitung der jeweiligen Größe des Meßwertes entsprechend stetig eingeregelt wird.

Bei den *Kompensationsverfahren* können Meßwertgeber und Kompensator entweder in der Sendestelle konstruktiv vereinigt sein, wie bei dem in Bild 76 gezeigten Beispiel, oder auch in Sende- und Empfangsstelle getrennt angeordnet werden. Für die Durchführung des Ausgleiches selbst sind die verschiedensten Anordnungen bekannt, die hier nicht im einzelnen aufgeführt werden können. Es seien daher nur kurz zwei der bekanntesten Ausführungen beschrieben.

Bei dem in Bild 76 wiedergegebenen Kompensationsverfahren wird von der fernzumessenden Meßgröße durch das Meßwerk *a* ein Drehmoment erzeugt, das durch die Kuppelfeder *d* auf die Achse der Kompensationsanordnung *b* übertragen wird. Diesem primären Drehmoment wirkt nun ein zweites Drehmoment entgegen, das von dem durch die Übertragungsleitung, das Anzeigeinstrument *g* und die Ankerwicklung des Kompensationssystems geleiteten Fernmeßgleichstrom im Felde des Magneten *c* erzeugt wird. Beim Zuschalten der Hilfsspannung *h* steigt dieser Fernmeßstrom wegen der Induktivität der Drosselspule *f* verzögert an. In dem Augenblick, wo der Meßstrom soweit angestiegen ist, daß das von ihm im Kompensationssystem erzeugte Drehmoment größer wird als das primäre, von der Meßgröße beeinflußte Drehmoment, öffnet der Kontakt *b′* kurzzeitig und unterbricht die Fernmeßschleife.

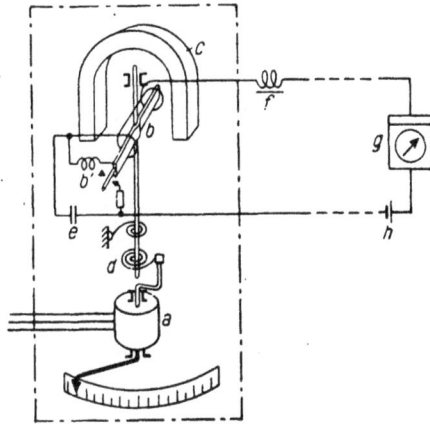

Bild 76: Kompensationsverfahren zum Ausgleich des Leitungswiderstandes

a Meßwerk des Gebergerätes
b Kompensationsanordnung mit Kontakt *b′*
c Magnet *d* Kuppelfeder *e* Kondensator
f Drosselspule *g* Anzeigegerät
h Hilfsspannung

Dadurch erfolgt nun über den Kondensator *e* ein Abklingen des Fernmeßstromes und auch das sekundäre Drehmoment wird gleich Null, so daß der Kontakt *b′* sofort wieder zum Schließen kommt und ein erneuter Anstieg des Fernmeßstromes möglich ist. In dieser Weise tritt durch das Pendeln des Kontaktes *b′* ein dauerndes Über- und Untersteuern des Mittelwertes des Fernmeßstromes ein, wodurch die Anzeige der jeweiligen Größe des Fernmeßwertes im Anzeigeinstrument *g* zustande gebracht wird.

Das Verfahren ist praktisch unabhängig von Schwankungen der Spannung der Hilfsstromquelle und den Widerstandsänderungen auf der Übertragungsleitung, da diese Schwankungen durch den Kompensator ausgeglichen werden. Es gewährleistet außerdem einen schnellen Angleich des Meßstromes an den geänderten Wert der Meßgröße.

Ähnliche Vorteile bietet das in Bild 77 wiedergegebene Meßwertumformer-Verfahren. Bei diesem Verfahren erzeugt das Meßgerät *a* ein der Meßgröße verhältnisgleiches Drehmoment. Dieses Meßgerät ist durch die Achse *b* fest mit dem Drehspulgerät *c* gekuppelt. Der an der Achse *b* angebrachte Zeiger *d* verändert nun mit seinem Abschirmblech möglichst rückwirkungsfrei die Spannung eines Gleichstromerzeugers e, wodurch der im Fernmeßstromkreis und im Anzeigeinstrument *g* fließende Strom entsprechend kleiner oder größer wird.

Die eigentliche Meßwertkompensation findet dadurch statt, daß mit Hilfe des Nebenwiderstandes *f* ein Teil des Fernmeßstromes auch über das Rähmchen des Drehspulgerätes *c* geleitet wird und dort ein dem primären Drehmoment entgegenwirkendes Drehmoment erzeugt. Auf diese Weise wird der Generator *e* stets so gesteuert, daß sich das von der Meßgröße unmittelbar beeinflußte primäre Drehmoment und das vom Fernmeß-Strom erzeugte Drehmoment die Wage hält. Infolgedessen ändert sich auch der durch das Anzeigeinstrument fließende Meßstrom proportional der Meßgröße.

Voraussetzung für ein genaues Arbeiten des Gerätes ist, daß außer den vom Meßgerät *a* und vom Kompensationsgerät *c* ausgeübten Drehmomenten keine fremden Richtkräfte auf das Vergleichsglied einwirken. Zu diesem Zweck wählt man das Drehmoment des Meßgerätes *a* groß gegenüber dem von den Stromzuführungen her zu erwartenden Drehmoment und der auftretenden Lagerreibung. Aus dem gleichen Grunde nimmt man auch die Regelung des Gleichstromgenerators *e* durch magnetische Rückkopplung vor, die eine als Hochfrequenzgenerator geschaltete Elektronenröhre *h* zum Schwingen bringt. Die von einer in dieser Weise geschalteten Röhre erzeugte Hochfrequenz ist von dem Rückkopplungsgrad abhängig. Wird daher durch das Drehen des Zeigers *d* die Lage des an dessen Ende befestigten Abschirmbleches geändert, so erfolgt dadurch gleichzeitig die Änderung des Rückkopplungsgrades und damit auch der HF-Amplitude des Generators *e*. Die erzeugte Wechselspannung wird vor ihrer Auswertung in den Meßstromkreisen gleichgerichtet. In dieser Weise erhält man eine praktisch rückwirkungsfreie Regelung des Gleichstromgenerators.

Die große Einstellgeschwindigkeit des Meßwertumformers (Bild 78) und seine stetige und kontaktlose Arbeitsweise macht das Gerät

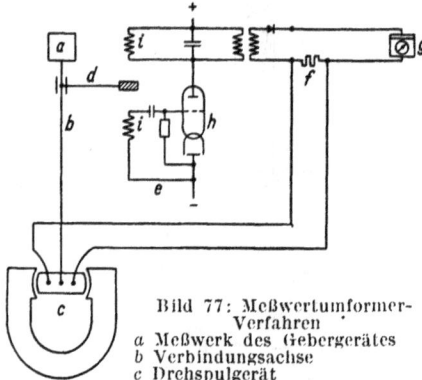

Bild 77: Meßwertumformer-Verfahren
a Meßwerk des Gebergerätes
b Verbindungsachse
c Drehspulgerät
d Zeiger mit Abschirmblech
e Widerstandsanordnung in Brückenschaltung
f Nebenwiderstand für Eichzwecke
g Meßwertanzeigegerät   h Elektronenröhre
i Rückkopplungsspulen

Bild 78: Meßwertumformer

auch für Leistungs- oder Frequenzregelung im Rahmen von Lastverteiler- und Fernbedienungsanlagen geeignet.

4. Die Impulsverfahren

Während die Anwendung der vorbeschriebenen Kompensationsverfahren wegen der Verwendung von Gleichstrom auf unbeeinflußte Übertragungsleitungen beschränkt ist, können die sogenannten Impulsverfahren in der Regel auch für beliebige Übertragungswege eingesetzt werden und haben daher gerade für Fernbedienungsanlagen größte Bedeutung. Bei diesen

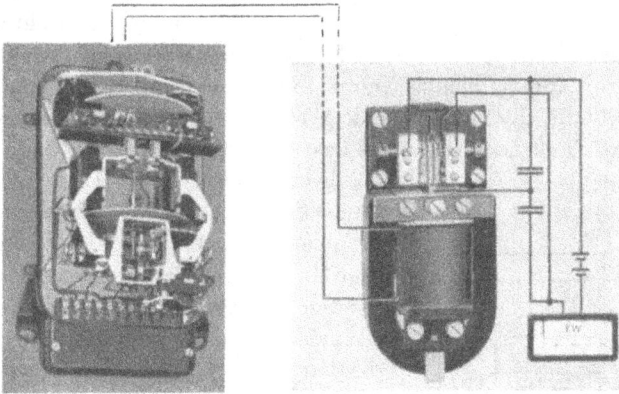

Bild 79: Meßwertsender mit Impulskollektor

Impulsverfahren wird die Meßgröße in Impulse umgewandelt, deren Dauer oder zeitliche Aufeinanderfolge entsprechend der jeweiligen Größe des Meßwertes geändert wird. Diese Fernmeßimpulse können nun ähnlich wie die Impulsreihen der Fernsteuerwählergeräte auf beliebigen Übertragungskanälen und über große Entfernungen übermittelt werden und ermöglichen auch im Grenzfall die Übertragung von Fernsteuer- und Fernmeßimpulsen auf dem gleichen Übertragungsweg.

Die Arbeitsweise solcher Impuls-Fernmeßverfahren ist folgende: Als Meßwertsender wird ein Zähler ähnlich Bild 79 verwendet, dessen Drehzahl in unmittelbarer Abhängigkeit von der Meßgröße verändert wird. Ein auf der Zählerachse angebrachter Impulskollektor gibt nun je nach der jeweiligen Größe des Meßwertes mehr oder weniger Impulse in der Zeiteinheit zur Überwachungsstelle. Statt der unmittelbaren Impulsgabe durch einen Impulskollektor, die bei Verschmutzung oder Abnutzung desselben in der Praxis zu gewissen Beanstandungen geführt hat, kann man mittels einer außen gezähnten Scheibe die Meßimpulse auch auf induktivem Wege erzeugen, wodurch die vorgenannte Störanfälligkeit vermieden wird. Die Häufigkeit dieser Impulse, die je nach dem zur Auswertung der Impulse benutzten Verfahren beim Nennwert bis zu 12 Impulsen pro Sekunde beträgt, ist also ein Maß für die Größe des Meßwertes.

Die Auswertung der in der Überwachungsstelle vom Impulskollektor des Meßwertsenders her einlaufenden Meßwertimpulse kann in verschiedener Weise erfolgen. Bei der sogenannten Impulsfrequenzfernmessung nach der

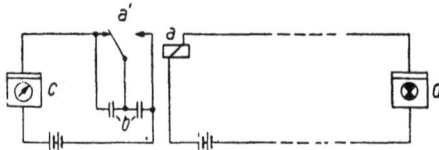

Bild 80: Impulsfrequenz-Fernmeßverfahren
a Impulsempfangsrelais *b* Meßkondensatoren
c Anzeigegerät *d* Impulskollektor des Senders

Kondensatormethode (Bild 80) werden die in der Überwachungsstelle ankommenden Impulse dazu benutzt, das Empfangsrelais *a* impulsweise zu betätigen, dessen Kontakt *a'* bei seinem Ansprechen jedesmal eine Gruppe von Kondensatoren *b* über ein anzeigendes oder schreibendes Meßgerät *c* auflädt, das dadurch die Größe des betreffenden Meßwertes zur Anzeige bringt. Durch eine Dämpfung des Meßsystems wird erreicht, daß die durch die Impulsgabe bedingten Schwankungen des im Anzeigegerät fließenden Stromes ausgeglichen werden, so daß eine ruhige Meßwertanzeige erzielt wird.

Bei der in Bild 81 wiedergegebenen Impulsfrequenzfernmessung mit Impulskompensator werden die in der Empfangsstelle einlaufenden Impulse durch den Kontakt *a'* des Impuls-Empfangsrelais abwechselnd auf die beiden Magnetspulen *b* des Impulskompensators *i* geleitet. Dessen Antriebsachse *c* erhält durch eine der jeweiligen Impulsdichte und der Umlaufgeschwindigkeit des Sendezählers entsprechende Drehzahl. Durch den Umlauf dieser Achse wird an der Widerstandsrolle *g* eine Verschiebung der Schleifbürste *e* auf dem Widerstandskollektor *f* zustande gebracht, wodurch der in dem Amperestundenzähler *k* fließende Strom geändert wird. Diese Stromänderung bewirkt nun eine Drehbewegung des Zählers *k* in dem Sinne, daß die von ihm bewegte Widerstandsrolle *g* der Schleifbürste *e* nachläuft. Dadurch wird erreicht, daß der Zähler *k* immer die gleiche Umlaufgeschwindigkeit wie die Drehmagnetachse *c* annimmt.

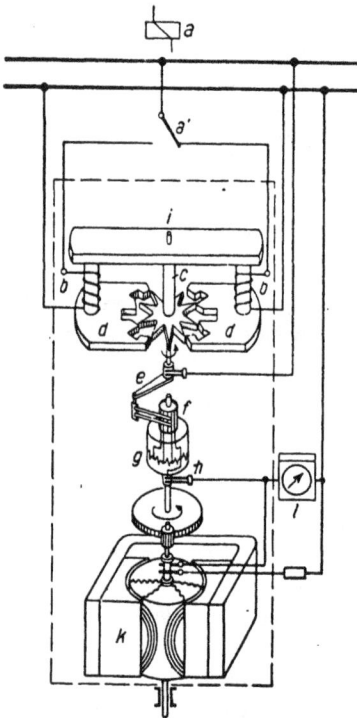

Bild 81: Impuls-Kompensationsverfahren
a Impulsempfangsrelais *b* Magnetspule *c* Antriebsachse
d Polschuhe *e* Schleifbürste
f Widerstandskollektor *g* Widerstandsrolle *h* Abnehmerbürsten
i Impulskompensator *k* Amperestundenzähler *l* Meßwertanzeigegerät

Der vom Zähler *k* aufgenommene Strom bzw. der hier auftretende Spannungsabfall, der sich verhältnisgleich der Drehzahl des Meßwertsenders bzw. der Größe des Meßwertes ändert, wird von dem Anzeigeinstrument *l* ausgewertet, das die jeweilige Größe des Meßwertes wiedergibt.

Die bei diesem Verfahren vorgesehene Impulsdichte schwankt zwischen 0
und 2,5 Impulsen pro Sekunde, während bei dem früher erwähnten
Impulsfrequenzverfahren die Impulsdichte zwischen 0 und 12 Impulsen pro
Sekunde geändert wird.

Außer der leichten Anpassung an die verschiedensten Übertragungsbe-
dingungen liegt ein weiterer Vorteil der mit Impulsen arbeitenden Fernmeßverfahren für Fernbedienungs- und besonders Lastverteileranlagen darin, daß
diese Verfahren in einfacher Weise eine Summen- und Differenzbildung
ermöglichen. In Bild 82 ist ein Teil der Impulsfrequenz-Fernmeßanlage eines
kleineren Lastverteilers wiedergegeben, der der Summierung der von den
einzelnen Erzeugerpunkten B und C bzw. den Übergabestellen D und E zur

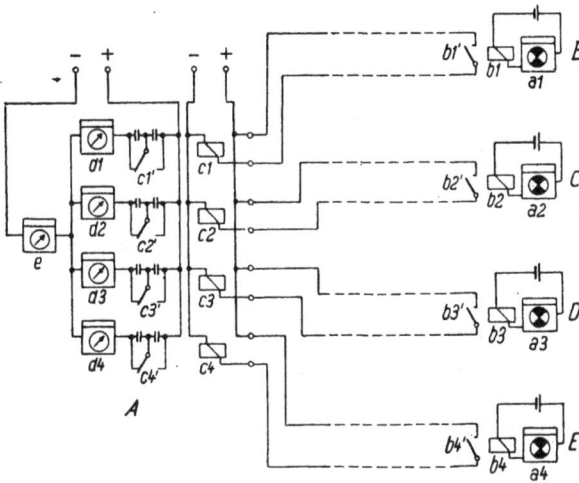

Bild 82: Leistungs-Summierung in einer Lastverteileranlage
A Lastverteilerstelle B, C Erzeugerpunkte D, E Übergabestellen
$c\,1$—$c\,4$ Meßwert-Empfangsrelais $a\,1$—$a\,4$ Meßwertsendekollektoren
$d\,1$—$d\,4$ Einzel-Anzeigegeräte $b\,1$—$b\,4$ Impuls-Senderelais
e Summen-Anzeigegerät

Verfügung gestellten Leistung dient. Die Meßwertsendekollektoren $a\,1$ bis $a\,4$
geben mit Hilfe der Senderelais $b\,1$ bis $b\,4$ von den Erzeugerpunkten bzw. den
Übergabestellen her über die Zubringerleitungen Impulse, die die Empfangsrelais $c\,1$ bis $c\,4$, entsprechend zum Ansprechen bringen. Die Kontakte $c\,1'$ bis
$c\,4'$ dieser Empfangsrelais senden nun mittels der beim Impulsfernmeßverfahren
erwähnten Meßwertkondensatoren Ladeströme auf die Anzeigegeräte $d\,1$ bis $d\,4$,
durch die die jeweilige Leistung des einzelnen Erzeugerpunktes bzw. der
Übergabestelle angezeigt wird. Die Summe der durch die Einzelanzeige-
geräte gehenden Meßströme wird dem Summenmeßgerät e zugeführt, das
infolgedessen die Gesamtleistung anzeigt, die in den Netzpunkten B und C
erzeugt bzw. an den Übergabepunkten D und E ins Netz eingeführt wird.

Kommt an einer der Übergabepunkte statt der Leistungsaufnahme eine
Leistungsabgabe in Frage, so muß zur Feststellung der im eigenen Netz ver-

8*

fügbaren Leistung statt der reinen Summenbildung eine Summen- und Differenzbildung erfolgen. Diese Differenzbildung kann bei den Impulsfernmeßverfahren in einfacher Weise dadurch vorgenommen werden, daß der Meßstrom des Einzelleistungsmessers für die betreffende Stelle umgepolt und entgegen der Richtung der übrigen Meßströme dem Summenanzeiger zugeführt
wird.

Zu bemerken bleibt schließlich, daß die Fernmeßimpulsverfahren auch zur
Übertragung von Strom- und Leistungswerten wechselnder Energierichtung
geeignet sind. Dabei wird die Anzeige wechselnder Energierichtung z. B. durch
einen besonderen Vortrieb für die Leistung *0* zustande gebracht. Durch einen
besonderen Zusatzantrieb wird nämlich in diesem Falle dem Sendezähler bei
der Leistung *0* eine mittlere Geschwindigkeit gegeben. Positive Leistung
erhöht nun diese mittlere Geschwindigkeit und negative Leistung erniedrigt

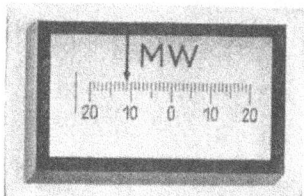

sie. Entsprechend schlägt das Meßwertanzeigegerät für wechselnde Energierichtung (Bild 83)
nach rechts oder nach links vom Skalennull-
punkt aus.

Bild 83: Meßwertanzeigegerät für
wechselnde Energierichtung

5. Die Meßwertanwahl

Bei der Projektierung von Fernbedienungs-
oder Fernmeßanlagen stellt man zweckmäßig
Überlegungen darüber an, welche Fernmeßwerte
aus betrieblichen Gründen dauernd angezeigt oder registriert werden müssen und
welche weiteren Meßwerte nur zu bestimmten Zeiten für die zentrale Überwachungsstelle von Interesse sind. Für die dauernd zu übertragenden Meßwerte müssen nämlich auf jeden Fall getrennte Übertragungsadern oder Übertragungskanäle vorgesehen werden, was bei größeren Anlagen einen erheblichen.
Mehraufwand an freien Kabeladern oder Übertragungskanälen bedeutet.
Solange es sich im Einzelfall um kürzere Entfernungen handelt und die erforderlichen Fernmeßadern verfügbar sind, braucht man normalerweise die
Zahl der dauernd übertragenen Meßwerte nicht zu sehr zu beschränken.
Handelt es sich dagegen um größere Entfernungen, so fallen die für den
einzelnen Dauermeßwert benötigten zusätzlichen Kabeladern oder Frequenzkanäle kostenmäßig und rohstofftechnisch so ins Gewicht, daß man den Kreis
der Dauermeßwerte möglichst eng ziehen muß.

Man braucht deshalb noch nicht auf die Übertragung der übrigen Meßwerte
verzichten, sondern faßt sie zu einer *Wahlfernmeßanlage* zusammen. Für alle
in die Wahlfernmessung einbezogenen Meßwerte kommt man dann nämlich
mit gemeinsamen Übertragungsadern aus, über die je nach Bedarf der gerade
interessierende Meßwert durchgegeben wird. Die Anwahl des gewünschten
Meßwertes erfolgt auf der Fernbedienungstafel der Überwachungsstelle mit
Hilfe besonderer Meßwertwahltasten oder eines Meßstellenumschalters mit
einer entsprechenden Zahl von Auswahlstellungen. Bei einer Fernbedienungsanlage mit Eindrahtsteuerung wird durch jede dieser Meßwertanwahltasten
über je eine Einzelleitung in der Meßwertsendestelle ein Anwahlrelais erregt,

das die Durchgabe des gewünschten Meßwertes über die gemeinsame Übertragungsleitung veranlaßt.

Bei Fernbedienungsanlagen mit Wählerfernsteuerung bzw. größeren Entfernungen zwischen Sende- und Empfangsstelle wird die Wahlfernmessung so
durchgeführt (Bild 84), daß nach Betätigung einer Meßwertanwahltaste g 1,
g 2 oder g 3 das Fernsteuerwählergerät wie bei einer sonstigen Befehlsübertragung zum Anlauf kommt und in der gesteuerten Stelle das Meßwertanwahl-
relais c 1, c 2 oder c 3 für den gewünschten Meßwert einschaltet. Der Kontakt

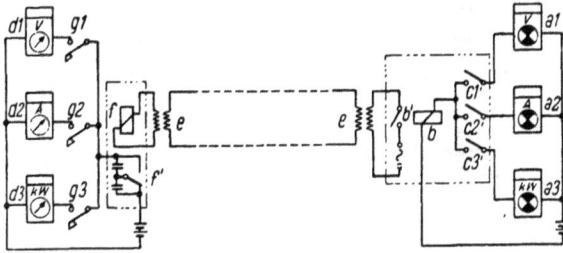

Bild 84: Wahlfernmessung mit Wählergeräten

d 1—d 3 Meßwertanzeigegerät
e Schutzübertrager
f Meßwertempfangseinrichtung
g 1—g 3 Meßwertanwahltasten

a 1—a 3 Meßwertsendekollektoren
b Meßwert-Senderelais
c 1'—c 3' Kontakte der Meßwert-
anwahlrelais des Wählergerätes

c 1', c 2' oder c 3' des angewählten Relais schaltet nun den Meßwertkollektor a
des in Frage kommenden Meßwertes auf das gemeinsame Meßwert-Senderelais b
durch, das die Impulse des Kollektors über die Übertragungsleitung auf die
gemeinsame Meßwertempfangseinrichtung f durchgibt, deren Kontakt f'
mittels Kondensatorentladung über die betätigte Anwahltaste g das zugehörige Anzeigegerät d 1, d 2 oder d 3 beeinflußt. Die Meßwertübertragung
bleibt solange bestehen, bis nach Rücknahme der Anwahltaste eine zweite
Anwahltaste betätigt wird, die für einen anderen Meßwert in Frage kommt.
In diesem Falle überträgt die Wählerapparatur das Umschaltkommando und
veranlaßt die Durchgabe des neuerdings gewünschten Meßwertes. Durch eine
besondere Meßwertschlußtaste kann auch die gänzliche Abstellung der Meßwertübertragung erreicht werden.

Handelt es sich bei den in die Wahlfernmessung einbezogenen Meßwerten
um solche gleicher Art, bzw. gleichen Bereiches, so kann die Anzeige des
übertragenen Meßwertes auch auf einem gemeinsamen Anzeigegerät erfolgen.
Der auf der Übertragungsleitung ankommende Meßwert wird dann in Abhängigkeit von der betätigten Anwahltaste auf je ein gemeinsames Anzeigegerät für Strom, Spannung und Leistung durchgegeben. Hierdurch kann die
Zahl der insgesamt erforderlichen Meßwertanzeigegeräte auf eine Mindestmaß
herabgesetzt werden. Die Kennzeichnung, welcher Meßwert im Augenblick
gerade übertragen wird, erfolgt dabei entweder durch die in der Arbeitsstellung liegenbleibende Meßwertanwahltaste oder durch besondere von den
Meßwertanwahltasten bzw. Rückmelderelais gesteuerte Anwahllampen, die

dem einzelnen Meßwert zugeordnet sind und solange brennen, wie der zugehörige Meßwert durchgegeben wird.

Bei dem mit Impulsen arbeitenden Meßverfahren, hat die Einführung der
Wahlfernmessung weiterhin den Vorteil, daß außer den Anzeigeinstrumenten
auch die Meßwertsende- und Empfangseinrichtungen am Ende der gemeinsamen Übertragungsleitung nur einmal für alle über diese Leitung übertragenen
Meßwerte vorgesehen zu werden brauchen, was bei einer umfangreichen Anlage
aufwandsmäßig wesentlich ins Gewicht fällt. Bei der wahlweisen Übertragung
von Spannungswerten kann man eine weitere Vereinfachung dadurch erreichen,
daß man auch den eigentlichen Meßwertgeber in der überwachten Stelle, der
sonst für jeden Meßwert für die Umformung der Meßgröße in Impulse getrennt
erforderlich ist, für alle Spannungswerte gemeinsam vorsieht und mit Hilfe

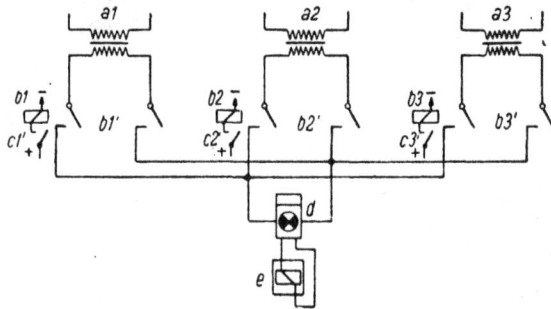

Bild 85: Anwahl von Spannungsfernmeßwerten
a 1—a 3 Spannungswandler   b 1—b 3 Anwahl-Zwischenrelais
c 1'—b 3' Kontakte der Anwahlrelais im Wählergerät
d Meßwert-Impulsgeber   e Meßwertsenderelais

besonderer Anwahlzwischenrelais wahlweise auf die einzelnen Spannungswandler umschaltet (Bild 85). Bei der Durchgabe von Strom- und Leistungswerten mittels Wahlfernmessung macht man von dieser Einsparung von
Meßwertgebern weniger Gebrauch, da das Zu- und Abschalten der Sekundär-
seiten der Stromwandler unterbrechungslos erfolgen muß und daher besondere Vorkehrungen an den Relaiskontakten und in der Schaltung erfordert.

Durch die Wahlfernmessung in der vorgeschilderten Form werden bei jeder
Meßwertanwahl vorübergehend die Wählergeräte belegt. Will man bei größeren
Fernbedienungsanlagen diese kurzzeitige Belegung der Wählergeräte vermeiden, so kann man die Meßwertanwahl auch über ein getrenntes Fernmeß-
wählergerät und eine besondere Steuerleitung in einer von der eigentlichen
Fernsteuerung unabhängigen Weise durchführen. Handelt es sich dabei um
einen verhältnismäßig ruhigen Betrieb, so ist auch eine wahlweise Meßwertübertragung nach dem zyklischen Übertragungsverfahren möglich.

Eine solche zyklische Meßwertübertragung arbeitet so, daß unabhängig von
dem Fernsteuerwählergerät in der Überwachungsstelle und in der überwachten
Stelle ein besonderer Meßwertwähler vorgesehen ist, der durch Impulse von
der Steuerstelle her in bestimmten Zeitabständen synchron fortbewegt wird

und auf der gerade eingenommenen Stellung jeweils einen bestimmten Meßwert überträgt. Für jeden Meßwert wird in diesem Falle ein besonderes Anzeigeinstrument vorgesehen, das mittels eines Fallbügels den jeweils eingestellten
Meßwert für die weitere Dauer des Zyklus mechanisch festhält. Sowie die beiden
Wähler auf den dem betreffenden Meßwert zugeordneten Schritt kommen,
wird vorübergehend der Fallbügel freigegeben und das Instrument auf den
gerade in Frage kommenden Meßwert eingestellt. Bevor die beiden Wähler
auf den nächsten Schritt gehen, erfolgt die Festlegung des Meßwertes durch
den Fallbügel, so daß der eingestellte Meßwert bis zu seiner Neueinstellung
nach einer Wählerumdrehung unverändert angezeigt wird.

Durch besondere Kontrollmaßnahmen ist dafür Sorge getragen, daß nach
Beendigung eines Wählerumlaufes die beiden Meßwertwähler stets zwangsläufig wieder synchronisiert werden, so daß bei einem etwaigen Außertrittfall
der Wähler bei jedem Nulldurchgang sofort wieder eine Synchronisierung erfolgt.

Die zyklische Übertragung in der geschilderten Form ist nur für die Fälle
zweckmäßig, bei denen man eine verhältnismäßig gleichbleibende Belastung
der einzelnen Abzweige hat. Irgendwelche Belastungsspitzen, die betriebsmäßig auftreten und von Interesse sind, können bei diesem Verfahren nur in
beschränktem Maße ausgewertet werden. Um für den einen oder den anderen
Meßwert auch bei der zyklischen Übertragung die Möglichkeit einer laufenden
Ablesung zu geben, kann die zyklische Übertragung für diese Werte durch
eine normale Meßwertanwahl in der Weise ergänzt werden, daß auf der Befehlstafel Meßwertanwahltasten vorgesehen werden, bei deren Betätigung der
Zyklus unterbrochen wird und die Übertragung des der betreffenden Anwahltaste entsprechenden Meßwertes solange erfolgt, bis diese Meßwerttaste wieder
zurückgenommen wird. Man kann also auch bei der zyklischen Übertragung
je nach Wunsch einen bestimmten Meßwert zur dauernden Beobachtung herausgreifen.

6. Die Streckenprüfung im Bahnbetrieb

Eine in Verkehrsbetrieben häufig vorkommende Fernbedienungsaufgabe ist
die Vornahme der Prüfung der Störfreiheit einer Strecke, bevor sie durch Betätigung des Streckenschalters unter Spannung gesetzt wird. Für die Durchführung dieser Streckenprüfung sind besondere Prüfschalter vorgesehen, die
durch die Fernsteuergeräte fernzusteuern sind.

Bei Betätigung dieser Schalter wird auf meßtechnischer Grundlage die Störfreiheit der betreffenden Strecke ermittelt, wobei über einen Prüfwiderstand
der auftretende Erdschlußstrom gemessen wird. Dieser Meßwert wird für die
Dauer der Betätigung des Prüfschalters zur Steuerstelle übertragen und dort
kann an der Höhe des Prüfstromes die Güte der Störfreiheit der betreffenden
Strecke festgestellt werden. Die besondere Eigenart bei der Betätigung des
Prüfschalters besteht darin, daß dieser Schalter entweder durch eine Selbststeuerung wiederholt ein- und ausgeschaltet wird oder auch durch einen besonderen Prüfwähler im Fernsteuergerät zu diesen wiederholten Schaltvorgängen angereizt werden muß.

Um diesen Prüf- bzw. Einschaltvorgang einzuleiten, schaltet das Fernsteuergerät zunächst auf Betätigung einer Prüftaste hin den Prüfschalter in der
gesteuerten Stelle ein und veranlaßt anschließend die Durchgabe des Meßwertes für den Prüfstrom der betreffenden Strecke zur Steuerstelle. Ist die
betreffende Strecke störungsfrei, so erfolgt durch örtliche Selbststeuerung die
Einschaltung des Streckenschalters und das Fernsteuergerät gibt die Meldung
über die erfolgte Einschaltung zur Steuerstelle.

Falls trotz wiederholter Prüfung z. B. wegen Vorliegen eines Erdschlusses
der Streckenschalter nicht eingeschaltet werden kann, muß die selbsttätige
Wiedereinschaltvorrichtung gesperrt und zur Steuerstelle eine Sperr-Meldung
übertragen werden, die besagt, daß die weitere Wiederholung der Einschalt-
versuche unterbunden ist. Aus der Größe des zuvor angezeigten Meßwertes
kann der Schaltwärter in der Steuerstelle Rückschlüsse auf den Umfang
des vorhandenen Erdschlusses ziehen und Maßnahmen zur Behebung der
Störung treffen.

Da die Schalter in Speiseleitungen für das Fahrleitungsnetz elektrisch
betriebener Bahnstrecken erfahrungsgemäß wegen Überlast häufig auslösen,
wird der Schaltwärter in der Steuerstelle durch die daraufhin erforderlich
werdenden Prüf- und Schaltvorgänge wiederholt in Anspruch genommen.
Um die zentrale Befehlsstelle hiervon zu entlasten, kann man, soweit es die
örtlichen Betriebsverhältnisse irgendwie gestatten, die Wiedereinschaltung des
ausgefallenen Streckenschalters auch selbsttätig durch die Wiedereinschaltvorrichtung vornehmen lassen und gibt nur eine entsprechende Ausfall- bzw.
Wiedereinschaltmeldung zur Steuerstelle durch. Kann infolge einer dauernden
Störung, z. B. Erdschluß, die Wiedereinschaltvorrichtung die betreffenden
Schalter nicht wieder einlegen, so verriegelt sie sich. Dieser Zustand wird dann
durch das Fernsteuergerät gleichfalls zur Fernsteuerstelle gemeldet, die daraufhin die erforderlichen Maßnahmen einleiten kann.

7. Die Fernmeßübertragung im Gemeinschaftsverkehr

Für die Durchgabe des einzelnen angewählten Fernmeßwertes ist nach Möglichkeit eine besondere, gemeinsam benutzte Übertragungsleitung bzw. ein
gemeinsam benutzter Übertragungskanal vorzusehen. Nun gibt es aber Fälle,
in denen die Beschaffung eines getrennten Übertragungsweges für die durchzugebenden Wahlfernmeßwerte wegen der großen Entfernung oder geringer
Aderzahl eines bereits vorhandenen Kabels zu unwirtschaftlich oder auch
technisch überhaupt nicht durchführbar ist. In diesen Grenzfällen kann die
Übertragung des Wahlfernmeßwertes notfalls auch auf der gleichen Doppelleitung erfolgen, auf der bereits der übrige Fernsteuerverkehr abgewickelt wird.

In ähnlicher Weise, wie bei einer kontinuierlichen Fernregelung, schaltet
sich das Wählergerät in diesem Falle nach erfolgter Anwahl des betreffenden
Meßwertgebers in der Steuerstelle sowohl wie in der gesteuerten Stelle von der
Steuerleitung ab und stellt einen Übertragungsweg her, auf dem der angewählte
Meßwert von dem vorher angewählten Meßwertgeber auf das zugehörige
Empfangsinstrument geleitet werden kann. Das dabei auf der Steuerleitung

übertragene Impulsdiagramm ist aus Bild 86 zu ersehen, das den Gemeinschaftsverkehr auf der Steuerleitung für Fernsteuerung, Fernmeldung, Fernmessung, Fernregelung und Fernsprechen darstellt.

Wegen der Vorrangstellung von Befehl und Meldung gegenüber der Meßwertübertragung muß bei einem derartigen Gemeinschaftsverkehr jedoch die

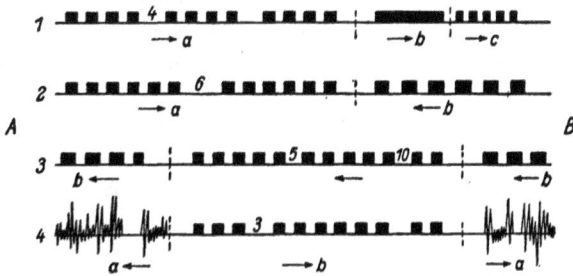

Bild 86: Impulsdiagramme für den Gemeinschaftverkehr auf der Steuerleitung

A Steuerstelle   B Ferngesteuerte Stelle
1. Kontinuierliche Fernregelung
a Anwahl der Regeleinheit 4   b Höherregelung   c Tieferregelung
2. Wahlfernmessung
a Anwahl der Meßstelle 6   b Meßimpulsfolge
3. Schalterstellungsmeldung während Meßwertübertragung
a Schalterstellungsmeldung für Schalter 5 und 10   b Meßimpulsfolge
4. Fernsteuerung während eines Gespräches
a Sprechströme   b Fernsteuerimpulse zur Steuerung des Schalters 3

Möglichkeit der jederzeitigen Meßwertabschaltung zugunsten von Steuerung oder Meldung vorgesehen werden. Aus diesem Grunde kann ein solcher Gemeinschaftsverkehr zwischen Steuerung und Wahlfernmessung auch nur dann durchgeführt werden, wenn das Fernsteuerverfahren sowohl wie das Fernmeßverfahren mit Impulsen arbeiten. Es muß also für die Fernmeßübertragung ein Impuls-Frequenzverfahren angewendet werden, da sonst eine Abschaltung des anstehenden Wahlfernmeßwertes zugunsten einer Fernsteuerung von der Steuerstelle her nicht möglich ist. Im einzelnen wickelt sich diese Meßwertabschaltung in folgender Weise ab:

Wird ein Meßwert über die Steuerleitung übertragen und soll ein Befehl zur gesteuerten Stelle durchgegeben werden, so muß zunächst die Leitung für die Durchgabe der Fernsteuerimpulse freigemacht werden. Dies kann man z. B. in der Weise erreichen, daß in einer Pause zwischen den einzelnen Meßwertimpulsen der erste Impuls der Steuerimpulsfolge zur gesteuerten Stelle gegeben wird und dort die weitere Meßwertimpulsabgabe abschaltet, so daß die anschließend durchgegebene Fernsteuerimpulsfolge auf das dortige Wählergerät durchgegeben werden kann. Um diese Möglichkeit zu schaffen, muß als Fernmeßgeber nach Möglichkeit ein Geber mit Vortrieb verwendet werden, der auch für den Nullwert des übertragenen Meßwertes noch eine bestimmte Mindestfrequenz überträgt, damit nicht beim Nullwert der Meßwertgeber auf einem stromführenden Segment seines Kollektors stehen bleibt und dadurch einen Dauerstrom in der Richtung zur Steuerstelle überträgt, wodurch die Abgabe einer Fernsteuerimpulsfolge unmöglich gemacht würde. Bei induktiver Impulserzeugung fällt diese Einschränkung natürlich fort.

In ähnlicher Weise erfolgt die Abschaltung der Meßwertsendung für den Fall, daß eine wichtige Schalterstellungs- oder Warnmeldung von der gesteuerten Stelle zur Steuerstelle durchgegeben werden soll. Bei dem Eintritt eines solchen Warnzustandes wird in der gesteuerten Stelle zunächst die Meßwertimpulsfolge abgeschaltet und durch die dadurch entstehende längere Impulspause mit Hilfe eines besonders langsam abfallenden Verzögerungsrelais in der Steuerstelle das Wählergerät wieder empfangsbereit an die Leitung gelegt. Daher können die nach einer längeren Impulsunterbrechung übertragenen Fernmeldeimpulse nunmehr unmittelbar auf das Wählergerät geleitet werden.

In dieser Form ist es möglich, in besonders gelagerten Fällen bei einfachen Anlagen auch die Wahlfernmessung über den gleichen Übertragungskanal abzuwickeln, der auch für den eigentlichen Fernsteuerverkehr in Frage kommt.

VII. DIE LASTVERTEILERANLAGEN

1. Der Verbundbetrieb in der Großraumwirtschaft

Auf der Internationalen Elektrotechnischen Ausstellung 1891 in Frankfurt a. Main konnte Oskar v. Miller zum ersten Male die Fernübertragung elektrischer Energie über eine Entfernung von 175 Kilometern durchführen. Das Jahr 1891 wurde damit zum Geburtsjahr der Elektrizitätswirtschaft und leitete ein halbes Jahrhundert sprunghaften Aufstieges und vielseitigster Ausdehnung der elektrischen Energieversorgung ein. Aus dem kleinen Generator für die elektrische Beleuchtung von Hauptstraßen und Gaststätten wurde das neuzeitliche Großkraftwerk, das ganze Industriebezirke, einschließlich ihrer Großstädte, mit elektrischem Strom versorgt. Aus der räumlichen Enge eines Stadtgebietes breitete sich das Netz der Energieverteilung über ganze Provinzen und Länder. Industrie, Verkehr, Landwirtschaft und der private Haushalt konnten sich bald in weitestem Maße dieser neuen, zuverlässigen Energiequelle bedienen.

Einer solchen sprunghaften Steigerung der Zahl der Verbraucher elektrischer Energie und vor allem dem wachsenden industriellen Leistungsbedarf mußte durch den Bau neuer Kraftwerke Rechnung getragen werden. Für die Übertragung der anfallenden Energie wurde ferner die Errichtung neuer Hochspannungsleitungen erforderlich. Dabei mußte man zur Herabsetzung von Energieverlusten auf der Leitung schließlich auf Höchstspannungen bis zu 220000 Volt heraufgehen und plant heute die Übertragung noch höherer Spannungen.

Das so entstandene Hochspannungsnetz ist eine der wichtigsten Voraussetzungen für eine planmäßige Großraumwirtschaft. Erst mit seiner Hilfe wird es möglich, die Erzeugung der elektrischen Energie unabhängig von der örtlichen Lage der Großverbraucher an denjenigen Stellen zusammenzufassen, an denen das Ausgangsprodukt der elektrischen Energie, die Kohle oder das Wasser, in reichlicher Menge vorhanden ist. Man braucht infolgedessen Kraftwerke nicht mehr an den Brennpunkten des industriellen Bedarfes zu errichten und die Kohle in umständlicher Weise und unter Inanspruchnahme der üblichen Verkehrswege, wie Wasserstraßen und Eisenbahn, dorthin zu verfrachten. Der Verkehr wird entlastet, und die Verlade- und Transportarbeiten eingespart.

Von größter wirtschaftlicher und rohstofftechnischer Bedeutung ist dabei, daß man durch die Möglichkeit einer weitläufigen Energieübertragung auch ausgedehnte Vorkommen minderwertiger Kohle, z. B. wenig ergiebiger Braunkohle, für die Energieerzeugung ausnutzen kann. Ein Transport dieser minderwertigen Braunkohle per Schiff oder Eisenbahn nach einem entfernten Kraftwerk ist wirtschaftlich nicht tragbar, da zuviel nicht verwertbare Raum- und Gewichtsanteile des Urstoffes unnütz mit zu transportieren blieben. Baut man dagegen unmittelbar über einem solchen Vorkommen minderwertiger Kohle ein Großkraftwerk, so fällt der weite Transport dieser Kohle weg und die Energieerzeugung kann wirtschaftlich gestaltet werden. Ähnlich vorteilhaft wirkt sich die Möglichkeit aus, daß man Kraftwerke auch in der Nähe derjenigen hochwertigen Kohlenvorkommen errichten kann, die eine besonders günstige Abbaumöglichkeit und reichliche Reserven aufweisen.

Durch das elektrische Hochspannungsnetz werden also Energiequellen erschlossen, die sonst für die volkswirtschaftliche Nutzung ungeeignet sind. Am sinnfälligsten wird diese Tatsache bei der Erzeugung elektrischer Energie aus der Wasserkraft. Der günstigste Punkt für die Errichtung von Wasserkraftwerken ist landschaftlich bedingt. Größere Gefälle, Wasserreichtum und Möglichkeit der Errichtung von Staubecken sind die Voraussetzung für den Bau eines Wasserkraftwerkes. Diese Bedingungen sind nun aber meist nur in wenig besiedelten Landstrichen, z. B. in Gebirgslandschaften, anzutreffen, in denen man die wichtigsten Verbraucher elektrischer Energie, wichtige Industriezentren und Großstädte, naturgemäß am wenigsten findet.

Die Erzeugung elektrischer Energie aus dem Gefälle des Wassers stellt die ideale Form der Energieerzeugung überhaupt dar. Sie hat nur eine zunächst unbedeutende Parallele in der Erzeugung elektrischer Energie in Windkraftwerken, die in kleinstem Maßstab bereits heute in verschiedenen Ländern durchgeführt wird und bei geeigneter und systematischer Durchbildung der erforderlichen Generatoren wohl geeignet ist, in Zukunft in dem Energiehaushalt der einzelnen Länder eine gewisse Rolle zu spielen. Beide Erzeugungsformen sind volkswirtschaftlich darum von so großer Bedeutung, weil sie sich immer wieder selbsttätig sich ergänzender Naturkräfte wie das Wasser und des Windes bedienen. Sie sind nicht wie die Dampfkraftwerke auf die Güte und die Mächtigkeit eines bestimmten Kohlenvorkommens angewiesen und erfordern, abgesehen von ihrer Errichtung kaum menschlicher Arbeitskraft.

Je nach den geographischen Bedingungen der einzelnen Länder stellt die elektrische Energieerzeugung durch Wasserkraft dort selbst einen mehr oder minder großen Anteil der Gesamterzeugung dar. Im ganzen genommen und in Anbetracht der volkswirtschaftlichen Vorteile des Wasserkraftwerkes ist der Anteil jedoch heute noch allgemein als gering anzusehen. Es sind daher überall Bestrebungen im Gange, diesen Anteil der Wasserenergie mit allen Mitteln zu erhöhen und damit wichtigste Rohstoffe und Arbeitskräfte einzusparen. Gewisse Schwierigkeiten bestehen für den planmäßigen Einsatz der Wasserkraftwerke allein in dem unregelmäßigen Wasseranfall. Je nach der Jahreszeit und dem gerade vorherrschenden Witterungscharakter ist nämlich die Menge des neu anfallenden Wassers und damit die Möglichkeit der Energieerzeugung gegenüber den gleichbleibenden Verhältnissen beim Dampfkraftwerk sehr verschieden.

Hier hilft man sich in der Hauptsache durch große Staubecken, welche die unregelmäßig anfallenden Wassermengen über einen größeren Zeitraum speichern und die wetterbedingten Mengenänderungen in sich ausgleichen. Die Größe der Ausgleichsmöglichkeit hängt dabei jedoch von der Größe des Staubeckens ab, die häufig durch geographische Bedingungen begrenzt ist. Die Unregelmäßigkeit des Energieanfalles läßt sich daher nur selten bereits im Werk ausgleichen. Ein solcher Ausgleich ist erst im Energiehaushalt der Großraumwirtschaft möglich, und zwar mit Hilfe des Verbundbetriebes.

Dieser Verbundbetrieb gestattet es, die in jedem Zeitpunkt an den verschiedensten Erzeugerpunkten zur Verfügung stehenden Energien bzw. Energiereserven in wirtschaftlicher Weise an die Brennpunkte des Bedarfes zu verteilen. Er ermöglicht es einerseits, die Beschickung der Dampfkraftwerke laufend der anfallenden Wasserenergie und den jeweiligen Bedarfsspitzen anzupassen und damit wichtige Rohstoffe und Arbeitskräfte einzusparen, und andererseits die Naturkräfte noch mehr wie bisher in den Dienst der Menschheit einzuspannen.

2. Die Aufgaben des Lastverteilers

Das wichtigste Hilfsmittel für die reibungslose Durchführung eines Verbundbetriebes ist die neuzeitliche Lastverteileranlage. Eine solche Lastverteileranlage muß es ermöglichen, durch den rechtzeitigen Einsatz bzw. das rechtzeitige Abschalten von Erzeugergruppen die wirtschaftlichste Ausnutzung der zur Verfügung stehenden Energiequellen zu erreichen, wobei die jederzeitige Sicherstellung des Leistungsbedarfes aller wichtigen Verbraucher gewährleistet sein muß. Dabei wird es in Zukunft immer mehr darauf ankommen, die anfallenden Wasserkräfte so weitgehend wie möglich in den Energiehaushalt einzufügen. Durch eine geeignete Einordnung der zur Verfügung stehenden Dampf- und Wasserkraftwerke als Lauf- oder Spitzenkraftwerke und den zweckmäßigen Einsatz von Pumpspeicherwerken muß den auftretenden Energieanforderungen der Verbraucher Rechnung getragen werden, ohne daß an einer Stelle des gesamten Versorgungsnetzes ein Leerlauf von Maschinengruppen auftritt.

Dabei werden zur Übernahme der Grundlast in der Hauptsache diejenigen Kraftwerke eingesetzt, die entweder auf der Braunkohle arbeiten oder ergiebigen Steinkohlengruben benachbart liegen und daher billig arbeiten können. Diese Werke werden mit möglichst gleichbleibender Leistung und bestem Wirkungsgrad in den Leistungshaushalt eingesetzt. Darüber hinaus werden zu diesem Zweck auch etwa vorhandene Lauf-Wasserkraftwerke und diejenigen Erzeugergruppen herangezogen, die wie z. B. im Zechenbetrieb mit Abfallenergie betrieben werden. Die hierbei überschüssig erzeugte Leistung, z. B. der Nachtstunden, ist nach Möglichkeit von Pumpspeicherwerken aufzunehmen, die dann am Tage ihrerseits zur Deckung der Belastungsspitzen herangezogen werden bzw. als Augenblicksreserve dienen können. Die Wasserkraftwerke schließlich, die an Staubecken mit natürlichem Zufluß liegen, stellen für bestimmte Zeiträume Energiespeicher dar und können in dieser Zeit bedarfsweise zur Beherrschung der Spitzenlast eingesetzt werden.

Außer einer solchen Steuerung des Energiehaushaltes hat der Lastverteiler die weitere, im Verbundbetrieb besonders wichtige Aufgabe, beim Auftreten von Störungen in seinem oder einem benachbarten Netzbereich so schnell wie möglich alle Anordnungen zu treffen, die geeignet sind, die Einwirkung dieser Störung auf die Stromversorgung des Gesamtnetzes so gering wie möglich zu halten und die schnellste Behebung der Störungsursache in die Wege zu leiten. Handelt es sich dabei um eine Leitungsstörung, so ist die kranke Netzstelle, soweit das nicht schon durch Mittel der Schutztechnik selbsttätig geschehen ist, umgehend aus dem Gesamtnetz herauszutrennen und durch die Kupplung anderweitiger Übertragungswege zu überbrücken. Sind größere Erzeugergruppen ausgefallen, so muß der Lastverteiler so schnell wie möglich versuchen, durch den Einsatz von Reservemaschinen bzw. durch die Kupplung mit benachbarten Netzen einen Ersatz für die ausgefallene Energie zu beschaffen. Ist dies nicht sofort möglich, so sind unter Umständen zugunsten wichtiger Verbraucher vorübergehend weniger wichtige Verbrauchergruppen abzuschalten.

Nach der Bereitstellung der erforderlichen Energie bzw. nach der Störungsbehebung muß der Lastverteiler sobald wie möglich die vorübergehend abgeschalteten Verbraucher wieder an das Netz bringen und überhaupt den Normalzustand der Stromversorgung wieder herstellen. Bei der Zu- und Abschaltung von Leitungen muß der Lastverteiler durch einen zweckmäßigen Einsatz bzw. eine zweckmäßige Regelung der Erdschlußspulen auch dafür Sorge tragen, daß bei einer Veränderung des Netzbildes der Erdschlußstrom stets möglichst weitgehend kompensiert bleibt.

Zu den weiteren Aufgaben eines Lastverteilers gehört es, bei dem Leistungsaustausch benachbarter Versorgungsnetze die Einhaltung der bestehenden Stromlieferungsverträge zu überwachen. Als Hilfsmittel zur Erfüllung dieser Aufgabe stehen dem Lastverteiler selbsttätige Leistungsregler zur Verfügung. Zur Einhaltung der Übergabebedingungen hat der Lastverteiler das ordnungsgemäße Arbeiten der Regler zu überwachen und die Sollwerte derselben dem jeweiligen Tagesfahrplan bzw. den etwa auftretenden Lastverschiebungen anzupassen.

Zur Aufrechterhaltung der Betriebsbereitschaft der Erzeuger- und Schaltstellen eines Netzes ist eine regelmäßige Überholung der eingesetzten Erzeuger- und Schalteinheiten erforderlich. Auch am Energietransport beteiligte Hochspannungsleitungen fordern eine zuverlässige Wartung. Derartige Überholungs-

arbeiten können nur in den Betriebspausen ausgeführt werden. Der Lastverteiler hat hier die Aufgabe, den günstigsten Zeitpunkt für die Durchführung
der Überholungsarbeiten festzulegen und darüber zu wachen, daß durch sie
keine Beeinträchtigung der Energiebelieferung stattfinden kann.

Weiterhin hat der Lastverteiler schließlich die Aufgabe, auf Grund der
aufgezeichneten Meßwerte die Leistungserzeugung, den Leistungsverbrauch
und den Leistungsausgleich mit benachbarten Netzen laufend zu überwachen
und festzustellen, zu welchen Zeiten bzw. an welchen Stellen des Versorgungsnetzes Engpässe für die Stromversorgung auftreten und wie diese Engpässe
in Zukunft bestmöglichst umgangen werden können. Auf Grund dieser Feststellungen muß der Lastverteiler rechtzeitig die Planung neuer Hochspannungsleitungen bzw. die Errichtung neuer Kuppelstellen oder Erzeugerpunkte in
die Wege leiten.

Welche von den vorstehend genannten Aufgaben den Lastverteiler im Einzelfall besonders zu beschäftigen haben, hängt von dem Gesamtaufbau des
Netzes, der Störanfälligkeit desselben und der Tatsache ab, ob das betreffende
Versorgungsnetz verhältnismäßig ruhig gefahren werden kann oder laufend
größeren Belastungsschwankungen ausgesetzt ist, bzw. ob es sich um
ein Netz der öffentlichen Energieversorgung oder eines Industriebetriebes
handelt.

3. Die Fernmessung als wichtigstes Hilfsmittel

Das wichtigste Hilfsmittel für das erfolgreiche Arbeiten eines Lastverteilers
stellt außer einer zuverlässigen Fernsprechanlage eine allen Betriebsfällen ge-
recht werdende Fernmeßanlage dar. Diese Fernmeßanlage muß dem Lastverteiler jederzeit einen Überblick über den jeweiligen Spannungszustand der
einzelnen Netzpunkte und die Größe und Richtung des Energieflusses geben
und die Überwachung der Netzfrequenz gestatten.

Um dem Lastverteiler einen solchen Überblick über die jeweiligen Netz-
verhältnisse zu ermöglichen, ist in der Hauptsache die Anzeige der Wirk-
und Blindleistung der einzelnen Kraftwerke des eigenen Netzes erforderlich.
Die Aufteilung der Wirk- und Blindleistung auf die einzelnen Maschinengrößen
ist dagegen in der Regel Sache der örtlichen Betriebsführung. Weiterhin
interessiert den Lastverteiler auch die Anzeige der Wirk- und Blindleistung
und die Austauschrichtung an den Kuppelstellen zu den benachbarten Netzen.

Sind an das überwachte Netz Großverbraucher, wie größere Industrie-
anlagen, angeschlossen, so empfiehlt sich auch die Anzeige der an diese abgegebenen Wirkleistung. Die Anzeige der Blindleistung ist hierbei nur in
besonders gelagerten Fällen erforderlich. Die an den wichtigsten Verbraucherpunkten vorhandene Spannung muß dagegen nach Möglichkeit angezeigt
werden.

Erfolgt die Energieübertragung über Hochspannungskabel und sind diese
Kabelverbindungen in der Regel verhältnismäßig hoch belastet, so muß eine
Überwachung des jeweils das Kabel durchfließenden Stromes stattfinden.
Zu diesem Zweck müssen dem Lastverteiler in seiner Warte die Stromwerte

für die in Frage kommenden wichtigsten Kabelverbindungen angezeigt werden.

Bei den Entfernungen, die von Lastverteileranlagen in der Regel zu überbrücken sind, macht häufig die Erstellung der erforderlichen Übertragungskanäle Schwierigkeiten. Lassen sich diese Schwierigkeiten durch die früher erörterten Verfahren der Mehrfachausnutzung der einzelnen Verbindungsleitungen bzw. der Hochfrequenzübertragung nicht in befriedigender Weise lösen, so muß unter Umständen auf die Übertragung von Blindleistungswerten zugunsten der Wirkleistungswerte verzichtet werden. In bestimmten Fällen, bei denen eine laufende Aufzeichnung der in Frage kommenden Fernmeßwerte nicht erforderlich ist, kann man sich auch mit der gleichfalls früher beschriebenen Wahlfernmessung helfen. In der Regel ist jedoch gerade für den Lastverteilerdienst die Aufzeichnung der einzelnen Meßwerte von Bedeutung, da besonders bei Netzstörungen aus den Angaben der einzelnen schreibenden Fernmeßgeräte Rückschlüsse auf den Belastungszustand vor der Störung gezogen werden können und auch die Aufzeichnungen der einzelnen Meßinstrumente die Unterlagen für den vom Lastverteiler auszuarbeitenden Tagesfahrplan bilden.

Besonders häufig wird bei Lastverteileranlagen von der Summierung der einzelnen Leistungswerte Gebrauch gemacht. Es müssen daher bei Lastverteileranlagen sowohl wegen der zu überbrückenden Entfernungen wie auch wegen der vorzunehmenden Summierung in der Regel Impulsfernmeßverfahren angewendet werden, die eine leichte Summierungsmöglichkeit bieten. So muß z. B. dem Lastverteiler jederzeit die Gesamtleistung der einzelnen Kraftwerke bzw. die Gesamtlieferung eines Fremdnetzes bzw. die Gesamtabgabe an ein Fremdnetz angezeigt bzw. aufgezeichnet werden.

4. Die Fernüberwachung und Fernbedienung

Werden dem Lastverteiler alle die vorerwähnten Fernmeßwerte angezeigt bzw. aufgezeichnet und stehen ihm zuverlässige Fernsprechverbindungen zu den einzelnen Netzstützpunkten zur Verfügung, so kann der Lastverteiler auf Grund der angezeigten Fernmeßwerte und der Fernsprechmöglichkeiten an sich seine Aufgaben in ausreichender Weise erfüllen. Wenn eine solche allein auf die Übertragung von Fernmeßwerten und die fernmündliche Verständigung aufgebaute Lastverteileranlage bei dem derzeitigen Stand der Technik heute nicht mehr befriedigt, so hängt das damit zusammen, daß die fernmündliche, d. h. mittelbare Befehls- und Meldungsdurchgabe, für die heute gestellten Lastverteileraufgaben zu träge und zeitraubend ist. Zumindest muß daher heute die Fernmeßanlage durch eine Fernmeldeanlage ergänzt werden, die die jeweilige Stellung der wichtigsten für den Energietransport in Frage kommenden Leistungsschalter der einzelnen Netzstellen in der Lastverteileranlage wiedergibt. Durch eine solche Fernmeldeanlage wird wenigstens *der* Teil der beim Fernsprechverkehr unvermeidbaren Verzögerung der Eingriffsmöglichkeit des Lastverteilers eingespart, der auf die fernmündliche Berichterstattung von Schaltwärtern oder Verbrauchern über unerwartet auftretende

Störvorgänge im Netz bzw. den Vollzug herausgegebener Befehle entfällt. Hierzu kommt natürlich noch die Vermeidung von Mißverständnissen, die bei fernmündlichen Mitteilungen stets zu befürchten sind.

Ist eine selbsttätig arbeitende, zuverlässige Fernmeldeanlage vorhanden, so hat der Lastverteiler stets einen klaren Überblick über den Schaltzustand des Netzes an den wichtigsten Punkten. Er wird von der Aufgabe entlastet, sich über die wichtigsten Zusammenhänge einer etwa aufgetretenen Störung auf fernmündlichem Wege eine Übersicht zu schaffen und die Ergebnisse der

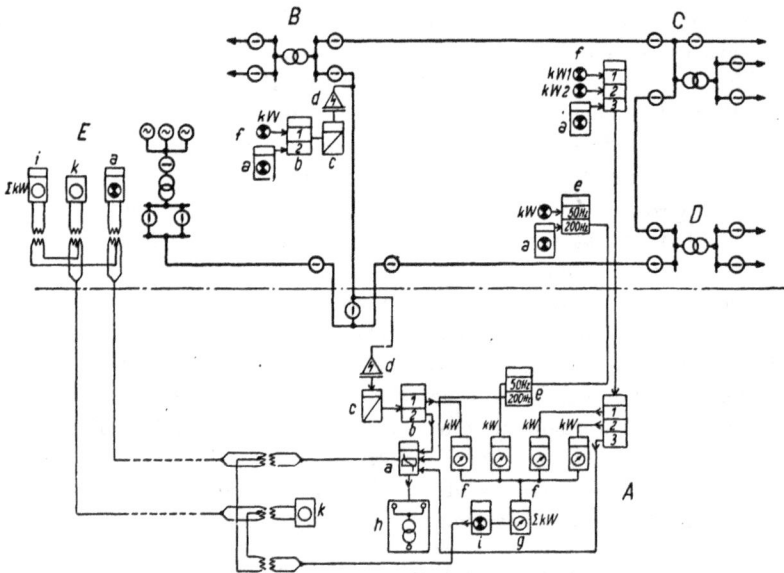

Bild 87: Fernmeß- und Fernmeldeanlage eines Lastverteilers
A Lastverteilerstelle *B, C, D, E* Netzstützpunkte

a Wählergerät für Schalterstellungsmeldung *b* Tonfrequenzübertragungsgerät *c* Hochfrequenzübertragungsgerät *d* Hochfrequenz-Koppelkondensator *e* 50—200 Hz Übertragungseinrichtung *f* Meßwertsender und Meßwertanzeiger für Leistungsmessung *g* Summenanzeigegerät *h* Meldeschalttafel, *i* Meßwertgeber und Meßwertempfänger zur Übertragung der Leistungssumme nach Kraftwerk *E* *k* Fernsprecher

Rückfrage auf ein besonderes Netzbild zu übertragen. Er kann daher die erforderlichen Entschlüsse schneller und zuverlässiger fassen als beim Fehlen einer Fernmeldeanlage. Soll der Lastverteiler in großen Versorgungsnetzen bestimmend auf den Netzhaushalt bzw. die Aussteuerung von Störungsvorgängen einwirken, so erscheint daher nach heutigen Erfordernissen der Einbau einer Fernmeldeanlage unbedingt erforderlich.

Bei besonders umfangreichen bzw. verzweigten Netzen erweist es sich darüber hinaus im Interesse der schnellen Einsatzbereitschaft und der Störungsbehebung häufig als zweckmäßig, die an sich erforderliche Fernmeldeanlage zu einer Fernsteueranlage auszubauen und mit dieser die wichtigsten Netzschalter nicht nur zu überwachen, sondern auch fernzusteuern. Erst dadurch wird eine Lastverteilerstelle geschaffen, die allen Anforderungen voll entspricht, die heute von dem Verbundbetrieb an derartige Anlagen gestellt werden müssen.

Über den sonstigen Aufbau einer Lastverteileranlage, und zwar besonders der Lastverteilerwerte finden sich nähere Ausführungen an anderer Stelle. Ein grundsätzliches Beispiel einer Lastverteileranlage und der dabei gebräuchlichen Übertragungsarten ist in Bild 87 wiedergegeben.

B. Die Fernbedienungsanlage in ihrer Ausführung

I. DER GRUNDSÄTZLICHE AUFBAU EINER FERNBEDIENUNGSANLAGE

Im Bild 88 ist der grundsätzliche Aufbau einer mit Wählergeräten arbeitenden Fernsteueranlage wiedergegeben. In der Befehlsstelle kommt die ein-

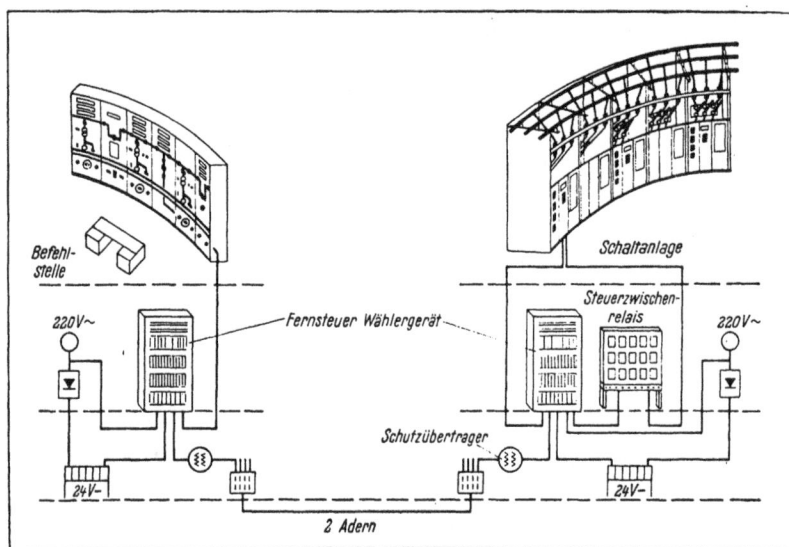

Bild 88: Übersichtsbild einer Fernsteueranlage mit Wählergeräten

oder mehrfeldrige Fernsteuerschalttafel zur Aufstellung, auf der die für die Fernbedienung und Überwachung der ferngesteuerten Einheiten erforderlichen Befehls- und Meldegeräte untergebracht sind. Von dieser Fernsteuerschalttafel führt ein vieladriges Verbindungskabel zum Fernsteuerwählergerät der Befehlsstelle. Über den einen Teil dieser Leitungen dieses Kabels werden die von den einzelnen Steuerschaltern erteilten Befehle auf das Wählergerät übertragen und über den anderen Teil der Leitungen erfolgt in umgekehrter Richtung von den Stellungsmelderelais des Wählergerätes her die Einstellung der Meldeeinrichtungen auf der Fernsteuerschalttafel.

Für die Stromversorgung des Wählergerätes ist in der Steuerstelle sowohl wie in der gesteuerten Stelle eine 24-V-Gleichstrombatterie mit passender Ladeeinrichtung vorgesehen, die über eine stärkere Doppelleitung mit dem Wählergerät verbunden ist. Da Fernsteuerwählergeräte meistens über durch Schutzübertrager abgeriegelte Leitungen und daher mit Wechselstromimpul-

sen arbeiten, ist weiterhin eine Doppelleitung von dem im Wählergerät eingebauten Netzumspanner zum Wechselstromnetz erforderlich. Zu diesen
Leitungen für die Stromversorgung der Geräte in der Befehlsstelle kommen
für die Speisung der Meldelampen in der Regel noch unmittelbare Potentialleitungen vom Wechselstromnetz bzw. von der Gleichstrombatterie zur Fernsteuerschalttafel hinzu, die in dem Übersichtsbild nicht eingezeichnet sind.

Zur Übertragung der Fernsteuer- und Fernmeldeimpulse werden die Wählergeräte in der Befehlsstelle sowohl wie in der gesteuerten Stelle durch eine
Doppelader mit den Schutzübertragern verbunden. Von der Gegenseite der
Schutzübertrager geht dann eine Doppelleitung zum Endverschluß des Fernsteuerkabels. Zu beachten ist dabei, daß es zweckmäßig ist, die Schutzübertrager in unmittelbarer Nähe des Kabelendverschlusses anzuordnen, damit
etwa auf der Leitung auftretende Störspannungen unmittelbar bei ihrem
Eintritt in das Gebäude abgefangen werden.

In der gesteuerten Stelle werden die dort ankommenden Schaltbefehle
von den Relais des Fernsteuerwählergerätes nicht unmittelbar auf die Schalterantriebe geleitet, sondern zunächst auf besondere Steuerzwischenrelais, die
entweder, wie in Bild 88 angenommen, zentral auf einer besonderen Steuer-
zwischenrelaistafel oder auch getrennt auf den Bedienungstafeln der einzelnen
Schaltzellen angeordnet sind. Die Kontakte dieser Steuerzwischenrelais beeinflussen entsprechend den abgegebenen Befehlen die Schalterantriebe und
bringen dadurch diese Befehle in der fernbedienten Schaltanlage zur Ausführung.

Für die Rückmeldung der jeweiligen Stellung der einzelnen fernbedienten
Schalter sind Verbindungsleitungen von den Schalterhilfskontakten der be-
treffenden Schalter zu dem Wählergerät der gesteuerten Stelle erforderlich.
Dabei genügen in der Regel außer einer gemeinsamen Potentialleitung für
jeden überwachten Schalter zwei Verbindungsleitungen zur Meldung der
Ein- bzw. Aus-Stellung desselben.

Ist die Übertragungsleitung unbeeinflußt und kann das Wählergerät daher
mit Gleichstromimpulsen arbeiten, so kommen die Schutzübertrager natürlich
in Fortfall. Erfolgt die Übermittlung der Fernsteuer- und Fernmeldeimpulse
durch besondere Übertragungseinrich-
tungen, wie Hochfrequenz- oder Tonfrequenzgeräte, so sind in der in Bild
89 wiedergegebenen Weise vier Verbindungsleitungen vom Wählergerät a zu
der Übertragungseinrichtung b vorzusehen. Über die eine Doppelleitung
beeinflußt der Kontakt c' des Impuls-
senderelais c des Wählergerätes das
Senderelais d der Übertragungseinrichtung. Über die zweite Doppelleitung
werden die ankommenden Impulse von
dem Kontakt e' des Empfangsrelais e

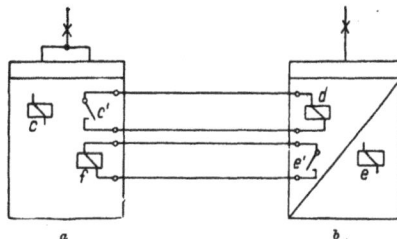

Bild 89: Verbindungsleitungen zwischen
Übertragungseinrichtungen und Wählergerät
a Fernsteuerwählergerät   b Übertragungseinrichtung c Impuls-Senderelais des Wählergerätes   d Senderelais der Übertragungseinrichtung   e Empfangsrelais der Übertragungseinrichtung   f Empfangsrelais des
Wählergerätes

der Übertragungseinrichtung auf das Impulsempfangsrelais f des Wählergerätes übermittelt. Dabei wird der Sende- und Empfangsteil der Übertragungseinrichtung häufig konstruktiv getrennt angeordnet sein, so daß
von dem Wählergerät je eine Doppelleitung zum Sende- und Empfangsgerät
der Übertragungsleitung zu führen ist.

Besondere Beachtung verdient in diesem Zusammenhang auch der Fall,
daß die Übertragungseinrichtung in größerer Entfernung von der Befehlsstelle,
z. B. am Endpunkt einer Hochspannungsleitung zur Aufstellung gelangen muß.

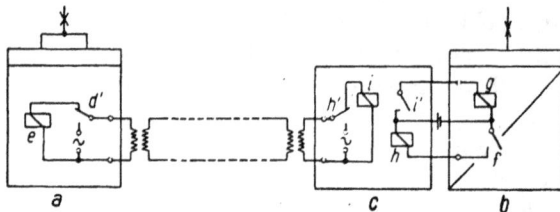

Bild 90: Relaisübertrager zur Verbindung mit einer Übertragungs-
einrichtung
a Fernsteuerwählergerät mit Sendekontakt d' und Empfangsrelais e
b HF-Übertragungseinrichtung mit Sendekontakt f und Empfangsrelais g
c Relaisübertrager mit Senderelais h und Empfangsrelais i

In diesem Falle ist entsprechend der Darstellung des Bildes 89 zwischen der
Fernsteuerstelle bzw. der ferngesteuerten Stelle und dem Aufstellungsort der
Übertragungseinrichtung, z. B. einem Hochfrequenzgerät, eine Vierdraht-
verbindung erforderlich. Können aus Mangel an Kabeladern nur zwei Verbindungsadern zur Verfügung gestellt werden, so muß am Aufstellungspunkt
der Übertragungseinrichtung noch ein besonderer Relaisübertrager (Bild 90)
vorgesehen werden, der die Durchgabe der Fernsteuer- und Fernmeldeimpulse
auf einer zweidrähtigen Zubringerleitung gestattet.

Bei einer Fernsteueranlage, die nach dem Eindrahtverfahren arbeitet, ergibt sich ein etwas anderer Aufbau der Gesamtanlage (Bild 91). Die Wähler-

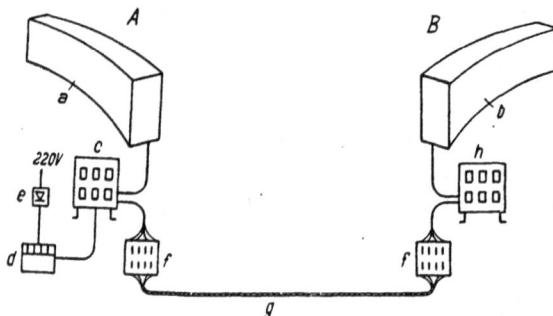

Bild 91: Übersichtsbild einer Eindraht-Fernsteueranlage

A Steuerstelle	B Ferngesteuerte Stelle
a Fernsteuer-Schalttafel	b Fernbediente Anlage
c Relaisgestell mit Rückmelderelais	f Kabelendverschluß
d Gleichstrombatterie	g Fernsteuerkabel
e Ladegleichrichter	h Steuerzwischenrelaisgestell

geräte kommen beiderseits in Fortfall. Dafür kommt in der Steuerstelle ein Relaisgestell *c* hinzu, auf dem die für die Rückmeldung benötigten Melderelais der einzelnen Schalter angeordnet sind. Zu diesem Relaisgestell werden von der Fernsteuertafel außer einigen gemeinsamen Leitungen für jeden ferngesteuerten Schalter vier Verbindungsleitungen geleitet. Zwischen dem Relaisgestell und dem Endverschluß *f* des vieladrigen Fernsteuerkabels *g* wird dann außer den beiden Potentialleitungen noch für jeden Schalter eine Einzelader erforderlich. Ferner ist die Gleichstromquelle *d* mit der Ladeeinrichtung *e* und dem Relaisgestell *c* zu verbinden. Zur Speisung der Lampen in der Fernsteuerschalttafel ist außerdem meist noch eine unmittelbare Verbindung von dieser zur Gleichstrombatterie bzw. zum Wechselstromnetz erforderlich, die im Übersichtsbild nicht eingezeichnet ist.

In der gesteuerten Stelle *B* wird bei der Eindrahtsteuerung keine besondere Stromquelle benötigt, da die Steuerzwischenrelais bei der Eindrahtsteuerung über das Fernsteuerkabel *g* von der Steuerstelle her gespeist werden. Im Gegensatz zur Wählersteuerung wird jedoch eine der Schalterzahl entsprechende Anzahl von Verbindungsleitungen vom Endverschluß *f* zu dem Steuerzwischenrelaisgestell *h* benötigt, wozu auf der gleichen Strecke noch die gemeinsamen Potentialleiter kommen. Die Kontakte der Steuerzwischenrelais werden ähnlich wie bei der Wählersteuerung mit den Antriebseinrichtungen der einzelnen ferngesteuerten Schalter verbunden, während die Schalterhilfskontakte bei der Eindrahtsteuerung unmittelbar an die Wicklungen der Steuerzwischenrelais zu führen sind. Zu diesem Zweck sind also vom Steuerzwischenrelaisgestell zum einzelnen Schalter außer den gemeinsam geschleiften Leitungen mindestens vier Verbindungsleitungen zu führen.

Welche besonderen Merkmale die wichtigsten Bausteine einer Fernbedienungsanlage im einzelnen aufweisen, soll nun in den nachfolgenden Abschnitten ausführlicher erörtert werden.

II. DIE GERÄTE DER STEUERSTELLE

1. Das Blindschaltbild

Zur Abgabe der einzelnen Fernsteuerbefehle bzw. zur Kennzeichnung der Stellung der in der gesteuerten Stelle angeordneten Schalteinheiten, ist in der Steuerstelle eine Befehls- und Überwachungstafel erforderlich. Die Ausführung dieser Befehlstafel hängt im wesentlichen von den im Einzelfall vorliegenden betrieblichen bzw. räumlichen Bedingungen ab. Außerdem ist für die mehr oder minder einfache Ausführung dieser Tafel entscheidend, welche Mittel im Rahmen der gesamten Fernsteueranlage für diese Tafel zur Verfügung gestellt werden können.

Im einfachsten Falle kann man mit einer kleinen Befehlstafel auskommen, auf der die Befehlsschalter für die Ein- und Aus-Steuerung der einzelnen Schalteinheiten und die zugehörigen Signallampen zur Kennzeichnung der jeweils eingenommenen Schalterstellung in einfacher Ausführung und ge-

drängter, z. B. tabellarischer Form angeordnet sind. Eine derartige Ausführung der Befehls- und Überwachungstafel hat zwar den Vorteil verhältnismäßig geringer Kosten und geringsten Platzbedarfes, wird jedoch besonders
für Kraftwerks- und Bahnbetriebe fast in keinem Falle zur Anwendung gebracht, da eine solche tabellarische Anordnung jede Übersicht über die Lage
bzw. Bedeutung der einzelnen Schalter im Netz vermissen läßt. Der Schaltwärter müßte also in diesem Falle bei der Übermittlung von Befehlen bzw.
der Kenntnisnahme von einlaufenden Meldungen stets die Lage der einzelnen
Schalter im Netz zuverlässig im Gedächtnis haben, was bei Netzpunkten mit
einer mittleren oder größeren Schalterzahl meist sehr schwierig ist. Auch
der zusätzliche Einbau eines kleinen aufgezeichneten Netzplanes mit Ein-
tragung der Zahlen der einzelnen Befehlsschalter und Meldelampen als Ge-
dächtnisstütze bzw. Ergänzung der tabellarischen Befehls- und Meldeanord-
nung stellt nur ein wenig befriedigendes Hilfsmittel dar.

Es haben sich daher in Fernbedienungsanlagen, besonders von Elektrizitäts-
und Bahnbetrieben, zwei andere Ausführungsformen der Befehlstafel eingebürgert, nämlich das Blindschaltbild und das Leuchtschaltbild. Beides sind
Schalttafelformen, wie sie von jeher auch für die rein örtliche Bedienung von
Schaltanlagen gebräuchlich sind. Bei einem solchen Blind- oder Leuchtschaltbild werden die einzelnen Netzteile auf der Schalttafel in übersichtlicher Form
nachgebildet und die Befehls-
und Überwachungsgeräte an
diejenige Stelle des Netzbildes hingesetzt, an der sie bei
der eigentlichen ferngeschalteten Anlage tatsächlich liegen. Diese Anordnung hat
den Vorteil, daß bei der Befehlsgabe stets die Wirkung
und Bedeutung der einzelnen
Fernbetätigung leicht zu
übersehen ist und auch die
Wichtigkeit einer einlaufenden Stellungsänderungsmeldung sofort erkannt werden
kann. Darüber hinaus kön-
nen beabsichtigte Schalt-
handlungen, die beispielsweise die Kupplung ver-
schiedener Netze, den Einsatz zusätzlicher Kraftwerke
bzw. Maschinengruppen be-
treffen, leicht an Hand des
nachgebildeten Netzbildes
verfolgt werden.

Bild 92: Blindschaltbild

Bei der einfacheren Ausführungsform dieses Netzbildes, dem sog. *Blindschaltbild* (Bild 92), werden die einzelnen Leitungszüge aufgemalt bzw. durch erhabene Leisten wiedergegeben. Die Farbe dieser Leitungszüge wird dabei so gewählt, daß sie sich in zweckmäßiger Weise von dem Grundton der Befehlstafel abhebt; außerdem werden für die Netzteile, die verschiedene Spannungen führen, auch verschiedene Farben für die Leitungszüge verwendet, so daß allein an der Farbe schon jederzeit erkannt werden kann, wie weit beispielsweise die 110-kV-, die 25-kV- und die 6-kV-Spannung durchgeschaltet ist. Weiterhin werden die in der ferngesteuerten Anlage befindlichen Umspanner, Gleichrichter, Maschinen und ähnliche Aggregate innerhalb der Leitungszüge durch entsprechende Symbole gekennzeichnet, so daß dadurch der Gesamtüberblick über die fernbediente Anlage vervollkommnet wird.

2. Das Leuchtschaltbild

Eine andere, seltener zur Anwendung gebrachte Ausführungsform der Befehls- und Überwachungstafel ist das Leuchtschaltbild. (Bild 93). Ein solches Leuchtschaltbild ist an sich grundsätzlich ähnlich aufgebaut wie ein etwa für die gleiche Anlage entwickeltes Blindschaltbild. Abweichend davon werden jedoch die einzelnen Leitungszüge zwischen den verschiedenen Schaltern bzw. Symbolen nicht mehr durch aufgesetzte Leisten oder durch aufgemalte Strecken gekennzeichnet, sondern durch Leuchtstrecken, die in Abhängigkeit von dem jeweiligen Spannungszustand der ferngesteuerten Stelle beleuchtet werden.

Bei einem Leuchtschaltbild kann also der Schaltwärter jederzeit sofort erkennen, wie weit die einzelnen Leitungszüge unter Spannung stehen. Darüber hinaus kann er an der Farbe,

Bild 93: Leuchtschaltbild für ein kleineres Netz

mit der der einzelne Leitungszug zum Aufleuchten gebracht wird, ersehen, welche Spannung an dem betreffenden Leitungsabschnitt vorhanden ist. Außerdem ist es für den Schaltwärter möglich, sich vor der Vornahme einer Schalthandlung durch die sog. Vorquittierung, d. h. die vorherige Nachbildung des später erreichten Schaltzustandes mit Hilfe des Quittungsschalters davon zu überzeugen, welche Änderungen des Spannungsbildes durch die Ausführung des beabsichtigten Befehles eintreten.

Zur Durchführung der spannungsabhängigen Schaltung im Leuchtschaltbild ist die Übertragung zusätzlicher Spannungsmeldungen für die verschiedenen Leitungsabschnitte erforderlich. Diese Spannungsmeldungen werden von Spannungswandlern in der ferngesteuerten Stelle abgeleitet und durch die Eindraht- oder Wählersteuerung zur Steuerstelle übertragen. In der Steuerstelle werden hierdurch entsprechende Spannungskontrollrelais eingeschaltet, die durch ihre Kontakte die zugehörigen Leuchtstrecken einschalten.

Da es nun technisch nicht vertretbar ist, für jeden einzelnen Leitungszug eine besondere Spannungsmeldung zu übertragen und vor allem nicht an allen Netzpunkten Spannungswandler vorhanden sind, beschränkt man sich bei der Durchgabe der Spannungsmeldungen für das Leuchtschaltbild in der Regel auf die Übertragung von Spannungsmeldungen der in die ferngesteuerte Stelle einspeisenden Leitungen bzw. der von den etwa vorhandenen Generatoren abgehenden Leitungszüge. Durch diese Spannungsmeldungen bzw. die durch diese Spannungsmeldungen in der Steuerstelle zum Ansprechen gebrachten Spannungskontrollrelais werden nun bestimmte Ausgangspunkte für die spannungsabhängige Schaltung des gesamten Leuchtschaltbildes geschaffen. Von diesen Bezugspunkten aus werden die einzelnen Leitungszüge dann spannungsabhängig erleuchtet, und zwar entweder durch die Kontakte der im Leuchtschaltbild eingebauten Steuerquittungsschalter bzw. die Kontakte der Stellungskontrollrelais des Fernsteuergerätes. Auf diese Weise wird der Spannungsverlauf im Leuchtschaltbild der Steuerstelle genau so wiedergegeben, wie es dem jeweiligen Schaltzustand in der ferngesteuerten Stelle entspricht.

Bei umfangreichen Anlagen und besonders bei weitgehend vermaschten Netzteilen mit mehreren Speise- oder Erzeugerpunkten wird die spannungsabhängige Schaltung der Leuchtstrecken schwierig, wenn man sie allein von den Spannungsmeldungen der Speisepunkte ableitet. Zur Vermeidung verwickelter Abhängigkeitsschaltungen überträgt man in diesen Fällen außer dem Spannungszustand der verschiedenen Speisepunkte zweckmäßig auch weitere Spannungsmeldungen zentral gelegener Netzteile, für die bereits Spannungswandler vorhanden sind. Dadurch wird die Schaltung des Leuchtschaltbildes meist wesentlich vereinfacht, und es wird ferner vermieden, daß von den Schaltrelais der einzelnen Bezugspunkte her zu große Lampenströme geschaltet werden müssen.

Will man den verhältnismäßig hohen Kostenaufwand für ein Leuchtschaltbild mindern, so kann man entsprechend der in Bild 94 wiedergegebenen Ausführungsform auch darauf verzichten, die ganze Länge der Leitungszüge spannungsabhängig zu beleuchten, und statt dessen nur kurze Ansatzleisten in unmittelbarer Nähe der Meldeschalter zum Aufleuch-

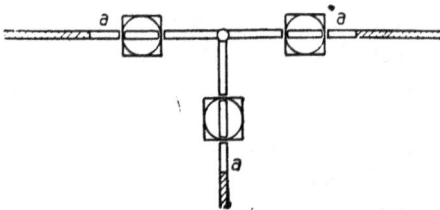

Bild 94: Vereinfachtes Leuchtschaltbild mit Ansatzleisten (a)

ten bringen. Die eigentliche Länge des Leitungszuges wird in diesem Fall wie beim Blindschaltbild ausgeführt, wodurch eine beträchtliche Minderung des Kostenaufwandes für das Leuchtschaltbild erreicht wird.

Wie bereits eingangs erwähnt, werden Leuchtschaltbilder weit seltener vorgesehen als Blindschaltbilder. Abgesehen von den Beschaffungskosten, die für das Leuchtschaltbild meist doppelt so hoch sind wie für ein entsprechendes Blindschaltbild, hängt dies damit zusammen, daß das Leuchtschaltbild nur dann betriebliche Vorteile bringt, wenn die fernbediente Stelle ein verzweigtes Netzschema mit mehreren Einspeisungen aufweist, wodurch die Übersicht über den jeweiligen Spannungszustand der einzelnen Netzabschnitte erschwert wird und man sich durch den Einbau eines Leucht-Schaltbildes eine Unterstützung der vielleicht nicht vollwertig geschulten oder auch häufig wechselnden Schaltwärter verspricht. Nur in solchen Fällen läßt sich der zusätzliche Kosten- und Materialaufwand für ein Leuchtschaltbild vertreten.

3. Der Befehls- und Meldeschalter

Zur Durchführung der einzelnen Befehle bzw. zur Kennzeichnung der einlaufenden Rückmeldungen werden in das Blind- oder Leuchtschaltbild be-

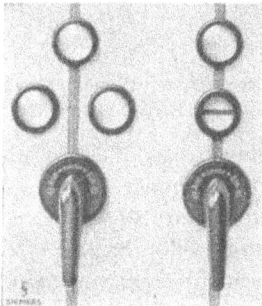

Bild 95: Befehlsschalter mit getrennten Meldelampen

Bild 96: Stellungsanzeiger zur Stellungsmeldung

sondere Befehls- und Meldeorgane eingebaut. Die Ausführung dieser Befehls- und Meldeorgane ist von den einzelnen Firmen verschieden gelöst worden. In der Hauptsache sind zwei Ausführungsformen zu unterscheiden. Bei der einen werden der Befehlsschalter und die Meldeorgane konstruktiv vollkommen getrennt gehalten, während bei der anderen Ausführungsform die Befehls- und Meldeorgane in einem Baustein zusammengefaßt sind.

Im ersteren Falle wird zur Durchführung der einzelnen Befehle ein normaler Befehlsschalter in das Befehlsschaltbild eingebaut, während die Signalisierung der jeweiligen Stellung des ferngesteuerten bzw. überwachten Schalters durch besondere Stellungsmeldelampen erfolgt. Diese Meldelampen werden an den Stellen des Blindschaltbildes untergebracht, die der räumlichen Lage des zugehörigen, fernüberwachten Schalters im Netz entsprechen (Bild 95).

Eine andere Art der Stellungskennzeichnung der einzelnen Schalter stellt die Stellungsmeldung durch elektromechanisch bewegte Stellungsanzeiger

(Bild 96) dar. Diese Stellungsanzeiger werden von den Kontakten der Stellungskontrollrelais entsprechend der eingelaufenen Meldung eingestellt und kennzeichnen je nach der Lage des Schaltersymbols zum Leitungszug die Ein- oder Aus-Stellung des zugehörigen fernüberwachten Schalters.

Das gebräuchlichste Gerät zur Steuerung und Überwachung eines Schalters, das sich gerade bei Blind- und Leuchtschaltbildern besonders eingebürgert und bewährt hat, ist jedoch der sog. *Steuerquittungsschalter* (Bild 97). Wie bereits der Name zum Ausdruck bringt, sind bei diesem Schalter die der Befehlsgabe und die der Stellungsmeldung dienenden Schalt- und Meldeorgane in irgendeiner Form konstruktiv vereinigt. Grundsätzlich besitzt ein solcher Steuerquittungsschalter die erforderlichen Schaltkontakte für die Abgabe des Ein- bzw. Ausschaltbefehls und hiervon getrennt besondere Meldekontakte, die von dem von Hand zu bedienenden Quittungsschalter betätigt werden und

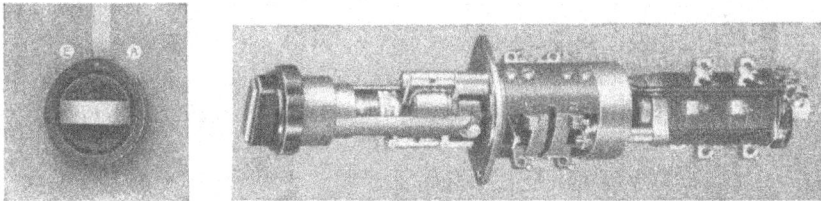

Bild 97: Steuerquittungsschalter mit getrennt bewegtem Befehlsring

zusammen mit einer im Quittungsschalter eingebauten Meldelampe die Kennzeichnung der jeweiligen Schalterstellung übernehmen.

Der konstruktive Aufbau der gebräuchlichsten Steuerquittungsschaltertypen ist verschieden. Der in Bild 97 dargestellte Schalter besitzt einen Befehlsring und einen Quittungsknebel, die unabhängig voneinander betätigt werden. Zur Durchgabe des Einschaltbefehls wird der Befehlsring von Hand nach links umgelegt und in dieser Stellung bis zum Eintreffen der Einschaltmeldung belassen. In ähnlicher Weise erfolgt bei einem Ausschaltbefehl das Umlegen des Befehlsringes nach rechts. Bei Eintreffen der Meldung der Befehlsausführung kommt die Lampe im Quittungsknebel, die bisher ruhig brannte, solange zum Flackern, bis der Quittungsknebel von Hand in die der neuen Schalterstellung entsprechende Lage umgeschaltet wurde.

Bei dem in Bild 97 wiedergegebenen Steuerquittungsschalter ist noch eine besondere mechanische Verriegelung zwischen Quittungsknebel und Befehlsring vorgesehen worden. Der Quittungsknebel kann nämlich nicht in seine gegenteilige Lage umgeschaltet werden, solange der Befehlsring noch in seiner Arbeitsstellung steht. Es muß also stets erst der Befehlsring in seine neutrale Lage zurückgeführt werden, ehe der Quittungsknebel zur Berichtigung des Stellungsbildes in seine neue Lage bewegt werden kann. Diese Verriegelung hat den Zweck, zu verhindern, daß der Schaltwärter vergißt, nach Einlaufen der Ausführungsmeldung den anstehenden Befehl zurückzunehmen. Durch eine derartige Vergeßlichkeit könnten nämlich zu einem späteren Zeitpunkt,

d. h. z. B. nach einem selbsttätigen Wiederausfall des betreffenden Schalters
unbeabsichtigte Schalthandlungen veranlaßt werden.

Der in Bild 98 dargestellte Steuerquittungsschalter ist in seiner Handhabung wesentlich anders aufgebaut. Bei ihm ist der vorgesehene Quittungsknebel gleichzeitig auch Befehlsschalter. Zur Abgabe eines Schaltbefehls muß

Bild 98: Steuerquittungsschalter mit Überdrehstellung

der Quittungsschalter von Hand zunächst in seine gegenteilige, um 90⁰ ab-
weichende Meldestellung gebracht werden, d. h. vorquittiert werden. Dann

erfolgt durch ein weiteres
Überdrehen des Quittungs-
knebels um noch einmal
45⁰ in der gleichen Richtung
das Schließen der Befehlskontakte. Zur Abgabe eines
Ausschaltbefehls wird also
der Quittungsknebel des
Steuerquittungsschalters von
Hand zunächst aus der
Meldestellung „Ein" um 90⁰
in die Meldestellung „Aus"
gedreht und dann bis zur
Befehlsdurchgabe um wei-
tere 45⁰ in der gleichen
Richtung überdreht.

Zur Verhinderung einer
unbeabsichtigten Betätigung
der Befehlskontakte wird das
Einschwenken des Quittungsknebels in die Überdrehstellung in der Regel noch von
einem vorherigen Zug oder
Druck desselben in eine andere Schaltebene abhängig
gemacht.

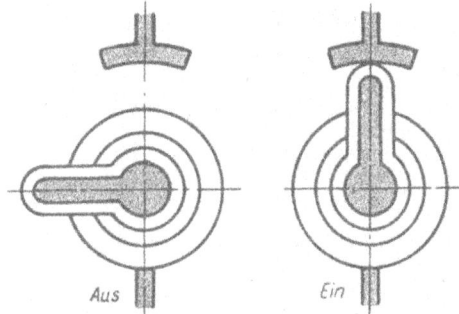

Aus   Ein

Bild 99: Quittungsschalter

Im einfachsten Falle kann man in Verbindung mit Fernsteuerwählergeräten auch einen normalen Quittungsschalter (Bild 99), wie er für die
Stellungsmeldung nur überwachter Schalter gebräuchlich ist, verwenden.
Ordnet man nämlich auf einem derartigen Quittungsschalter, der nur die
beiden Grenzstellungen Ein oder Aus besitzt, außer den für die Meldungsdurchgabe benötigten Kontakten noch weitere Schaltkontakte für die
Befehlsausführung an, so kann man mit Hilfe dieser zusätzlichen Kontakte auch die Befehlsgabe durchführen. Abweichend von den eigentlichen Steuerquittungsschaltern erfolgt die Befehlsgabe bei Verwendung des
Quittungsschalters als Steuerschalter so-
fort nach Umlegen des Quittungsschalters in die gegenteilige Stellung. Der Befehlsanreiz bzw. der Anreiz zum Anlauf des
Fernsteuerwählergerätes wird dabei durch
die gegensätzliche Stellung des von Hand
umgelegten Quittungsschalters und des
vom Fernsteuergerät beeinflußten Stellungskontrollrelais gegeben, das noch die
bisherige Schalterstellung wiedergibt
(Bild 100).

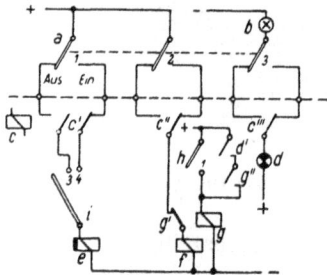

Bild 100: Befehlsgabe mittels
Quittungsschalter
a Quittungsschalter mit Kontakt: 1 zur
Schrittbelegung 2 zum Wähleranreiz 3
zur Meldungsgabe b Meldelampe im Quittungsschalter c Stellungskontrollrelais im
Wählergerät d Flackereinrichtung e Pausensenderelais f Wähleranreizrelais g An-
lauf-Sperrelais h Rückmeldewähler i Befehlswähler

Für einfache Fernsteueranlagen ist die
Befehlsgabe mittels Quittungsschalter
bereits wiederholt mit Erfolg angewendet
worden. Allerdings sind dabei gewisse
Vorkehrungen gegen unbeabsichtigte
Steuerungen zu treffen. So muß z. B.
durch ein besonderes Sperr-Relais verhindert werden, daß beim Einlaufen einer Schalterausfallmeldung aus der gegensätzlichen Stellung des
in die Ausstellung umgelegten Stellungskontrollrelais und des noch in der Ein-
stellung befindlichen Quittungsschalters heraus selbsttätig ein Wiedereinschalt-
befehl herausgeht. Erregt man dieses Sperrelais abhängig von dem Anlauf
des Rückmeldewählers und läßt man es sich anschließend von Kontakten des
Flackerrelais halten, so wird die Abgabe eines Befehles solange verhindert,
bis der Quittungsschalter von Hand in die Ausschaltstellung umgelegt wurde
und keine selbsttätige Befehlsgabe mehr möglich ist. Bei Anwendung derartiger
Verriegelungen kann man also in Fernsteueranlagen grundsätzlich auch den
normalen Quittungsschalter zur Befehlsgabe benutzen, wenn man auf eine
unterschiedliche Handhabung der Befehlsgabe und Meldungsquittung glaubt
verzichten zu können.

Die zuerst beschriebenen Steuerquittungsschalter der Ausführung Bild 97
und 98 können entweder so gebaut werden, daß der Befehlsring oder der zur
Befehlsgabe benutzte Quittungsknebel in der 45⁰-Befehlsstellung bis zu
seiner Rückstellung von Hand liegen bleibt, oder daß derselbe nach seinem
Loslassen selbsttätig wieder in seine neutrale Stellung zurückfedert. Bei
der Anwendung von Fernsteuerwählergeräten älterer Bauart mit längeren

Umlaufzeiten zur Durchführung der Befehlsgabe ist die erstere Anordnung vorteilhafter, da der Befehlskontakt bei Wählergeräten solange geschlossen gehalten werden muß, bis der Befehlswähler des Wählergerätes auf den entsprechenden Wählerschritt aufgeprüft hat.

Bei neueren Wählergeräten mit nur 1—3 Sekunden Laufzeit, kann man dem Schaltwärter dagegen zumuten, den betreffenden Schalter von Hand solange in seiner Arbeitsstellung festzuhalten, bis der Befehl ausgeführt ist. Allerdings muß man ihm in diesem Fall zweckmäßig ein optisches Signal dafür geben, wann der Umlauf des Befehlswählers beendet ist. Dieses optische Signal kann am besten durch die an sich vorhandene Bereitschaftslampe des Wählergerätes gegeben werden, die aufleuchtet, sowie die Wähler des Gerätes ihre Nullstellung wieder erreicht haben.

Um bei der Verwendung zurückfedernder Schalter das längere Festhalten des Schalters zu ersparen, wird häufig der Vorschlag gemacht, vom Steuerquittungsschalter her ein besonderes Befehlsrelais zu erregen, das den entsprechenden Befehl übernimmt und sich bis zum Umlauf des Befehlswählers gebunden hält. Gegen diese Lösung bestehen, abgesehen von dem nicht vertretbaren zusätzlichen Relaisaufwand technisch insofern Bedenken, als die Sicherheit gegen Fehlsteuerung dadurch beeinträchtigt werden kann. Einer der wichtigsten Grundsätze der Fernsteuertechnik ist nämlich der, daß irgendeine Schalthandlung in der gesteuerten Stelle nur dann zustande kommen darf, wenn ein entsprechender Befehl durch die Betätigung eines Befehlsschalters im Schaltbild der Steuerstelle gegeben wird. Es darf nicht möglich sein, durch Betätigen eines bzw. mehrerer Relais an irgendeiner Stelle der Anlage die gleiche Wirkung hervorzurufen; ausgenommen hiervon sind natürlich die Endrelais in der gesteuerten Stelle, bei deren Betätigung von Hand eine Fehlsteuerung nicht mehr verhindert werden kann.

Der Steuerquittungsschalter findet für diejenigen Schalter Verwendung, die ferngesteuert und -überwacht werden. Die übrigen Schalter einer Anlage, die nur überwacht werden, benötigen im Befehlsbild nur einen Quittungsschalter. Ein solcher Quittungsschalter ist bezüglich der Meldungskennzeichnung genau so aufgebaut wie der Quittungsteil des Steuerquittungsschalters. Es fehlen lediglich die für die Befehlsgabe erforderlichen Befehlsschalter (Bild 99).

Genau wie bei den Steuerquittungsschaltern erfolgt die Meldung einer Stellungsänderung entweder durch das bereits erwähnte Blinken des Quittungsknebels oder die sogenannte Hell-Dunkel-Schaltung. Bei der Hell-Dunkel-Schaltung werden für den Fall, daß die Stellung des Quittungsknebels nicht mit der tatsächlichen Stellung des zugehörigen überwachten Schalters übereinstimmt, die Meldelampen im Quittungsschalter zum Aufleuchten gebracht. Erst wenn die eingetroffene Stellungsmeldung von Hand quittiert wird, kommt die betreffende Lampe zum Erlöschen. Der Nachteil dieser Schaltung besteht darin, daß bei Ausfall der Meldelampen im Quittungsschalter eine Meldungsunterdrückung möglich ist. Man muß daher bei Anwendung der Hell-Dunkel-Schaltung zumindest dafür Sorge tragen, daß eine Lampenstörung, z. B. durch wiederholte Betätigung einer Lampenprüftaste baldmöglichst festgestellt wird (Bild 101).

Den vorgeschilderten Nachteil vermeidet die Blinklichtschaltung. Bei dieser Schaltung brennt die Meldelampe im Quittungsknebel für den Fall, daß die durch den Quittungsknebel wiedergegebene Stellung mit der tatsächlichen Schalterstellung übereinstimmt, ruhig. Wird durch das Fernsteuergerät eine Stellungsänderungsmeldung für den betreffenden Schalter durchgegeben, so kommt die Lampe in dem Quittungsknebel zugleich mit einem akustischen Alarm solange zum Flackern, bis durch Umlegen des Quittungsknebels von Hand in die neugemeldete Stellung die eingelaufene Meldung quittiert wurde. Die Lampe im Quittungsknebel muß bei betriebsbereitem Blindschaltbild also entweder flackern oder ruhig brennen. Jeder Ausfall einer Meldelampe fällt also sofort ins Auge. Unabhängig davon wird jedoch außerdem durch einen parallel zur Meldelampe eingebauten Widerstand dafür Sorge getragen, daß bei einlaufender Stellungsmeldung auch bei Lampendefekt zum mindesten ein akustischer Alarm gegeben wird, der auf den Meldungseingang hinweist.

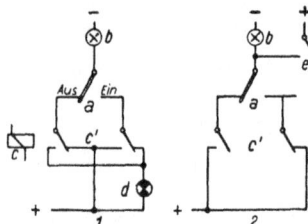

Bild 101: Flackerschaltung (1) oder Hell-Dunkelschaltung (2) des Quittungsschalters
a Quittungsschalter b Meldelampe im Quittungsschalter c Stellungskontrollrelais im Wählergerät d Flackereinrichtung e Gemeinsame Lampenprüftaste

Die Steuerquittungsschalter oder Quittungsschalter werden im Blind- oder Leuchtschaltbild in die Leitungszüge des Netzbildes eingebaut, und zwar in der Weise, daß für den Fall, daß der betreffende Schalter ausgeschaltet ist, der Quittungsknebel senkrecht zum Leitungszug steht. Ist der zugehörige Schalter eingeschaltet, so liegt der Quittungsknebel im Leitungszug. Die Farbe der einzelnen Quittungsknebel wird der Farbe des zugehörigen Leitungszuges angepaßt.

Zur Unterscheidung, ob der durch einen Steuerquittungsschalter ferngesteuerte Schalter ein Leistungs- oder Trennschalter ist, gibt man den einzelnen Schaltern verschiedene Umrandungen, so z. B. ein Quadrat für einen Leistungsschalter und einen Kreis für einen Trennschalter (Bild 102). Diese Umrandungen können entweder auf einer auf dem Schalterkörper aufgebrachten Rosette wiedergegeben oder auch auf das Blindschaltbild aufgemalt werden.

4. Die Fernsteuerwarte

Besondere Aufmerksamkeit muß der Ausführung und Anordnung der Befehls- und Überwachungstafeln in der Steuerstelle gewidmet werden. Diese

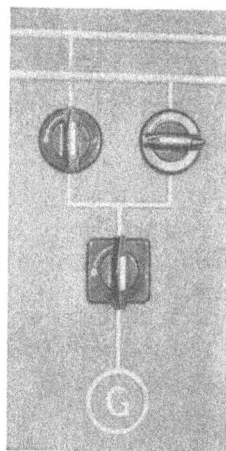

Bild 102: Unterscheidung von Steuerquittungsschaltern zur Fernbedienung von Leistungs- und Trennschaltern

Tafeln müssen sich in ihrer räumlichen Anordnung und der Aufreihung ihrer Befehls- und Meldegeräte den örtlichen Verhältnissen, der Art der gestellten Fernsteueraufgaben und dem Umfang und Aufwand der gesamten Anlage bestmöglichst anpassen.

Den wichtigsten Gesichtspunkt für die zweckmäßige Ausführung der Befehlstafeln und die Ausgestaltung der Fernsteuerwarte selbst stellt die gute Übersichtlichkeit der gesamten Befehlstafel dar. Es müssen nämlich von einem zentralen Punkt aus leicht alle für die Betriebsführung erforderlichen Schalter, Meldeorgane und Fernmeßgeräte überblickt werden können. Solange es sich dabei um die Fernsteuerung kleinerer Anlagen handelt, macht eine solch übersichtliche Anordnung der Befehlstafeln meist keine wesentlichen Schwierigkeiten, sofern für die Unterbringung der Tafeln der nötige Platz gestellt werden kann; sowie jedoch der Umfang einer Fernsteuer- oder Fernüberwachungsanlage über ein gewisses Mittelmaß hinausgeht, kommt der Frage der übersichtlichen Anordnung der Befehlstafeln mehr und mehr Bedeutung zu. Bleibt man nämlich in solchen Fällen bei der früher üblichen gelockerten Bauweise, so wird das Ausmaß einer Fernsteuerwarte derartig groß, daß die gesamte Anlage nicht mehr übersichtlich gestaltet werden kann.

Da nun derartig große Anlagen im Zusammenhang mit der weiteren Verbreitung des Verbundbetriebes in neuerer Zeit häufiger errichtet werden müssen, mußte man rechtzeitig auf Mittel sinnen, den räumlichen Platzbedarf der einzelnen Befehlstafeln auf ein Mindestmaß zu beschränken. Die Möglichkeit hierzu lag in der Verkleinerung der bisher für die Befehlsgabe und Stellungskennzeichnung verwendeten Steuerquittungsschalter. Bei der Errichtung der ersten Fernsteueranlagen hatte man nämlich aus Mangel an geeigneten anderweitigen Bausteinen und im Einklang mit der Ausführung der bisher allein gebräuchlichen Ortsbedienungswarten einfach die vorhandenen Befehls- und Meldeschalter der Ortsbedienungstechnik in die Fernsteuertechnik übernommen.

Da bis zum Aufkommen der neuzeitlichen Fernsteuerwarten und Lastverteilerstellen größeren Umfanges die Frage des Platzbedarfes der Steuerbzw. Meldeschalter kaum von Bedeutung war, behielt man die starkstrommäßig bemessenen Schalter und Anzeigegeräte zur Befehlsgabe und Meldungskennzeichnung in der Fernsteuertechnik bei, trotzdem man sich darüber klar war, daß der Einsatz dieser Schalter technisch kaum vertretbar ist. Die Schalter der Ortsbedienungstechnik sind nämlich so reichlich bemessen, daß sie sämtliche bei den üblichen Schalthandlungen auftretenden Antriebsleistungen beherrschen können und auch bezüglich der Isolation ihrer Kontakte allen hierbei an sie gestellten Anforderungen gewachsen sind. In einer Fernsteueranlage dagegen, die mit Wählergeräten arbeitet, werden die Befehlsschalter z. B. nur mit 24 Volt und etwa 25 mA belastet, so daß die Verwendung eines hochisolierten Schalters großer Schaltleistung widersinnig erscheint.

Man ist daher in letzter Zeit zur Entwicklung schwachstrommäßig ausgeführter Befehls- und Meldeschalter übergegangen. Die Gegenüberstellung des bisher verwendeten Steuerquittungsschalters und des neu entwickelten kleinen Steuerquittungsschalters (Bild 103) zeigt den wesentlich geringeren Platzbedarf. Hierdurch wird eine so weitgehende Verkleinerung der benötigten Schalttafelfläche erreicht, daß das Verhältnis der Fläche der früher üblichen Schalttafeln zur Fläche einer gleichwertigen Schalttafel mit

Schwachstromschaltern etwa 4 : 1 beträgt. Dadurch wird eine wesentliche Ersparnis an Raumbedarf für die Fernsteuerwarte erzielt, wie sie beispielsweise in Bild 104 dargestellt ist. Bei gleicher Übersichtlichkeit der Schalttafeln beträgt der Raumbedarf einer neuzeitlichen Fernsteuerwarte mit Klein-Bausteinen nur noch einen Bruchteil der bisherigen Warten. Umgekehrt wird das Fassungsvermögen eines als Wartenraum zur Verfügung stehenden Raumes vervielfacht, wobei man allerdings dann meist darauf verzichten muß, sämtliche Einzelheiten eines umfangreichen Netzbildes von einem Punkt aus übersehen zu können.

Bild 103: Kleiner Steuerquittungsschalter neuerer Bauart für Mosaikschaltbild
Abmessungen: Steuerquittungsschalter bisheriger kleiner Steuerquittungsschalter
Bauart (Bild 98)   (Bild 103)
Grundfläche   Grundfläche
65 × 65 mm   25 × 25 mm
Tiefe ca. 250 mm   Tiefe 120 mm

Selbstverständlich kann man bei der Bemessung der Schaltknebel der schwachstrommäßig ausgeführten Befehls- und Meldeschalter nicht unter ein bestimmtes Mindestmaß heruntergehen. Der Schaltknebel muß auch von gröberen Händen noch bequem und sicher bedient werden können. Angestellte Untersuchungen haben ergeben, daß dabei eine Länge des Schaltknebels von etwa 25 mm zweckmäßig nicht unterschritten wird. Der Einwand, daß bereits diese Bemessung für einen in Starkstromanlagen tätigen Schaltwärter zu gering ist, erscheint unbegründet. Denn einerseits wird man die Betreuung einer größeren Lastverteilerstelle oder Fernsteuerwarte kaum einem lau-

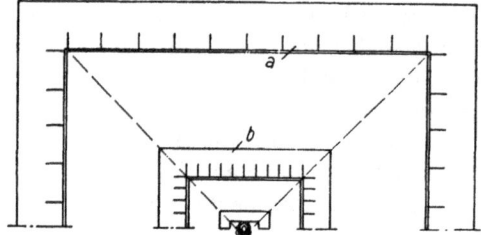

Bild 104: Raumersparnis in der Fernsteuerwarte
bei gedrängter Bauweise der Schalttafeln
a Alte Bauweise b Gedrängte Bauweise

fend mit gröberen Arbeiten betrauten Schaltwärter, sondern einem geschulten Betriebsingenieur übertragen und andererseits ist jeder Schaltwärter seit langem doch auch an die Bedienung eines ähnlich klein bemessenen Schwachstromgerätes, nämlich der Wählscheibe des Fernsprechers gewöhnt. Darüber hinaus wird im Zuge der bereits an anderer Stelle erwähnten schwachstrommäßigen Durchdringung der Anlagen der Starkstromtechnik in Zukunft die Handhabung schwachstrommäßg bemessener Schaltgeräte auch an anderer Stelle erforderlich werden.

Ein weiteres Mittel zur Verkleinerung der Schalttafelfläche ist die gedrängte

Anordnung der Befehls- und Meldeschalter bei Mehrfachsammelschienen-
systemen. Die übliche Darstellung des Abzweiges einer Zweifach-Sammel-
schiene ist in Bild 102 wiedergegeben. Die Sammelschienentrennschalter
liegen dabei unter oder über den Sammelschienen, wodurch für einen Abzweig
in der Höhe verhältnismäßig viel Platz beansprucht wird. Da man andererseits
wegen der bequemen Bedienungsmöglichkeit der einzelnen Befehlsschalter
diese auf der Schalttafel nicht gern unter 65 cm oder über 180 cm Höhe anordnet, hat man bei Verwendung der bisher gebräuchlichen Steuerquittungsschalter bisweilen Schwierigkeiten mit der räumlichen Anordnung der Abzweige

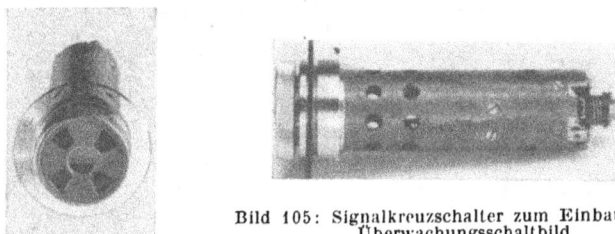

Bild 105: Signalkreuzschalter zum Einbau in das
Überwachungsschaltbild

für Speise- oder Verbraucherkabel. Man hat daher besonders bei Anlagen mit
mehr als zwei Sammelschienen versucht, die Bauhöhe des Blindschaltbildes
dadurch zu verringern, daß man die Schaltersymbole für die Abzweigtrenn-
schalter unmittelbar in dem Leitungszug der zugehörigen Sammelschiene
untergebracht hat.

Diese Lösung des Raumbedarfes für das Blindschaltbild erfordert jedoch
besonders ausgebildete Meldeschalter bzw. zumindest abweichend aussehende
Schalterknöpfe. In Bild 105 ist für diesen Zweck z. B. ein sogenannter Signalkreuzschalter verwendet worden, der durch
Drehen des ringförmig ausgebildeten Schal-
terknopfes mit Hilfe des jeweils sichtbar
werdenden Signalkreuzes die gerade eingenommene Trennschalterstellung wiedergibt.
Dieser Schalter, dessen Verwendung mangels
anderer geeigneter Bausteine nur eine Behelfslösung darstellt, ist ein reiner Meldeschalter, da es einerseits verhältnismäßig
schwierig ist, für den Einbau in die
Sammelschienen einen geeigneten Steuer-

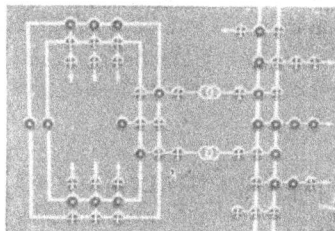

Bild 106: Ausschnitt aus einer Überwachungstafel mit Signalkreuz-
schaltern

quittungsschalter zu entwickeln und andererseits der Übersichtlichkeit wegen
eine solche gedrängte Bauweise nur dann zu empfehlen ist, wenn die in
Frage kommenden Sammelschienentrenner nur überwacht und nicht ferngesteuert werden (Bild 106).

Ein weiteres Mittel zur Herabsetzung des Platzbedarfes des Blindschaltbildes stellt schließlich die sogenannte „Kanalsteuerung" bzw. „Kanalmeldung"

dar. Während man nämlich normalerweise für den einzelnen ferngesteuerten bzw. überwachten Leitungs- oder Trennschalter eine getrennte Steuerung und Meldung und daher auch einen besonderen Steuerquittungsschalter bzw. Quittungsschalter vorsieht (Bild 102), gibt man bei der Kanalmeldung, für mehrere Schalter, z. B. eines Abzweiges eine Sammelmeldung durch und kennzeichnet diese Meldung in einem gemeinsamen Schaltersymbol. So faßt man z. B. die Meldungen der in Bild 105 wiedergegebenen Sammelschienentrenner, des Leistungsschalters und des Kabeltrenners zu zwei Kanalmeldungen zusammen. Der Kanal *1*: Sammelschiene *1* wird dabei dann als eingeschaltet gemeldet, wenn der Trennschalter *1*, der Leistungsschalter *3* und der Kabeltrenner *4* sich in der Einschaltstellung befindet (Bild 107). Die Ausmeldung

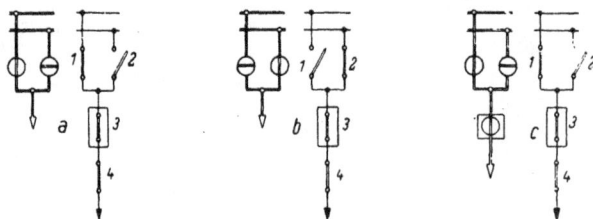

Bild 107: Kanalmeldung im Blindschaltbild
1 Trennschalter für Sammelschiene 1   2 Trennschalter für Sammelscheine 2
3 Leistungsschalter   4 Kabeltrenner
a Kanalmeldung 1   b Kanalmeldung 2
c Kanalmeldung ohne Leistungsschalter

erfolgt, sobald einer der drei genannten Schalter ausgeschaltet ist. Bei der Kanalmeldung *2*: „Sammelschine *2* eingeschaltet" müssen der Trennschalter *2*, der Leistungsschalter *3* und der Kabeltrenner *4* eingeschaltet sein.

Der Nachteil einer solchen Kanalmeldung liegt darin, daß man bei einer Ausschaltmeldung niemals genau feststellen kann, welche der drei in Frage kommenden Schalter sich tatsächlich in der Ausstellung befinden. Infolge dieses betrieblichen Nachteiles wurde trotz des Vorteiles des geringeren Platzbedarfes von einer solchen Art der Kanalmeldung bisher nur selten Gebrauch gemacht.

Eindeutiger wird die Meldungskennzeichnung bei der Kanalmeldung erst dann, wenn man aus ihr die Stellungsmeldung des Leistungsschalters herausläßt. Unbedingt erforderlich wird das Ausscheiden des Leistungsschalters aus der Sammelmeldung für den Fall, daß die Schalter des betreffenden Abzweiges sämtlich fernbedient werden. Die Kanalmeldung muß sich in diesem Fall nur auf den Trennschalter einschließlich des Kabeltrenners beschränken. Wie aus Bild 107 ersichtlich, wird bei dieser Lösung allein der Platz für die Meldeschalter des Kabeltrenners eingespart, so daß die Raumersparnis nur noch gering ist und kaum mehr eine Abweichung von der üblichen Ausführung der Meldungsgabe rechtfertigt.

Die Kanalsteuerung oder Kanalmeldung stellt also in der Hauptsache eine Behelfslösung für bestimmte Sonderfälle dar, bei der entweder eine besonders weitgehende Platzersparnis im Blindschaltbild oder eine Beschränkung der vom Fernsteuergerät zu übertragenden Befehle und Meldungen erforderlich ist. Voraussetzung für ihre Anwendung ist ein verhältnismäßig ruhiger Betrieb ohne häufigen Sammelschienenwechsel bzw. das Fehlen einer Möglichkeit, den Platzbedarf der Schalttafeln anderweitig, d. h. beispielsweise durch die Wahl kleinerer Bausteine, zu verringern.

Die Fernsteuerschalttafeln werden in der Regel so zur Aufstellung gebracht, daß sie die äußere Begrenzung des Wartenraumes darstellen. Sind mehrere Netzpunkte von dieser Warte aus fernzubedienen, so ist die örtliche Aneinanderreihung der zugehörigen Befehlsschalttafeln möglichst entsprechend der geographischen Lage der fernbedienten Stellen vorzunehmen, damit das Zustandekommen eines geschlossenen Netzbildes erleichtert wird. Späteren Erweiterungen ist dabei durch die Einfügung von Leerfeldern Rechnung zu tragen.

Besondere Aufmerksamkeit ist in Fernsteuerwarten auch der Frage der Beleuchtung des Wartenraumes zu widmen. Da die gesamte Meldungsgabe auf der Schalttafel durch das Aufleuchten von Meldelampen, Quittungsknebeln bzw. Leitungszügen erfolgt, muß darauf geachtet werden, daß diese Tafeln nicht durch Sonnenlicht oder starke Anstrahlung durch künstliches Licht so erhellt werden, daß die Meldungskennzeichnung durch das Aufleuchten der Meldelampen schwer erkennbar ist. Man muß daher, und zwar besonders bei Leuchtschaltbildern, darauf achten, daß eine Anstrahlung der Schalttafeln und vor allem starke Helligkeitsschwankungen im Wartenraum vermieden werden.

Will man im Interesse des Bedienungspersonals im Wartenraum Fenster mit Tageslichteinstrahlung beibehalten, so lassen sich derartige Helligkeitsschwankungen schwer vermeiden. Um diese bezüglich der Erkennbarkeit der Meldungen bis zu einem gewissen Grade auszugleichen, hilft man sich in Tageslichtwarten so, daß man den für die Beleuchtung der Meldelampen vorgesehenen Beleuchtungsumspanner mit mehreren Anzapfungen versieht, die jeweils durch einen besonderen Umschalter eingeschaltet werden. Hierdurch wird die an die Meldelampen gelegte Spannung erhöht oder herabgesetzt und damit die Leuchtstärke der Lampen der Raumhelligkeit angepaßt. Die Gefahr dieser Maßnahme besteht jedoch darin, daß man bei der Spannungserhöhung zum Angleich der Tageslichteinstrahlung bisweilen so hoch gehen muß, daß ein zu schneller Lampenverschleiß eintritt.

5. Die Lastverteilerwarte

Ähnliche Gesichtspunkte, wie für die Fernsteuerwarte angeführt, gelten auch für die Lastverteilerwarte (Bild 108). Auch hier ist für die Betriebsführung des Lastverteilers ein übersichtliches Netzbild das wichtigste Hilfsmittel. Hierzu kommen in der Regel noch ein oder mehrere Befehlspulte, die zugleich als Schreibtisch ausgebildet sind.

Auf dem Netzbild sind sämtliche für die Netzüberwachung und die Entscheidungen des Lastverteilers erforderlichen Leitungszüge und Schalter-

Bild 108: Lastverteilerwarte

symbole untergebracht. Dazu kommen an bestimmten Punkten noch die Symbole für Erzeugermaschinen und Umspanner. Wegen des Umfanges des Netzbildes ist bei jeder Lastverteilerwarte eine gedrängte Bauweise anzustreben, für die bereits an früherer Stelle die in Frage kommenden Möglichkeiten erörtert wurden.

Diese gedrängte Bauweise macht es unmöglich, die für die Netzüberwachung erforderlichen Fernmeßanzeigegeräte wie bei normalen Fernsteuertafeln sämtlich in die Netzschalttafel einzubauen. Gegenüber der gedrängten Leitungsführung und den in der Regel verhältnismäßig kleinen Schaltersymbolen sind die gebräuchlichen Fernmeßanzeigeinstrumente zu groß. Außerdem handelt es sich in Lastverteileranlagen häufig um die Anzeige von Summenwerten, die keinen unmittelbaren Zusammenhang mit einem bestimmten Netzpunkt haben. Man ordnet daher aus diesem Grunde gern die wichtigsten Anzeigegeräte in dem Lastverteilerpult an, das gleichzeitig die Fernsprecheinrichtungen enthält, die der Lastverteiler für die Durchführung seiner Aufgaben benötigt. Auf diesem Pult hat der Lastverteiler laufend die wichtigsten, den Energiehaushalt betreffenden Meßwerte vor sich, so daß er auf Grund der Übersicht über die jeweilig angezeigten Meßwerte schnell seine Entscheidungen treffen kann.

Weder auf das Lastverteilerpult noch auf die Netzbildtafel gehören die Meßwertschreiber. Diese schreibenden Geräte werden zweckmäßig auf besonderen Tafeln zusammen mit Wasserstandsanzeigern, Störungsschreibern und ähnlichen Geräten untergebracht. Da diese schreibenden Geräte häufig nur statistischen Zwecken dienen oder die nachträgliche Überprüfung der Abwicklung irgendwelcher Schalt- und Energielieferungsvorgänge gestatten sollen, sind sie abseits von dem eigentlichen Netzbild anzuordnen. Ist der zur Verfügung stehende Wartenraum für die Aufnahme dieser Schalttafelfelder mit schreibenden Instrumenten zu klein, so kann man diese Schalttafelfelder auch außerhalb des Wartenraumes in der Nähe desselben getrennt zur Aufstellung bringen.

Bei der Anordnung der Tafeln des Netzbildes bzw. der Schalttafelfelder für die Meßgeräte muß gerade bei Lastverteileranlagen besonders an spätere Erweiterungen bzw. Umgestaltungen im Netz gedacht werden. Alle in absehbarer Zeit geplanten Veränderungen sind bezüglich des Platzbedarfes beim Aufbau der Lastverteilertafel weitgehend zu berücksichtigen. Ist mit einer wiederholten Änderung des bestehenden Gesamtnetzbildes zu rechnen, so ist diese Tatsache durch eine möglichst anpassungsfähige Ausführung der Überwachungstafel zu berücksichtigen.

Bei der einfachsten Ausführungsform einer solchen Tafel, dem Steckbild, bei dem die jeweilige Stellung der einzelnen überwachten Schalter auf Grund telefonischer Meldungen durch Umstecken von Signalsteckern oder Schaltersymbolen korrigiert wird, lassen sich später auftretende Anordnungen am leichtesten berücksichtigen, da in diesem Fall auf der Rückseite keinerlei Verkabelung vorhanden ist, die gleichzeitig geändert werden müßte. Setzt man bei einem derartigen Steckbild die Gesamttafel zweckmäßig aus einer Reihe kleinerer, leicht auswechselbarer Teilfelder zusammen, so kann man jeder Änderung des Netzbildes in verhältnismäßig einfacher Weise Rechnung tragen.

Umständlicher sind derartige Änderungen in den Fällen, bei denen eine selbsttätige optische Stellungssignalisierung vorgesehen ist, da hier gleichzeitig die Verkabelung der Meldeorgane zu ändern ist. Auch hier hilft eine möglichst weitgehende Unterteilung der Schalttafel. Im Grenzfall gelangt man dabei zum sogenannten Mosaikschaltbild.

6. Das Mosaikschaltbild

Das nachfolgend als Ausführungsbeispiel beschriebene Mosaikschaltbild besteht in der Hauptsache aus einem Lochplattengerüst (Bild 109), auf dem in bestimmter, dem Netzbild entsprechender Anordnung kleine Mosaiksteine montiert werden. Der größte Teil dieser Mosaikbausteine (Bild 110) sind Blindsteine, die zur Ausfüllung der gesamten Tafelfläche dienen. Diese Blindsteine werden ähnlich wie die übrigen Symbol- und Schaltersteine mit ihrem zylinderförmigen Ansatz in die einzelnen Löcher der Lochplatte eingeführt und dort mittels einer Spreizfeder festgehalten, so daß also ihre Montage und Demontage denkbar einfach ist.

Die nächste Gruppe von Bausteinen besteht aus den Mosaiksteinen zur Darstellung des Leitungszuges bzw. der Symbole für Umspanner, Gleichrichter, Maschinen, Wandler usw. Aus diesen Steinen wird das eigentliche Netzbild (Bild 111) zusammengesetzt, in das an

Bild 109: Lochplattengerüst eines Mosaikschaltbildes

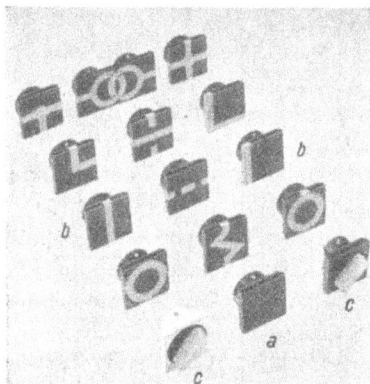

Bild 110: Mosaikbausteine
a Blindsteine b Symbolsteine c Schalterbausteine

Bild 111: Montage eines Mosaiknetzbildes

die in Frage kommenden Stellen die Befehls- oder Meldeschalter für die
einzelnen ferngesteuerten bzw. fernüberwachten Schalter eingefügt werden.
Diese Schalter sind in ihren Abmessungen den übrigen Mosaiksteinen angepaßt, so daß sie beliebig gegen Blind- oder Symbolsteine ausgetauscht
werden können.

Die Befehls- und Meldeschalter für das Mosaikschaltbild können als normale,
schwachstrommäßige Steuerquittungsschalter oder Quittungsschalter mit
entsprechenden Kontaktsätzen ausgeführt werden. Andererseits kann man auch
beim Mosaikschaltbild einfache Befehlsschalter mit getrennten Meldelampen
zur Stellungskennzeichnung verwenden. Da jedoch in diesem Falle zwei
zusätzliche Lampenbausteine für jeden Schalter benötigt werden, ist diese
Bauweise für Mosaikschaltbilder wenig geeignet, da die gedrängte Bauweise und
die bequeme Änderungsmöglichkeit des Netzbildes darunter leidet.

Der hauptsächlichste Vorteil eines Mosaikschaltbildes liegt darin, daß man
bei Einbau eines solchen Schaltbildes sich späterhin leicht allen Veränderungen
im Netzaufbau anpassen kann, was bei den sonst gebräuchlichen Eisenblech-
tafeln mit fester Schaltermontage verhältnismäßig schwierig ist. Das eigentliche Anwendungsgebiet des Mosaikschaltbildes liegt daher bei Fernbedienungs-
oder Lastverteileranlagen, bei denen das überwachte Stromversorgungsnetz
laufend wesentlichen Änderungen unterworfen ist bzw. bei denen ein vor-
läufiger Erstausbau schrittweise in den endgültigen Netzaufbau überführt
wird. Liegen derartige Verhältnisse im einzelnen Falle nicht vor, so soll man
von der Verwendung derartiger Mosaikschaltbilder absehen.

Die Änderung des Netzbildes einer Mosaikschalttafel ist um so leichter, je
weniger Drahtverbindungen von dem einzelnen Schalterbaustein zu den Fern-
steuer- bzw. Fernmeldegeräten geführt werden müssen. Bei der Festlegung
der Verkabelung bzw. des Anschlußschemas für die Fernmeldegeräte ist
daher besonderer Wert darauf zu legen, daß eine Schaltung gewählt wird, die
die geringste Zahl von Verbindungsdrähten erfordert. Auch die Leitungsführung selbst muß so beweglich durchgebildet werden, daß z. B. mit Hilfe

besonderer Zwischenverteiler leicht eine Versetzung der einzelnen Schaltelemente durchgeführt werden kann.

Von Bedeutung ist noch die Feststellung, daß bei Herstellung der für das Mosaikschaltbild benötigten Bausteine und Lochplatten in größerer Stückzahl die Beschaffungskosten eines Mosaikbildes gegenüber einem gleichwertigen Blindschaltbild aus Eisenblech eher geringer als höher sind, so daß der Anwendung eines Mosaikschaltbildes von wirtschaftlicher Seite aus nichts im Wege steht.

7. Das Befehlspult

Während in der Regel die Befehls- und Meldegeräte einer Fernsteuerwarte auf besonderen Schalttafeln angeordnet werden, die gleichzeitig die Begrenzung des Wartenraumes darstellen, hat man auch Anlagen ausgeführt, bei denen die zur Befehlsgabe und Überwachung benötigten Schaltund Meldegeräte auf einem besonderen Befehlspult (Bild 112) untergebracht sind. Dabei kann die Montage dieser Geräte entweder auf einem allein für Fernsteuerzwecke vorgesehenen Bedienungspult erfolgen oder auf einzelnen Pultplatten, die in die für das Bedienungspersonal vorgesehenen Schreibtische eingelassen werden. In letzterem Falle werden

Bild 112: Befehlspult einer über Hochfrequenzverbindung arbeitenden Fernbedienungsanlage

auf diesem Schreibtisch auch die für die Betriebsführung erforderlichen Fernsprechgeräte und wichtigsten Fernmeßanzeiger untergebracht.

Besondere Bedienungspulte innerhalb des Wartenraumes wurden bisher meist nur für kleinere Anlagen vorgesehen, bei denen die Zahl der von diesem Pult aus zu beherrschenden Schalt- und Meldevorgänge nicht zu groß ist. Mit der Einführung der Klein-Bausteine für Befehls- und Meldungsabgabe besteht jedoch heute durchaus die Möglichkeit, derartige Pulte auch für größere Fernsteuer- und Überwachungsanlagen vorzusehen, ohne daß die Übersichtlichkeit des gesamten Netzbildes darunter leidet.

Eine gerade für größere Anlagen geeignete Lösung besteht dabei darin, daß auf dem Bedienungspult allein die für die einzelnen Schalter benötigten Befehlsschalter untergebracht werden während man die zugehörigen Stellungsmeldegeräte nach wie vor auf Überwachungstafeln am Rande des Wartenraumes anordnet. Zweckmäßig verwendet man in diesem Fall zur Wiedergabe der jeweiligen Schalterstellung keine Quittungsschalter, da sonst die Bedie nungsperson bei jeder einlaufenden Meldung das Befehlspult verlassen und an die Überwachungstafel treten muß. Geeigneter sind in diesem Fall zur Stellungsmeldung elektrisch betätigte Stellungszeiger wie auch Meldelampen, die unmittelbar von den Stellungskontrollrelais des Fernmeldegerätes beeinflußt werden.

Der Vorteil eines getrennten Überwachungsbildes mit Stellungsanzeigern oder Meldelampen liegt darin, daß man Befehlspult und Überwachungstafel äußerst gedrängt bauen kann. Außerdem ist man bezüglich der Bauhöhe des Netzbildes nicht mehr auf die Höhe von 180 cm beschränkt, da ja keine Einzelquittierung der einlaufenden Meldungen mehr vorzunehmen ist, und man daher auch die verschiedenen Meldeorgane nicht mehr mit der Hand zu erreichen braucht. Es ist in diesem Fall sogar möglich, das Überwachungsbild oberhalb von bereits bestehenden Schalttafelfeldern unterzubringen, wenn die Enge des Warteraumes keine anderweitige Anordnung der Überwachungstafeln gestattet.

Es muß jedoch erwähnt werden, daß die Verwendung selbsttätig bewegter Stellungsanzeiger oder die Stellungsmeldung durch Meldelampen dem Einbau normaler Quittungsschalter insofern technisch nicht gleichwertig ist, als beim Einlaufen von Meldungen selbsttätiger Stellungsänderungen von Schaltern diese Änderungen durch den Stellungsanzeiger bzw. die einzelnen Meldelampen nicht besonders gekennzeichnet bzw. hervorgehoben werden können. Der Quittungsschalter flackert solange, bis man die eingelaufene Änderungsmeldung einzeln von Hand quittiert, der Stellungsanzeiger dagegen legt, meist unbeobachtet von der Bedienungsperson, sofort bei Eintreffen der Meldung selbsttätig in die gegensätzliche Stellung um. Das gleiche gilt für die Meldelampe. Die Bedienungsperson müßte also das vorherige Stellungsbild genau im Gedächtnis haben, um feststellen zu können, welcher Schalter gerade seine Stellung geändert hat. Das ist natürlich nur bei kleineren Anlagen mit verhältnismäßig ruhigem Betrieb möglich.

Bei größeren Anlagen muß man daher die gemeldeten Stellungsänderungen auf der getrennten Überwachungstafel besonders kennzeichnen. Am besten geschieht das, daß man entweder den Stellungsanzeiger bis zur Quittierung der Änderungsmeldung in pendelnde Bewegung setzt oder eine besondere Meldelampe neben dem Stellungsanzeiger anordnet, die beim Eintreffen einer Änderungsmeldung zum Flackern gebracht wird. Bei Verwendung von zwei Meldelampen zur Kennzeichnung der jeweiligen Schalterstellung kann man die eingetretene Stellungsänderung dadurch kennzeichnen, daß man die bisher ruhig brennende Meldelampe z. B. für die Einschaltmeldung beim Eintreffen der Ausfallmeldung solange zum Flackern bringt, bis die gemeinsame Quittungstaste betätigt wird und statt der Einschaltmeldelampe die Ausschaltmeldelampe zum Aufleuchten kommt. Allerdings ist in beiden Fällen im Fernsteuer- oder Fernmeldegerät für jeden überwachten Schalter ein zusätzliches Relais zur Flackerzeichengabe erforderlich.

Eine weitere Schwierigkeit besteht bei der Anordnung getrennter Überwachungstafeln darin, daß in irgendeiner Weise der Zusammenhang zwischen

dem Befehlsorgan auf dem Befehlspult und dem zugehörigen Überwachungs-
organ auf der Überwachungstafel gewahrt werden muß. Dies kann entweder
durch entsprechende Numerierung der Befehls- und Meldeorgane oder auch
durch optische Kennzeichnung bei der Betätigung eines Befehlsschalters
erfolgen. Im letzteren Falle wird beispielsweise durch die Betätigung der dem
einzelnen Schalter zugehörigen Befehlstaste zunächst nur die Steuerung vorbereitet und zur Kontrolle der richtigen Schalterauswahl im Überwachungsbild eine dem betreffenden Schalter zugehörige Lampe, z. B. die vorstehend
erwähnte Lampe zur Kennzeichnung einer Stellungsänderung zum Aufleuchten
gebracht, die der Bedienungsperson die Bestätigung gibt, daß der Befehlsvorgang tatsächlich für *den* Schalter vorbereitet ist, für den eine Betätigung
in Frage kommt. Erst nach diesem Vergleich zwischen Befehls- und Überwachungsbild erfolgt dann durch eine besondere Anlaßtaste die Freigabe des
eingestellten Befehles.

8. Die zweckmäßige Anordnung der Überwachungs- und Fernmeßgeräte

Die auf der Schalttafel der Steuerstelle anzuordnenden Überwachungsgeräte für die einzelnen fernbedienten und -überwachten Einheiten müssen
nach Möglichkeit so angeordnet werden, daß ihre Lage
innerhalb des Stromversorgungsnetzes und ihre Bedeutung für die Energieerzeugung und Verteilung
jederzeit übersichtlich zu erkennen ist. Auch durch
die bei großen Lastverteilerwarten erforderliche gedrängte Bauweise darf diese Übersichtlichkeit nicht
beeinträchtigt werden.

Während die Unterbringung der Steuer- und Meldeorgane für die einzelnen ferngesteuerten und -über-
wachten Schalter sich aus der Lage der zugehörigen
Schalter im Netz selbsttätig ergibt, können die übrigen Überwachungsorgane nach verschiedenen Ge-

Bild 113: Leuchtschrift-
tafel für Warnmeldungen

sichtspunkten angeordnet werden. Geht man in diesem Zusammenhang
zunächst auf die bei jeder Anlage zu übertragenden Warnmeldungen
ein, so kann man diese entweder gemeinsam in Leuchttablos (Bild 113)
zusammenfassen, die an einer übersichtlichen Stelle der Schalttafel
angeordnet werden, oder auch einzeln an verschiedenen Stellen des
Schaltbildes durch Meldelampen kennzeichnen. Derartige Warnmeldetablos
sind in verschiedene Leuchtfächer aufgeteilt, die bei der Übertragung einer
Warnmeldung durch das Fernmeldegerät zum Aufleuchten kommen und
solange den betreffenden Warnzustand kennzeichnen, wie derselbe andauert.
Weniger gebräuchlich ist in Fernsteueranlagen die Anordnung besonderer
Fallklappen zur Kennzeichnung einlaufender Warnmeldungen, wie sie auf den
Schalttafeln für reine Ortsbedienung üblich ist.

Außer der zusammengefaßten Form der Warnmeldungsgabe durch Leuchttablos ist auch die Kennzeichnung der Warnmeldung in aufgelöster Form
gebräuchlich. Bei dieser Anordnung werden die Lampen für die einzelnen

Warnmeldungen unmittelbar neben den Symbolen des Blindschaltbildes angeordnet, deren Einheiten durch die betreffende Warnmeldung überwacht werden. So werden beispielsweise die Meldelampen für die Kennzeichnung der Warnmeldungen: Buchholzschutz, Umspannertemperatur oder ähnliche Betriebsmeldungen zur Überwachung eines Umspanners zweckmäßig unmittelbar neben das im Blindschaltbild vorhandene Umspannersymbol gesetzt. Der Vorteil dieser aufgelösten Anordnung der Warnlampen ist der bessere Zusammenhang zwischen der Warnlampe und dem überwachten Organ. Ein Nachteil dieser Anordnung liegt dagegen darin, daß durch sie bei einer gedrängten Bauweise u. U. die Übersichtlichkeit des Blindschaltbildes beeinträchtigt wird.

Sind durch die Fernsteuergeräte außer der Steuerung von Schaltern auch Steuer- oder Regelbefehle an andere Einheiten, wie z. B. Umspanner, Maschinen und ähnliches zu geben, so sind die erforderlichen Steuer- und Regeltasten gleichfalls nach Möglichkeit in die unmittelbare Nähe des betreffenden Symbols, z. B. des Umspannersymbols, unterzubringen. Dasselbe gilt von den Stufenanzeigevorrichtungen für die betreffenden ferngeregelten Einheiten.

Nicht so einfach zu entscheiden ist bei den einzelnen Anlagen die Frage der zweckmäßigen Anordnung der Anzeigegeräte für die verschiedenen Fernmeßwerte. Hier hat man die Wahl, entweder die Meßwertanzeigeinstrumente unabhängig von dem eigentlichen Blindschaltbild auf der oberen Tafelfläche über den obersten Leitungszug zusammengefaßt unterzubringen (s. a. Bild 92) oder sie an verschiedenen Stellen so in das Blindschaltbild einzufügen, daß man beispielsweise den Stromanzeiger für eine bestimmte Leitung unmittelbar in den betreffenden Leitungszug legt. Sofern eine derartige Anordnung der Meßwertanzeigeinstrumente innerhalb des Blindschaltbildes keine zu weite Bauart der einzelnen Schalttafeln und keine wesentliche Beeinträchtigung der Übersichtlichkeit der Leitungszüge mit sich bringt, muß dieser Anordnung der Vorzug gegeben werden, da der Zusammenhang der Meßstelle mit dem zugehörigen Netzabschnitt, den die betreffende Messung betrifft, besser gewährleistet ist (s. a. Bild 93).

Wie bereits erwähnt, wird man Tintenschreiber und sonstige schreibende Instrumente natürlich wegen des großen Platzbedarfes nicht unmittelbar in den Leitungszügen des Blindschaltbildes unterbringen, sondern auf getrennten Tafelflächen zusammengefaßt anordnen. Ist der Platz für die Unterbringung der Schalttafeln in der Steuerwarte beschränkt, so ist es auch möglich, diejenigen Fernmeß- und Meldegeräte, die nur zu bestimmten Zeiten abgelesen zu werden brauchen, außerhalb des Wartenraumes in einem anderen Raum unterzubringen.

Ist im Rahmen einer Fernbedienungsanlage auch eine Wahlfernmessung vorgesehen, so sind für die insgesamt zu übertragenden Meßwerte meist nur wenige gemeinsame Anzeigegeräte für die gleiche Meßwertgattung vorhanden. Diese Meßwertanzeiger werden in diesem Falle zweckmäßig über den obersten Leitungszug des Blindschaltbildes angeordnet. Die für die Anwahl der einzelnen Meßwerte erforderlichen Meßwertanwahltasten setzt man dagegen im Zuge

des Blindschaltbildes möglichst an die Stelle, die dem Ort des jeweils angewählten Meßwertsenders im Netz entspricht (Bild 114). Die Meßwertanwahltasten selbst kann man entweder als feststehende Tasten ausbilden, die nach
ihrer Betätigung dauernd eingeschaltet bleiben und vor der Anwahl eines neuen
Meßwertes in ihre Ruhelage zurückgestellt werden müssen, oder man führt
diese Meßwertanwahltasten nur als Drucktasten aus, durch die in dem Fernsteuergerät besondere Relais erregt werden, die die Durchgabe des Meßwertes
auf das in Frage kommende Instrument veranlassen. Um dabei erkennbar zu machen, welcher Meßwert im Augenblick auf dem zugehörigen Anzeigegerät angezeigt wird, ist es zweckmäßig, neben der
Meßwertanwahltaste noch eine besondere Meldelampe anzuordnen, die solange zum Aufleuchten
kommt, wie der betreffende Meßwert auf den
zugehörigen gemeinsamen Meßwertanzeiger durchgegeben wird.

Sind für die Fernmeßübertragung besondere Meßwertempfangsrelais erforderlich, so können diese
Relais entweder auf den Bindern der Schalttafel
angeordnet werden, auf der das zugehörige Anzeigegerät eingebaut ist, oder diese Relais werden für
die ganze Anlage gemeinsam auf einer besonderen
Tafel außerhalb des Warteraumes oder auf der

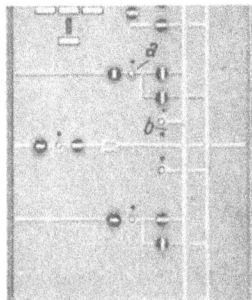

Bild 114: Meßwertanwahltasten und Anwahllampen
im Leuchtschaltbild
a Anwahltaste und Lampe
für Strommessung
b Anwahltaste und Lampe
für Spannungsmessung

Rückseite des Schalttafelganges untergebracht. Bei geringer Bindertiefe oder
gedrängter Bauweise des Befehlsschaltbildes ist der besonderen Tafel zur
Aufnahme der einzelnen Empfangsrelais der Vorzug zu geben.

9. Die Alarmgabe bei Betriebs- und Warnmeldungen

Sofern eine Schalterstellungsänderung in der gesteuerten Stelle durch
die Abgabe eines Fernsteuerbefehles seitens der Steuerstelle hervorgerufen
wurde, ist es nicht erforderlich, beim Einlaufen der entsprechenden Stellungsänderungsmeldung einen besonderen akustischen Alarm auszulösen. Bei jeder
selbsttätigen Änderung eines Schalters bzw. der Durchgabe einer bestimmten
Warnmeldung dagegen ist auf jeden Fall außer dem Aufleuchten bzw. Flackern
der betreffenden Meldelampe auch ein akustischer Alarm zu geben, damit
die Bedienungsperson auf die unerwartet eintreffende Meldung hingewiesen
wird.

Verwendet man für die Meldungsdurchgabe von Schalterstellungen Steuerquittungsschalter oder Quittungsschalter mit Blinklicht, so ist es üblich, in
Abhängigkeit von einem besonderen Kontakt des Blinkrelais den akustischen
Alarm durch eine Hupe oder einen Wecker im Rhythmus des Blinkzeichens
zu geben. Dieser Alarm dauert dann solange, bis durch Quittieren des betreffenden Quittungsschalters von Hand auch der optische Flackeralarm verschwindet. Aus Gründen der Einheitlichkeit läßt man in diesem Falle den

akustischen Flackeralarm häufig auch dann kommen, wenn der Schalterstellungsänderung ein entsprechender Befehl vorausgegangen ist.

Bei Steuerquittungsschaltern, die mit Vorquittierung arbeiten, d. h. bei
denen man zur Durchgabe eines Befehls zunächst den Quittungsschalter in
die gegenteilige Lage umlegen muß, wird der akustische Flackeralarm natürlich für die Dauer der Befehlsgabe, d. h. solange die Stellungsänderung des
Quittungsschalters nur zur Durchgabe des entsprechenden Befehls erfolgt ist,
unterbunden. Nur wenn das Flackern des betreffenden Quittungsknebels
durch eine selbsttätig eingetretene Stellungsänderung oder durch eine örtliche Steuerung von Hand ausgelöst wird, ertönt zugleich mit dem Blink-
zeichen auch ein akustischer Flackeralarm.

Ist zur Kennzeichnung einer eingetretenen Schaltungsänderung kein
Blinklicht vorgesehen, so muß man den erforderlichen akustischen Alarm in
anderer Weise, z. B. vom Umlauf des Rückmeldewählers her ableiten. Das
hierdurch ausgelöste Ertönen der Hupe muß dann durch eine gemeinsame
Quittungstaste abgestellt werden. Andererseits kann man den akustischen
Alarm auch von der gegensätzlichen Stellung des Quittungsschalters und des
zugehörigen Stellungskontrollrelais des Fernmeldegerätes ableiten. Schließlich
ist es auch möglich, bei jedem selbsttätigen Schalterausfall von der gesteuerten
Stelle her eine besondere Sammelmeldung zu übertragen, die ihrerseits in der
Steuerstelle einen akustischen Alarm auslöst.

Bezüglich der optisch-akustischen Meldungskennzeichnung einlaufender
Warnmeldungen sind gleichfalls verschiedene Verfahren möglich. Fernsteuertechnisch am einfachsten läßt sich die Alarmgabe so gestalten, daß zugleich
mit dem Umlauf der Rückmeldewähler zur Durchgabe einer Warnmeldung
ein akustischer Alarm durch ein gemeinsames Hilfsrelais eingeleitet wird, der
solange dauert, bis dieses Relais durch eine Alarmabstelltaste abgeworfen
wird. Hört der betreffende Warnzustand auf, so überträgt das Fernmeldegerät eine weitere Meldung, die besagt, daß die Störung inzwischen behoben
wurde. Man kann nun in einfacher Weise auch bei Verschwinden der Warnmeldung durch einen akustischen Alarm die Bedienungsperson darauf auf-
merksam machen, daß die Störung behoben wurde; andererseits wird von
einigen Betrieben der Standpunkt vertreten, daß das Verschwinden der Warnmeldungen am besten ohne besonderen akustischen Alarm vor sich gehen soll.
Beide Lösungen sind vertretbar und gebräuchlich.

Ein gewisser Nachteil haftet dieser einfachen Alarmgabe insofern an, als
bei dem folgezeitigen Eintreffen verschiedener Warnmeldungen unter Umständen schwer zu erkennen ist, welche neue Warnmeldung gerade einge-
troffen ist. Bedienungstechnisch besser ist daher die Lösung, daß man bei
Eintreffen der Warnmeldung zunächst die zugehörige Warnmeldelampe im
Schaltbild zum Flackern bringt. Dieses Flackern, das zugleich von einem
akustischen Alarm begleitet ist, dauert solange, bis die gemeinsame Alarmabstelltaste betätigt wird. Dann hört der akustische Alarm auf und die Warnmeldelampe bleibt solange ruhig aufleuchtend, wie der betreffende Warnzustand besteht. Das Verschwinden der Warnmeldung kann dann entweder

in gleicher Weise erfolgen oder, wie es meist gebräuchlich ist, ohne besonderes Flackern oder akustischen Alarm.

Zu beachten ist allerdings, daß das Flackerzeichen für einlaufende Warnmeldungen die Anordnung eines zusätzlichen Relais für jede Warnmeldung in dem Fernsteuergerät erforderlich macht und daher einen der Zahl der Warnmeldungen entsprechenden Mehraufwand an Relais mit sich bringt. Man sieht das Flackerzeichen für Warnmeldungen daher meist nur bei größeren Anlagen vor, bei denen mit dem gleichzeitigen Eintreffen bzw. Anstehen mehrerer Warnmeldungen zu rechnen ist.

10. Die Meldungsregistrierung

In besonders gelagerten Fällen wird betriebsseitig die Forderung gestellt, daß die eintreffenden Ausfallmeldungen der einzelnen fernüberwachten Schalter eines Stützpunktes außer der optischen Kennzeichnung im Überwachungsschaltbild selbsttätig registriert werden. Will man dieser Forderung Rechnung tragen, so kann man eine derartige Meldungsregistrierung entweder durch einen Zeitschreiber oder einen Typendrucker vornehmen lassen.

Die Anwendung eines Zeitschreibers ist naturgemäß auf eine kleinere Zahl zu registrierender Schalter beschränkt. Bei diesem Zeitschreiberverfahren wird jedem Schalter eine Schreibfeder zugeordnet, die in Abhängigkeit von dem Stellungskontrollrelais in dem Fernsteuergerät beeinflußt wird und dadurch die jeweilige Schalterstellung zeitgetreu wiedergibt.

Für die Registrierung der Schaltvorgänge einer größeren Zahl von Schaltern ist der Typendrucker geeignet. Ein solcher Typendrucker veranlaßt auf Grund einer einlaufenden Ausfallmeldung einen Zeitstempel, auf dem die Zeit und die Nummer des ausgefallenen Schalters gedruckt erscheint. Auch in diesem Falle erfolgt die Beeinflussung des Typendruckers von den Kontakten der Stellungskontrollrelais der Fernsteuergeräte. Da der Typendrucker zur Niederschrift einer Meldung eine gewisse Zeit benötigt, können natürlich Schaltvorgänge, die sehr kurzzeitig aufeinanderfolgen, nicht zeitgetreu erfaßt werden. Es ist aus diesem Grunde auch nicht möglich, diesen Typendrucker dazu zu verwenden, Auslösevorgänge zu kontrollieren, die ganz kurzzeitig aufeinanderfolgen.

Werden für die Meldungsdurchgabe Fernsteuerwählergeräte benötigt, so ist bei dem Ausfall mehrerer Schalter kurz hintereinander die zeitliche Aufeinanderfolge bei der Kennzeichnung der Meldung in der Überwachungsstelle sowieso nicht mehr gewahrt, da sämtliche Meldungen einer Schaltergruppe, sofern sie kurz hintereinander ausgelöst werden, gleichzeitig in der Steuerstelle einlaufen. Es ist daher beim Einsatz von Fernsteuerwählergeräten weder beim Zeitschreiber noch beim Typendruckerverfahren eine auf Bruchteile von Sekunden genaue Meldungsregistrierung möglich.

Einer derartigen Registrierung der Schaltermeldungen kommt daher in Fernsteueranlagen nur geringe Bedeutung zu, und es wurde dieselbe bisher nur selten zur Anwendung gebracht. Voneinander abhängige Auslösevorgänge werden besser örtlich durch Störungsschreiber überwacht, so daß die Regi-

strierung der Schaltermeldungen in der Hauptsache dazu geeignet ist, auf
Grund der Registrierstreifen oder Zeitstempel festzustellen, wenn der Ausfall
der einzelnen Schalter stattgefunden hat und wie lange Zeit der Schaltwärter
bzw. das Betriebspersonal bis zur Behebung der einzelnen Störung benötigt hat.

III. DIE GERÄTE DER GESTEUERTEN STELLE

1. Die Steuerzwischenrelais

Zur Ausführung der durch die Fernsteueranlage übertragenen Befehle
werden in der gesteuerten Stelle in der Regel besondere Steuerzwischenrelais
(Bild 115) erforderlich, die die Schaltleistung für den Antrieb bzw. die Druckluftventilspulen der einzelnen Schalter zu über-
nehmen haben.

Bei der Eindrahtsteuerung sind die Steuerzwischenrelais zugleich die Endrelais der einzelnen
Eindrahtsteuerleitungen. Sie werden wicklungs-
seitig unmittelbar über die Steuerleitung erregt
und liegen mit ihren Kontakten in den Stark-
stromkreisen für den Schalterantrieb. Bei Fernsteueranlagen mit Wählergeräten werden sie dagegen rein örtlich von den Kontakten der Befehlsrelais des Wählergerätes der gesteuerten Stelle
erregt.

Bild 115: Steuerzwischenrelais mit Quecksilberkontakt

In beiden Fällen stellen also die Steuerzwischenrelais die organische Trennung zwischen dem
eigentlichen Schwachstrom- und Starkstromteil der Fernsteueranlage dar.
Sie müssen daher zwischen ihren Kontakten und der Wicklung eine ausreichende Isolation aufweisen. Die Auswahl einer geeigneten Relaistype
richtet sich nach den im betreffenden Fall gegebenen Verhältnissen. Zur
Steuerung von Schaltern mit Druckluftantrieb können wegen der geringen
Schaltleistung von 50 bis 100 W meist Relais mit einfachen Silberkontakten
verwendet werden, während zur Steuerung von Stromspulen elektrisch betätigter Schalter in der Regel Relais mit Quecksilberkontakten vorzusehen
sind, da die Schaltleistung für derartige Stromspulen meist vielfach so groß
ist wie bei Ventilspulen.

Bei Innenraumanlagen ist es in den meisten Fällen ausreichend, die Zwischenrelais mit nur einem Schaltkontakt auszurüsten, sofern nicht bestehende Vor-
schriften eine zweipolige Ausführung vorschreiben. Dabei muß zur Verhinderung von fehlerhaften Auslösungen allerdings darauf geachtet werden, daß
für den Fall einer Erdung der zum Schalterantrieb benutzten Batterie die
nicht geschalteten Seiten der einzelnen Ventil- oder Antriebsspulenwicklungen
an das geerdete Batteriepotential angeschlossen werden. Andernfalls kann
nämlich jeder Erdschluß einer Steuerleitung eine Fehlsteuerung zustande
bringen. Werden die Steuerzwischenrelais nicht gemeinsam auf einer be-

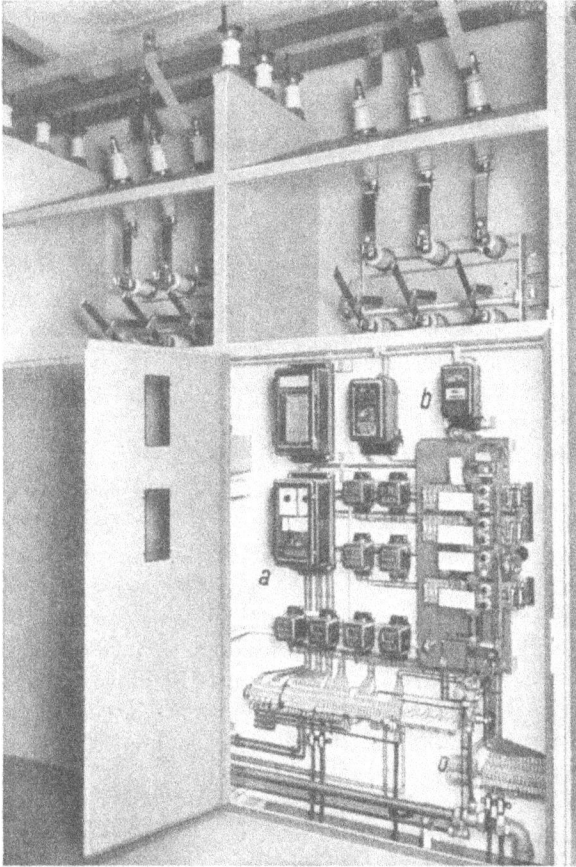

Bild 116: Einzelmontage von Steuerzwischenrelais (a) und Meßwertgebern (b)
an der Schalterzelle

sonderen Relaistafel untergebracht, sondern einzeln auf die Bedienungstafeln der verschiedenen Schalterzellen verteilt (Bild 116), so gilt die vorgenannte Forderung sinngemäß auch für die Wicklungen der Steuerzwischenrelais, d. h. auch die nichtgeschalteten Seiten der Steuerzwischenrelais müssen wegen der sonst bestehenden Beeinflussungsgefahr stets mit dem geerdeten Pol der Batterie des Wählergerätes verbunden werden, wofür bei Schwachstrombatterien meist der Pluspol in Frage kommt (Bild 117).

Bei feuchten Räumen oder Freiluftanlagen empfiehlt es sich, stets die Ventil- oder Stromspulen der Schalter doppelpolig zu schalten, d. h. die Steuerzwischenrelais mit

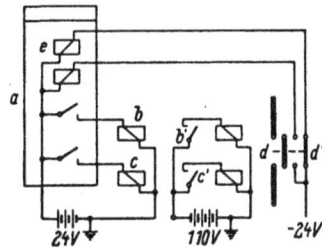

Bild 117: Schaltung der Steuerzwischenrelais und des Meldehilfskontaktes
a Fernsteuerwählergerät b Steuerzwischenrelais für Einschaltung
c Steuerzwischenrelais für Ausschaltung d Schalter mit Hilfskontakt d;
e Stellungsmelderelais

Bild 118: Gestell mit Steuerzwischenrelais

zwei getrennten Schaltkontakten zu versehen. Weiterhin ist es zweckmäßig, in solchen Fällen sämtliche Steuerzwischenrelais in der Nähe des Fernsteuergerätes auf einer gemeinsamen Relaistafel zu montieren um eine Beeinflussung der Schwachstromkreise des Wählergerätes zu vermeiden.

Überhaupt hat die Anordnung eines besonderen Relaisgestelles zur Aufnahme der Steuerzwischenrelais (Bild 118) den Vorteil, daß man die Betätigungsstromkreise des Fernsteuergerätes nicht durch die ganze Starkstromanlage zu führen braucht. Dadurch wird eine die Betriebsbereitschaft der Fernsteueranlage gefährdende Beeinflussungsmöglichkeit der Schwachstromgeräte vermieden. Im gegenteiligen Falle müssen nämlich die Betätigungsstromkreise des Wählergerätes weit verzweigt durch die Starkstromanlage geführt werden, was in der Hauptsache bei weitläufigen und feuchten Räumen eine gewisse zusätzliche Störanfälligkeit der gesamten Fernsteueranlage bedeutet.

Ebenso vorteilhaft bezüglich schädlichen Einflüssen durch die Starkstromanlage ist die in Bild 119 gezeigte Unterbringung der Steuerzwischenrelais im Fernsteuerwählerschrank.

2. Die Meldekontakte

Für die Durchgabe der Stellungsmeldungen der einzelnen Schalter werden von den Fernsteuergeräten Meldehilfskontakte (Bild 120) benötigt. Diese Kontakte beeinflussen die Stellungskontrollrelais der Fernsteuergeräte entsprechend der jeweiligen Schal-

Bild 119: Fernsteuerstandschrank für größere Anlagen mit eingebauten Steuerzwischenrelais Bauart AEG

terstellung. In der Regel genügt für jeden Schalter je ein Meldehilfskontakt für die Ein- oder Aus-Stellung des Schalters, wobei jedoch zu bemerken ist, daß es auch Fernsteuerverfahren gibt, bei denen zum Zwecke des Meldeanreizes ein weiterer Hilfskontakt für jede Stellung benötigt wird.

Da die Meldekontakte der neueren Schalter sämtlich so gebaut sind, daß eine ausreichende Isolierung der für die Fernmeldung benötigten Meldekontakte gegen andere Kontakte des gleichen Schalters dauernd gewährleistet ist, kann man die Meldekontakte bei den meisten Anlagen ohne Zwischenschaltung besonderer Abriegelungsrelais unmittelbar mit den zugehörigen Stellungskontrollrelais der Wählergeräte verbinden. Die Meldekontakte werden also in den Schwachstromkreis der Fernsteuergeräte einbezogen.

Bild 120: Meldehilfskontakte eines Druckluftsteuergerätes

Handelt es sich bei den ferngesteuerten oder überwachten Schaltern um Schalter älterer Bauart, bei denen die Isolation der Hilfskontakte nicht ausreichend erscheint oder ist die Leitungsführung von dem Hilfskontakt zu den Fernsteuergeräten, wie z. B. bei einer Freiluftanlage, irgendwelchen außergewöhnlichen Beeinflussungen seitens der Starkstromanlage bzw. Witterungseinflüssen ausgesetzt, so schaltet man zweckmäßigerweise zwischen die Hilfskontakte und das Fernsteuergerät Abriegelungsrelais (Bild 121). Diese Relais stellen dann, ähnlich wie die vorerwähnten Steuerzwischenrelais, die Trennstelle zwischen dem Starkstrom- und Schwachstromteil der Anlage dar.

Bild 121: Abriegelungsrelais

Die Anordnung besonderer Abriegelungsrelais kann auch aus dem Grunde erforderlich werden, daß die zuverlässige Kontaktgabe durch die Hilfskontakte bei niedriger Spannung infolge Raumfeuchtigkeit, Verschmutzungsgefahr oder chemische Inanspruchnahme in Frage gestellt ist und man daher nicht mehr mit der bei Fernsteuergeräten gebräuchlichen 24-V-Spannung für die Meldekreise arbeiten kann, sondern 110 oder 220 V zur Anwendung bringen muß. An sich hat die Erfahrung gezeigt, daß bei einigermaßen guten Raumverhältnissen die Kontaktgabe durch die Schalterhilfskontakte auch bei Verwendung von nur 24 V durchaus zuverlässig ist, so daß auch aus dem zuletzt genannten Grunde Abriegelungsrelais nur in bestimmten Fällen erforderlich werden.

Die Unterbringung der Abriegelungsrelais erfolgt am besten auf einer besonderen Relaistafel in unmittelbarer Nähe des Fernsteuergerätes. Wichtig ist dabei, daß die Betätigungsspannung für die Abriegelungsrelais dauernd gesichert sein muß, damit durch den Ausfall dieser Spannung nicht die Meldungsdurchgabe beeinträchtigt wird bzw. Fehlmeldungen zustande kommen. Man schließt die Abriegelungsrelais daher am besten an die vorhandene 110- oder 220-V-Stationsbatterie an und überträgt durch das Wählergerät in diesem Fall als zusätzliche Warnmeldung den Ausfall dieser Batteriespannung, damit die Bedienungsperson sofort den Grund für die Unregelmäßigkeiten in der Meldungsdurchgabe erkennen kann.

Da das ordnungsgemäße Arbeiten des ferngesteuerten Schalters der Beobachtung der Bedienungsperson entzogen ist, muß auf die besonders zuverlässige Ausbildung der Meldekontakte Wert gelegt werden. Diese Kontakte dürfen auf jeden Fall erst dann schließen, wenn der Schalter tatsächlich seine volle Schaltbewegung ausgeführt hat. Geht ein fernbetätigter Schalter beispielsweise nicht ganz in seine befohlene Stellung, so muß, wie bereits in Abschnitt A IV 3 ausführlicher beschrieben, aus der fehlerhaften Stellung der Hilfskontakte eine besondere Störungsmeldung abgeleitet werden können, die darauf hinweist, daß der Schalter in seiner Zwischenlage stehen geblieben ist. Um diese Meldung zu ermöglichen, sind bei Anlagen mit Abriegelungsrelais diese Relais möglichst für jeden Schalter doppelt vorzusehen, d. h. ein Abriegelungsrelais für Wiedergabe der Einschaltstellung und ein zweites für die Ausstellung des betreffenden Schalters.

3. Die Orts-Bedienungstafel

Wenn auch in der Mehrzahl der Fälle das fernbediente Unterwerk unbesetzt bleibt, so muß doch stets die Möglichkeit vorhanden sein, im Notfall die fernbediente Anlage örtlich von Hand zu bedienen. Je nach Art und Umfang der fernbedienten Stelle kann diese örtliche Steuerung in verschiedener Weise erfolgen.

Handelt es sich beispielsweise um einen kleineren Verteilerpunkt eines Netzes, so genügt es, in der Regel die örtliche Steuerung der fernbedienten Schalter unmittelbar von der Schalterzelle aus vornehmen zu lassen. Hat dagegen das fernbediente Werk eine größere Zahl von Schaltern oder sogar Schaltorgane, die für die Kupplung von Netzen in Frage kommen, so ist es betrieblich gefährlich, die notfalls erforderliche örtliche Steuerung der Anlage allein unmittelbar von den Schalterzellen her vorzunehmen. Es fehlt der Bedienungsperson, die die örtlichen Eingriffe vorzunehmen hat, in diesem Falle der ausreichende Überblick über die Lage und Bedeutung der einzelnen Schalter im Netz. Es ist daher in derartig gelagerten Fällen auf jeden Fall anzustreben, auf einer, wenn auch noch so einfachen örtlichen Schalttafel, zumindest die Schalterstellungen der vorhandenen Schalter in einem kleinen Blindschema zusammenzufügen. Hat man darüber hinaus Raum für die Unterbringung einer größeren Schalttafel, so ist es zu empfehlen, diese Schalttafel als örtliche Bedienungstafel auszuführen, von der aus, ähnlich wie bei einer nur örtlich bedienten Anlage, die einzelnen Schalter betätigt und überwacht werden.

Zur Vermeidung sich widersprechender Schaltbefehle muß auf der örtlichen Bedienungstafel ein sog. Orts-Fernschalter vorgesehen werden, der die Bedienungsmöglichkeit der Anlage von der fernbedienten Stelle zur Fernsteuerstelle und umgekehrt abgibt. Es ist betrieblich nämlich nicht zu vertreten, daß die Befehlsgewalt sich gleichzeitig in der fernbedienten Stelle *und* in der normalerweise für die Befehlsgabe zuständigen Steuerstelle befindet. Die Stellung dieses Orts-Fernschalters, der in der fernbedienten Stelle von Hand betätigt werden muß, wird durch das Fernsteuergerät zur Steuerstelle gemeldet, damit die dortige Bedienungsperson gegebenenfalls erkennen kann, daß sie im Augenblick nicht die Befehlsgewalt über die Anlage hat.

Unabhängig von der Stellung dieses Orts-Fernschalters sind natürlich auch im Falle der reinen örtlichen Bedienung die Stellungs- und Warnmeldungen ebenso wie die Fernmeßwerte der Anlage laufend durch die Fernsteuergeräte zur Steuerstelle zu übertragen. Dagegen werden für die Dauer der Ortsbedienung die Betätigungsstromkreise der Ventilspulen oder Schalterantriebe von den Kontakten des Fernsteuergerätes auf die Steuerschalter der örtlichen Bedienungstafel umgelegt, wobei darauf zu achten ist, daß von der Bedienungstafel her keine Rückspannung auf die Betätigungsstromkreise des Wählergerätes gelangen kann.

IV. DIE MONTAGE DER FERNBEDIENUNGSANLAGE

1. Die Aufstellung der einzelnen Geräte

Die meisten der für eine Fernbedienungsanlage in Frage kommenden Geräte, wie z. B. die Befehlstafeln mit den eingebauten Fernmeßanzeigegeräten, die Wählergeräte und die Relaistafeln, werden in der Regel werkseitig fertig verkabelt am Montageort angeliefert. Die zur Fernsteuerung gehörenden Steuerzwischenrelais werden dagegen ebenso wie die Fernmeßgeber und Fernmeßsendeeinrichtungen häufig in der überwachten Stelle einzeln montiert, sofern sie nicht bereits auf besonderen Relaistafeln untergebracht und fertig verkabelt angeliefert werden. Im letzteren Fall ist darauf zu achten, daß die Relaistafeln nicht zu weit entfernt von den Strom- bzw. Spannungswandlern für die Meßwertgeber aufgestellt werden.

Die örtliche Montage der Fernbedienungsanlage kann sich infolge der fertigen Verkabelung der Geräte im Werk also in den meisten Fällen auf die zweckmäßige Aufstellung der einzelnen Geräte an Ort und Stelle und die Verlegung bzw. den Anschluß der erforderlichen Verbindungsleitungen zwischen diesen Geräten beschränken. Dabei ist in der Hauptsache darauf zu achten, daß die einzelnen Geräte leicht zugänglich aufgestellt werden und empfindliche Anlageteile nicht irgendwelchen schädlichen Einflüssen, wie Staub, übermäßiger Wärme oder anderen Einwirkungen ausgesetzt sind. Man muß immer daran denken, daß die meisten der zum Einsatz gebrachten Fernbedienungsgeräte ausgesprochene Schwachstromgeräte sind. Wenn auch der Empfindlichkeit der Geräte durch weitgehende Abdeckung durch Schrankverschluß (Bild 122) oder Relaiskappen (Bild 118) bereits konstruktionsseitig weitgehend Rechnung getragen wird, so besteht doch die Gefahr, daß die Geräte in Starkstromanlagen nicht so sorgfältig behandelt werden, wie z. B. das Fernsprechwählergestell einer Fernsprechzentrale.

So muß besonders verhindert werden, daß für die Zeit, wo bauseitig noch Arbeiten an dem Gebäude bzw. sonstige Installationsarbeiten durchgeführt

Bild 122: Wählerraum einer größeren Fernbedienungsanlage mit Fernsteuerwählergeräten im Standschrank

werden, eine Verstaubung oder Verschmutzung der Geräte dadurch herbeigeführt wird, daß die Geräte in den Räumen, in denen noch Mörtel und Kalkstaub vorhanden ist bzw. die noch nicht ordnungsgemäß durch Fenster abgeschlossen sind, vorzeitig ungeschützt aufgestellt werden. Auf diesen Punkt ist besonders hinzuweisen, da erfahrungsgemäß hiergegen außerordentlich häufig gesündigt wird und infolgedessen später unliebsame Störungen im Betrieb der Anlage auftreten können. Es ist daher zu empfehlen, zunächst lediglich die gegenseitige Verkabelung der einzelnen Anlageteile weitgehend vorzubereiten und erst dann, wenn die bauseitigen Arbeiten abgeschlossen sind, die Geräte zur Aufstellung zu bringen.

Kommen Fernsteuerwählergeräte oder sonstige schwachstrommäßig ausgebildete Teile einer Fernsteueranlage in vollkommen ungeheizten Räumen zur Aufstellung, so ist während der kalten Jahreszeit durch Frost und Feuchtigkeitsniederschlag mit einer Beeinträchtigung der Wirkungsweise der Geräte bzw. der Beschädigung ihrer Bausteine zu rechnen. Es muß daher in solchen Fällen durch zusätzliche Heizung, beispielsweise durch den Einbau eines kleinen Widerstandes oder einer Lampe in das Gehäuse dafür gesorgt werden, daß die Temperatur innerhalb der Relais- oder Wählergehäuse stets etwas über der Außentemperatur liegt. Trifft man derartige Vorkehrungen und sorgt man für eine einwandfreie Durchlüftung der Geräte, so hat die Erfahrung ergeben,

Bild 123: Fernsteuerwählergerät in
doppelwandigem Gehäuse und. Frei-
luftausführung

daß eine Beeinträchtigung der Wirkungsweise der Geräte auch in der kältesten Jahreszeit nicht zu befürchten ist. So sind z. B. in einer umfangreichen Fernbedienungsanlage seit einem Jahrzehnt in großer Zahl Fernsteuerwählergeräte (Bild 123) in Betrieb, die in doppelwandigen Gehäusen im Freien an Masten der elektrischen Oberleitung von Bahnanlagen montiert jeder Witterungsbeeinflussung ausgesetzt sind und bisher stets zuverlässig gearbeitet haben.

Eine zusätzliche Eigenheizung der Fernbedienungsgeräte ist auch immer dann zweckmäßig, wenn der Aufstellungsort zwar normalerweise durch Heizkörper oder die Wärmeausstrahlung der eingebauten Starkstromgeräte ausreichend erwärmt ist, andererseits aber eine langfristige Änderung dieses Zustandes für die Dauer von Betriebspausen oder Überholungsarbeiten zu befürchten ist.

2. Die Verkabelung der Fernsteuergeräte

Die zweckmäßige gegenseitige Verkabelung der zu einer Fernsteueranlage gehörenden Einzelteile richtet sich in der Hauptsache nach den örtlichen Verhältnissen, der Entfernung des Aufstellungsortes der einzelnen Geräte und der etwa von der Starkstromseite her zu befürchtenden Beeinflussung der Verbindungsleitungen. Sofern eine solche Beeinflussung nicht zu erwarten ist, können schwachstrommäßig ausgeführte Geräte, wie z. B. die Fernsteuerwählergeräte, mit anderen Anlageteilen mit Schwachstromdrähten verkabelt werden, da über die in Frage kommenden Verbindungsleitungen in der Regel nur geringe Ströme fließen. So wickelt sich z. B. in der Steuerstelle der Verkehr zwischen dem Befehls- und Überwachungsschaltbild und den eigentlichen Fernsteuergeräten auf rein schwachstrommäßiger Grundlage ab, da die in Frage kommenden Befehls- und Meldestromkreise meist für 24 V ausgelegt sind. Es kann daher zur Verbindung der beiden vorgenannten Anlageteile ein ganz normales Schwachstrom-Vielfachkabel verwendet werden, wie es bei der Erstellung von Fernsprechanlagen üblich ist.

Sind auf der Befehls- und Überwachungstafel noch Befehlsschalter oder sonstige Geräte vorhanden, die rein starkstrommäßig bemessen sind, so ergibt sich in diesen Fällen insofern eine gewisse Schwierigkeit, als die Ausgangsklemmen der Befehls- und Überwachungstafel so ausgeführt sein müssen, daß sie einerseits die Schwachstromdrähte, die von den Fernsteuergeräten kommen, aufnehmen können und andererseits die Starkstromdrähte, die für den Anschluß der Befehlsschalter auf der Tafel erforderlich sind (Bild 124). Man muß daher eine Klemme wählen, die zur Aufnahme der verschiedenen starken Drähte geeignet ist. Läßt sich eine derartige Klemme nicht beschaffen, so muß man unter Umständen mit dem Aderquerschnitt des Schwachstromverbindungskabels etwas heraufgehen. Die Erfahrung bei ausgeführten Anlagen hat erwiesen, daß es meist ohne weiteres möglich ist, von den Fernsteuergeräten Vielfachkabel mit 1 mm Aderdurchmesser zu verwenden und von den starkstrommäßig bemessenen Befehlsschalter der Überwachungstafel mit 1,5 mm² Drähten an die Klemmen zu gehen. Die Schwierigkeiten der vorge-

nannten Art fallen dann weg, wenn die Befehls- und Meldebausteine, wie es
in der Zukunft mehr und mehr der Fall sein wird, rein schwachstrommäßig
bemessen werden.

Abweichend von den rein schwachstrommäßigen Verbindungsdrähten
zwischen dem Fernsteuergerät und der Befehls- und Überwachungstafel sind
die für die Stromversorgung in Frage kommenden Leitungen auszuführen.

Bild 124: Verkabelung der Ausgangsklemmen eines Blindschaltbildes

Diese Leitungen müssen stets nach dem größten zu erwartenden Strombedarf
ausgelegt werden, damit nicht durch einen unerwarteten Spannungsabfall
die Betriebsbereitschaft der Anlage beeinträchtigt wird. Dieser Punkt ist
aus dem Grunde wichtig, da z. B. Fernsteuerwählergeräte nur innerhalb bestimmter Spannungsgrenzen einwandfrei arbeiten.

Die Verwendung von Vielfachkabeln in reiner Schwachstromausführung
zur Verbindung von Befehlstafel und Steuergerät hat den Vorteil, daß die einzelnen Drähte dieses Kabels verschiedenfarbig gekennzeichnet sind, so daß
es ohne Schwierigkeit möglich ist, die einzelnen Drähte zwischen den ver-

schiedenen Anlageteilen leicht zu verfolgen. Bei starkstrommäßig bemessenen Drähten ist eine derartige farbige Kennzeichnung nämlich meist nicht vorgesehen.

In der gesteuerten Stelle sind die Fernsteuergeräte in der Hauptsache mit den Zwischenrelais, den Meldehilfskontakten und den etwa in Frage kommenden Fernmeßgebern zu verkabeln. Sofern die Steuerzwischenrelais auf einer besonderen Relaistafel montiert sind, kann die gegenseitige Verkabelung des Fernsteuergerätes und der Steuerzwischenrelais rein schwachstrommäßig erfolgen, während von den Kontakten der Steuerzwischenrelais, d. h. von der Relaistafel zu den Schalterantrieben natürlich eine starkstrommäßige Ausführung der Verbindungsdrähte erforderlich wird. Werden die Steuerzwischenrelais an den einzelnen Schalterzellen montiert, so hängt die Frage der zweckmäßigen Verkabelung dieser Relais mit den Fernsteuergeräten von der möglichen Leitungsführung bzw. der möglichen Beeinflussung auf dem Wege zur Schalterzelle ab. Das gleiche gilt für die Zuleitungen von den Schalterhilfskontakten zum Wählergerät. Handelt es sich um nur geringe Entfernungen zwischen der Schalterzelle und den Fernsteuergeräten und ist eine starkstrommäßig nicht gefährdete Leitungsführung möglich, so kann unter Umständen mit einer schwachstrommäßigen Verkabelung mit mittlerem Aderquerschnitt ausgekommen werden; andernfalls ist mit Rücksicht auf die erforderliche Isolation eine mehr starkstrommäßige Verkabelung am Platze.

Besonderer Erwähnung ist der Frage der zweckmäßigen Bündelung der verschiedenen Verbindungsadern zu den Schalterzellen zuzumessen. Es ist zweckmäßig, sämtliche Verbindungsleitungen, die eine Schalterzelle bzw. die Schalter des Abzweiges betreffen, in einem Verbindungskabel zu bündeln und zusammenzufassen. Eine solche Zusammenfassung ist jedoch nur dann möglich, wenn die Ausgangsklemmen beispielsweise des Fernsteuerwählergerätes gleichfalls in entsprechender Weise zusammengefaßt sind. Da

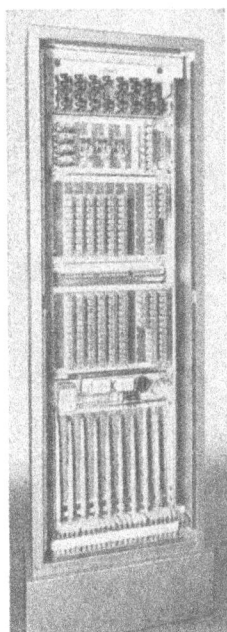

Bild 125: Verkabelung der Ausgangsklemmen eines Fernsteuer-Wählergerätes in Standschrankausführung

sich dies jedoch aus konstruktiven Gründen nicht immer durchführen läßt, wird es häufig erforderlich, noch eine besondere Zwischenklemmleiste zu setzen. Bis zu diesen Zwischenklemmleisten werden dann die Verbindungsleitungen von den Schalterzellen her starkstrommäßig ausgeführt und entsprechend gebündelt. Zwischen der Klemmleiste und den Fernsteuergeräten wird dann ein schwachstrommäßig ausgeführtes kurzes Verbindungskabel eingesetzt, das leicht an die Ausgangsklemmen des Wählergerätes angeschlossen werden kann (Bild 125).

Die Verbindungen der Meßwandler zu den Fernmeßgebern sind rein starkstrommäßig auszuführen. Dagegen können die Verbindungsleitungen von den Fernmeßgebern zu den Fernmeßsendeeinrichtungen bzw. bei Vorliegen einer Wahlfernmessung zu den Fernsteuerwählergeräten meist schwachstrommäßig bemessen werden.

Ob die einzelnen Verbindungen an den Stoßstellen als Klemmen- oder Lötanschluß ausgebildet werden, hängt von der Ausführung der einzelnen Anlageteile ab. Der Lötanschluß hat den Vorteil, daß er eine bleibende sichere Verbindung darstellt, während beim Schraubanschluß durch Oxydation und Verschmutzung der Verbindungsstelle gelegentlich Störungen eintreten können. Andererseits ist bei einer Schraubverbindung eine leichtere Änderungsmöglichkeit bestehender Anlageteile möglich. Auch zur Prüfung etwa vorliegender Fehler ist die Klemmenverbindung zweckmäßiger, da man die einzelnen Stromkreise zum Zwecke der Auffindung der Fehlerstelle bequemer trennen kann. Beide Verbindungsarten sind in Fernbedienungsanlagen gebräuchlich, wenn auch festzustellen ist, daß neuerdings der Klemmenverbindung mehr und mehr der Vorzug gegeben wird.

3. Die Inbetriebsetzung

Da es sich bei den einzelnen Anlageteilen einer Fernsteuerung häufig um Spezialgeräte handelt, empfiehlt es sich, die Inbetriebsetzung der Anlage von Spezialisten des Werkes vornehmen zu lassen. Dies ist auch aus dem Grunde erforderlich, da man bei Fernsteueranlagen, die dem Betrieb übergeben werden, wegen ihrer Bedeutung für den Betrieb auf jeden Fall vermeiden muß, daß später Störungen an der Anlage auftreten.

Besonders für den Fall, daß in der Anlage eine große Zahl von Fernmeßgeräten oder ein Parallelschaltgerät vorgesehen sind, erfordert die Inbetriebsetzung die Anwesenheit von Spezialisten. Da man andererseits die Anwesenheit derselben am Aufstellungsort der Geräte nach Möglichkeit abkürzen muß, ist montageseitig vor der Inangriffnahme der Inbetriebsetzung die ordnungsgemäße Klemmenverlegung genau zu überprüfen. Es muß vermieden werden, daß während der Zeit der Inbetriebsetzung die werkseitig entsandten Spezialisten Aufgaben, wie z. B. das Auffinden von Verkabelungsfehlern, zu lösen haben, die von jedem Monteur ebensogut beherrscht werden können. Ehe man also eine Anlage zur Inbetriebsetzung freigibt, muß seitens der Montageleitung alles getan werden, um eine einwandfrei verkabelte Anlage zur Verfügung zu stellen.

Ist eine Fernsteueranlage fertig montiert und die Vorprüfung der einzelnen Verbindungen ordnungsgemäß durchgeführt, so sind für das weitere Vorgehen bei der Inbetriebsetzung folgende beiden Fälle zu unterscheiden: Entweder ist im Zeitpunkt der Fertigstellung der Montage der Fernbedienungsanlage die ferngesteuerte Starkstromanlage bereits seit längerer oder kürzerer Zeit in Betrieb oder sie ist noch nicht auf das Netz durchgeschaltet. Je nachdem, ob das eine oder das andere der Fall ist, muß man bei der Inbetriebsetzung verschieden vorgehen.

Am einfachsten gestaltet sich die Inbetriebnahme der eigentlichen Fernsteuergeräte dann, wenn die fernbediente Starkstromanlage noch nicht dem Betrieb übergeben ist. Man hat in diesem Fall die Möglichkeit, sämtliche, dem Fernsteuergerät übertragenen Schalthandlungen und Überwachungsvorgänge ohne Rücksicht auf irgendwelche Betriebserfordernisse in beliebiger Folge zu überprüfen. Man kann in diesem Falle von dem Befehlsbild der Steuerstelle her nacheinander die einzelnen Befehle erteilen und in der Steuerstelle beobachten lassen, ob die in Frage kommenden Schalter tatsächlich die befohlenen Schaltbewegungen ausführen. Gleichzeitig stellt man fest, ob die entsprechenden Stellungsmeldungen der betreffenden Schalter ordnungsgemäß einlaufen.

Geht ein Befehl nicht durch, so müssen der Reihe nach folgende Verbindungen überprüft werden: Klemme des Befehlsschaltbildes zur Klemme des Fernsteuergerätes in der Steuerstelle und Klemme des Fernsteuergerätes der gesteuerten Stelle zur Klemme der Relaistafel der Steuerzwischenrelais bzw. unmittelbar zur Eingangsklemme des Relaisgehäuses. Kommt das Steuerzwischenrelais bei der Befehlsgabe noch ordnungsgemäß zum Ansprechen, so ist allein die Verbindung von den Schaltkontakten des Steuerzwischenrelais zum Schalterantrieb zu überprüfen, wobei auch auf die Stellung bzw. die Schaltkontakte des Orts-Fernschalters zu achten ist.

Läuft eine Rückmeldung nicht ordnungsgemäß ein, so ist zunächst das einwandfreie Arbeiten des betreffenden Schalterhilfskontaktes und die Verbindung desselben mit dem Fernsteuergerät zu überprüfen. In der Steuerstelle muß festgestellt werden, ob die Verbindung von der Klemme des Fernsteuergerätes zur entsprechenden Eingangsklemme der Überwachungstafel in Ordnung ist.

Erst wenn diese Überprüfung keinen Fehler ergeben hat, muß das Schaltbild auf irgendwelche fehlerhafte Schaltverbindungen hin durchgesehen werden. Verkabelungsfehler in den angelieferten Geräten, wie Fernsteuerwählergeräte bzw. Schalttafelfeldern, kommen verhältnismäßig selten vor, da diese Geräte in der Regel bereits im Werk vor der Auslieferung genau überprüft werden.

Muß eine Fernsteuerung für eine Anlage in Betrieb genommen werden, die bereits hochspannungsseitig auf das Starkstromnetz durchgeschaltet ist und bisher nur örtlich bedient wurde, so sind bei der Inbetriebsetzung besondere Vorsichtsmaßnahmen zu ergreifen. Man geht in diesem Falle am besten so vor, daß man zunächst die Verbindungen zwischen den Kontakten der Steuerzwischenrelais und den Schalterantrieben in der gesteuerten Stelle abklemmt bzw. die für die Betätigung der Schalterantriebe erforderliche Hilfsspannung von den Kontakten der Steuerzwischenrelais wegnimmt. Dann prüft man den Betätigungsstromkreis von dem Befehlsschalter in der Steuerstelle über das Fernsteuergerät bis zu dem zugehörigen Steuerzwischenrelais in der gesteuerten Stelle durch. Gleichzeitig beobachtet man, ob das durch die Quittungsschalter der Befehlstafel wiedergegebene Schaltbild mit dem tatsächlichen Schaltzustand der Anlage übereinstimmt. Hat diese Durchprüfung eine einwandfreie Verkabelung der Fernsteuergeräte ergeben, so versucht man unabhängig davon durch Schließen der Kontakte der Steuerzwischenrelais von Hand bzw. durch kurzzeitiges Anlegen einer Hilfsspannung an die Wicklungen derselben, soweit es betrieblich einzurichten ist, die einzelnen Schalter vom Kontakt des Zwischenrelais aus zu betätigen, wobei man gleichzeitig in der Überwachungsstelle das richtige Einlaufen der entsprechenden Stellungsänderungsmeldungen beobachten läßt.

Ist auch hier die Verkabelung in Ordnung, so kann man nun betriebsmäßig oder in irgendwelchen Betriebspausen oder Zeiten schwacher Belastung von der Steuerstelle her die verschiedenen Schalter einzeln fernbedienen. Hat sich diese unmittelbare Fernbedienung als einwandfrei erwiesen, so übergibt man in einer betriebsschwachen Stunde die Fernsteueranlage dem Betrieb. Dabei empfiehlt es sich natürlich, das nunmehr fernbediente Werk zunächst noch eine Weile örtlich durch einen Schaltwärter besetzt zu lassen. Diese Maßnahme ist aus dem Grunde erforderlich, da bekanntlich für die erste Betriebszeit einer Fernsteueranlage gewisse Unregelmäßigkeiten zu befürchten sind, die z. T. dadurch entstehen, daß der Schaltwärter der Steuerstelle mit der Betriebsweise und dem Arbeiten der Befehls- und Meldeschalter bzw. der gesamten Fernsteueranlage noch nicht restlos vertraut ist. Auch können natürlich unabhängig davon noch irgendwelche Unregelmäßigkeiten auftreten, die bei der Inbetriebsetzung nicht bemerkt wurden. Bleibt die fernbediente Stelle noch eine Zeitlang besetzt, so sind derartige Unregelmäßigkeiten leicht durch fernmündliche Rückfragen zu klären, und es kann im Falle einer ernstlichen Störung die Anlage behelfsmäßig auf Grund fernmündlicher Befehlsgabe örtlich bedient werden.

Das ordnungsgemäße Arbeiten von Fernmeßgeräten kann in der Regel nur nach der Inbetriebnahme der Starkstromanlage überprüft werden. Will man die Durchschaltung des Fernmeßkanals zur Überwachungsstelle vorher überprüfen, so kann man das durch das Anlegen einer Hilfsspannung erreichen. Auch Parallelschaltgeräte, die im Rahmen der Fernbedienungsanlage eingesetzt werden, können erst dann endgültig in Betrieb genommen werden, wenn die eigentliche Starkstromanlage auf das Netz geschaltet ist.

Als sehr zweckmäßig hat es sich ferner erwiesen, daß man die später mit der Wartung der Fernsteueranlage betrauten Schaltwärter oder Monteure möglichst weitgehend zur Inbetriebsetzung heranzieht, damit dieselben bei dieser Gelegenheit eingehend mit der Anlage vertraut werden und auch die bei der Inbetriebsetzung auftretenden Schwierigkeiten kennenlernen.

C. Maßnahmen zur Sicherstellung der Betriebsbereitschaft

1. Die Stromversorgung

Bei Anwendung der Eindrahtsteuerung zur Durchführung der gestellten Fernsteueraufgaben ist in der Steuerstelle das Vorhandensein einer Gleichstrombatterie bzw. einer Gleichspannung erforderlich. Je nach den von der Eindrahtsteuerung zu überbrückenden Entfernungen beträgt die erforderliche Gleichspannung 24 oder 60 V. Bei diesen Spannungen kann für die Eindrahtsteuerung ein normales Fernsprechkabel verwendet werden. Sind größere Entfernungen zu überbrücken, so kann im Ausnahmefall eine höhere Spannung, z. B. 110 V verwendet werden. In diesem Falle muß jedoch zur Übertragung der Befehle und Meldungen ein starkstrommäßig isoliertes Signalkabel verwendet. werden.

Wird die Fernsteuerung von Fernsteuerwählergeräten vorgenommen, so ist in beiden Stellen das Vorhandensein einer Gleichspannung erforderlich. Normalerweise beträgt die Betriebsspannung von Fernsteuerwählergeräten 24 V. Es ist also in der Steuerstelle sowohl wie in der gesteuerten Stelle je eine 24-V-Gleichstrombatterie vorzusehen. Da Fernsteuerwählergeräte ähnlich wie Fernsprechgeräte nur innerhalb bestimmter Spannungsgrenzen einwandfrei arbeiten können, ist auf eine passende Ladeeinrichtung der Batterie Wert zu legen. Mit Hilfe dieser Ladegeräte muß die Spannung in der Regel zwischen 22 und 27 V gehalten werden. Am zweckmäßigsten sind hierfür Geräte mit selbstregelnder Dauerladung. Mit Rücksicht auf die von Fernsteuergeräten verlangte Betriebssicherheit empfiehlt es sich daher, derartige selbstregelnde Ladeeinrichtungen vorzusehen; sonst kann man auch mit normalem Ladegleichrichter mit Schnell- und Dauerladung auskommen.

Auf jeden Fall ist es zweckmäßig, die Batteriespannung durch besondere Batterieüberwachungsrelais laufend überprüfen zu lassen. Diese Relais kommen z. B. in dem Augenblick zum Abfallen, wo die Batteriespannung sich der unteren Spannungsgrenze nähert. Sie geben durch ihren Abfall der Bedienungsperson eine Warnmeldung, die dieselbe veranlassen soll, die Spannung der Batterie beispielsweise durch Einschaltung der Schnelladung auf das verlangte Mittelmaß zu erhöhen. Handelt es sich dabei um die Batterie der Steuerstelle, so kann dieser Alarm örtlich von dem Ruhekontakt des Überwachungsrelais abgeleitet werden. Die Warnmeldung für das Absinken der Batterie in der gesteuerten Stelle kann noch durch das Fernsteuergerät selbst zur Steuerstelle gemeldet werden, da dieser Warnzustand ja noch vor Erreichen der untersten Betriebsspannung des Fernsteuergerätes eintritt.

In diesem Zusammenhang muß erwähnt werden, daß in manchen Anlagen häufig auch die Batteriespannung *über* die zulässigen Grenzen ansteigt. Besonders bei kleineren Batterien wird die Ladung derselben leicht überzogen und dadurch, daß der Ladegleichrichter parallel zur Batterie liegt, eine übermäßig hohe Batteriespannung an das Fernsteuergerät gelegt. Man baut daher in solchen Fällen am besten noch ein zweites Hilfsrelais ein, das rechtzeitig das Erreichen der oberen Spannungsgrenze anzeigt.

Häufig ist die Frage zu entscheiden, ob für die Fernsteuereinrichtungen überhaupt eine besondere Batterie verwendet werden soll. Man hat beispielsweise in der gesteuerten Stelle bereits für andere Aufgaben eine Gleichstrombatterie vorgesehen und möchte nun die Anschaffung einer besonderen Gleichstrombatterie für die Fernsteuerwählergeräte vermeiden. Zu dieser Frage ist zu bemerken, daß es sich im Interesse der Sicherheit des Betriebes der Fernsteueranlage in den meisten Fällen empfiehlt, eine besondere Fernsteuerbatterie zur Aufstellung zu bringen, zumal diese Batterie in der Regel nur eine geringe Kapazität, z. B. von 24 Ah, zu haben braucht. Vermieden werden muß auf jeden Fall die Anzapfung einer bereits vorhandenen Werksbatterie mit hoher Spannung. Es ist also nicht angängig, die etwa vorhandene 110-V-Gleichstrombatterie zur Schaffung einer 24-V-Spannung zur Betätigung der Wählergeräte anzuzapfen. Abgesehen von den zu erwartenden Spannungsschwankungen bzw. den Unregelmäßigkeiten in der Ladung läßt es sich nicht vermeiden, daß in bestimmten Störungsfällen die volle Batteriespannung zwischen den Relais bzw. Relaiskontakten des Fernsteuerwählergerätes und der Erde bzw. dem geerdeten Relaisgestell auftritt. Durch diese auftretenden Störspannungen können Zerstörungen in dem Wählergerät und zumindest Betriebsstörungen hervorgerufen werden.

Ist dagegen eine ausreichend bemessene 24-V-Batterie für eine umfangreiche Fernsprechanlage vorhanden, so bestehen kaum Bedenken, diese 24-V-Spannung auch zum Betrieb von Fernsteuergeräten mitzubenutzen, sofern die Frage der Wartung der Batterie mit der für Fernsteueranlagen zu verlangenden Zuverlässigkeit sichergestellt ist. Weniger zu empfehlen ist die gemeinsame Benutzung einer 24-V-Batterie für den Fall, daß diese Batterie für eine sehr stoßweise Belastung, wie z. B. zur Steuerung von Kompressormotoren, eingesetzt ist. Wenn nämlich der gemeinsamen Batterie plötzlich starke Ströme entnommen werden, so ist kurzzeitig mit einem weitgehenden Absinken der Batteriespannung zu rechnen, das Unregelmäßigkeiten im Betrieb der Fernsteueranlage zur Folge haben kann. Nur wenn die gemeinsame Batterie eine verhältnismäßig hohe Kapazität hat, ist zu erwarten, daß eine solche stoßweise Belastung der Batterie kein ungewöhnliches Absinken der Betätigungsspannung mit sich bringt.

Es wurde bereits früher erwähnt, daß Fernsteuerwählergeräte nur in besonders einfach gelagerten Fällen mit Gleichstromimpulsen arbeiten. In der Regel verlangt die Leitungsführung der für den Fernsteuerverkehr benutzten Verbindungsleitungen eine Abriegelung dieser Leitungen durch Schutzübertrager und daher die Übermittlung der Fernsteuerimpulse mit Wechselstrom. Dieser Wechselstrom wird normalerweise dem Lichtnetz bzw. dem Eigenbedarfs-Umspanner entnommen. Es gehört also zum Betrieb einer Fernsteuerwählereinrichtung auch der Anschluß an das vorhandene Wechselstromnetz. Nun muß aber die Betriebsbereitschaft der Fernsteueranlage auch für den Fall sichergestellt sein, daß das Wechselstromnetz vorübergehend ausfällt. Fernsteuerwählergeräte besitzen daher in der Regel besondere Reserveaggregate, die sich für den Fall des Ausfalles der Netzspannung die erforderliche Wechselspannung aus der vorhandenen Gleichstrombatterie mittels Polwechsler oder Schwingschaltung selbsttätig erzeugen. Diese Reserveaggregate werden natürlich nur dann zum Einsatz gebracht, wenn Impulse über die Leitung gegeben werden sollen. Sie brauchen daher nicht für die ganze Dauer des Ausfalles der Netzspannung eingeschaltet bleiben.

Leistungsmäßig fällt bei der Stromversorgung für eine Fernbedienungsanlage am meisten die Stromversorgung für die Befehls- und Überwachungstafel in der Steuerstelle ins Gewicht. Auf dieser Tafel sind besonders bei größeren Anlagen eine beträchtliche Zahl von Lampen für die Schalterstellungsmeldung und Alarmgabe zu speisen. Da nun diese Lampen z. B. bei den gebräuchlichen Steuerquittungsschaltern im Durchschnitt einen Verbrauch von etwa 3 W haben, kommen bei einer mittleren Befehlstafel schon verhältnismäßig hohe Stromstärken zustande, da die Speisespannung der Lampen in Fernsteueranlagen in der Regel nur 24 V beträgt. Diese Spannung muß dabei aus dem Grunde so niedrig gewählt werden, da die Lampen von den Kontakten der schwachstrommäßig bemessenen Fernsteuergeräte betätigt werden, und diese Kontakte nur Spannungen bis höchstens 60 V schalten können.

Hat man beispielsweise eine Befehlstafel, auf der die Schalter- und Meldelampen für 100 Schalter vereinigt sind, so erhält man bei Verwendung der bisher gebräuchlichen Lampenarten einer Leistungsbedarf von rund 300 W, da beim Steuerquittungsschaltersystem die Lampen sämtlicher Schalter entweder ruhig brennen oder zum Teil flackern. Dieser Strombedarf wird meist noch dadurch erhöht, daß man parallel zu den Signallampen im Steuerquittungsknebel einen Widerstand legt, der für den Fall des Ausfalles einer Lampe zumindest die Flackereinrichtung mit dem akustischen Flackeralarm zum Anreiz bringt, damit die Bedienungsperson auch für den Fall auf eine eingetretene Schalterstellungsänderung hingewiesen wird, daß die Lampe in dem betreffenden Quittungsknebel ausgefallen ist. Es ist also bei einer Tafel von 100 Schaltern ein Leistungsbedarf von 500 W vorhanden, was bei einer 24-V-Speisespannung eine Stromstärke von 20 A bedingt. Würde man nun diese 20 A aus einer der für die Betätigung des Wählergerätes vorhandenen Gleichstrombatterie von 24 V entnehmen, so müßte diese Batterie für einen Verbrauch von mehr als 20 A bemessen werden. Aus diesem Grunde speist man normalerweise die Lampen des Befehls- und Überwachungsbildes über einen Netzumspanner aus dem Wechselstromnetz.

Nur in kleineren Anlagen, bei denen der Strombedarf für die Lampenspeisung nicht so sehr ins Gewicht fällt, kann man die Speisung der Lampen aus der gemeinsamen 24-V-Steuerbatterie durchführen. Die letztere Lösung hat den wesentlichen Vorteil, daß die Meldebereitschaft des Befehls-Schaltbildes auch dann sichergestellt ist, wenn in der Steuerstelle vorübergehend der Wechselstrom ausfallen sollte. Hierzu ist jedoch zu bemerken, daß Steuerstellen meist an Punkten eingerichtet werden, die bezüglich ihrer Stromversorgung besonders sichergestellt sind, so daß schon aus anderen betrieblichen Gründen heraus in diesen Stellen nur in großen Ausnahmefällen mit dem Ausfall der Wechselspannung zu rechnen ist.

Trotzdem erfordert die verlangte Betriebssicherheit von Fernsteueranlagen auch in diesem Falle besondere Vorkehrungen. Zur Herabsetzung des Lampen-

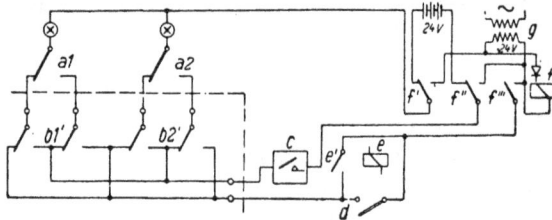

Bild 126: Stromversorgung der Meldelampen in der Fernsteuertafel
a 1, a 2 Quittungsschalter mit Meldelampe
b' 1, b 2' Kontakte der Stellungsmelderelais im Fernsteuergerät
c Flackerrelais   d Beleuchtungsschalter   e Beleuchtungsrelais
f Wechselstromkontrollrelais   g Netzumspanner

verschleißes bzw. zur Herabsetzung des Strombedarfes sieht man zunächst einen besonderen Lampenschalter vor. Es ist nämlich nicht erforderlich, daß in betriebsschwachen Zeiten dauernd sämtliche für die Kennzeichnung der Schalterstellungen benötigten Lampen brennen. Dies ist nur erforderlich, wenn Schalthandlungen vorgenommen werden bzw. selbsttätige Meldungen aus dem gesteuerten Werk ankommen. Man schaltet daher durch diesen Lampenschalter nach Beendigung der Schalthandlungen bzw. nach Kenntnisnahme der eingelaufenen Meldungen das Befehls- und Überwachungsbild ab. Dieses bleibt dann solange dunkel, bis man den Lampenschalter zur Vornahme einer Schalthandlung wieder in die Einschaltstellung bringt. Darüber hinaus sieht man meistens noch ein besonderes Beleuchtungsrelais vor, das bei Eintreffen einer Schalterstellungsmeldung bzw. beim Anlaufen der Befehlswähler zur Durchgabe des Steuerbefehles die Beleuchtung für die Schalterstellungssignalisierung auf der Befehlstafel selbsttätig einschaltet. Dieses Beleuchtungsrelais bleibt solange erregt, bis die eingelaufene Meldung durch Umlegen des Quittungsschalters von Hand quittiert wurde und kommt dann zum Abfall. Auf diese Weise wird der Lampenverschleiß und die Stromentnahme für die Beleuchtung auf ein Mindestmaß herabgesetzt (Bild 126).

Die zweite Vorkehrung, die man in diesem Zusammenhang trifft, ist die, daß man ein besonderes Wechselstromkontrollrelais anordnet, das die Signalgabe auch für den Fall sicherstellen soll, daß in der Steuerstelle einmal vorübergehend die Wechselspannung ausfällt. Diese Vorkehrung ist an sich aus dem Grunde geboten, als gerade der Ausfall der Wechselspannung in der Steuerstelle dann eintreten wird, wenn größere Störungen im Netz vorgekommen sind. Gerade in diesem Zeitpunkt aber will man ja durch die Fernsteuerapparatur die Meldungen über den derzeitigen Netzzustand haben und auch nach Möglichkeit durch die Fernsteuerung in den verschiedensten Netzpunkten eingreifen.

Das vorerwähnte Wechselstromkontrollrelais schaltet daher bei vorübergehendem Ausfall der Wechselspannung die Lampenstromkreise auf die Gleichstrombatterie um (Bild 126). Hierbei sind zwei Fälle zu unterscheiden. Entweder hat man die 24-V-Gleichstrombatterie so groß bemessen, daß sie zusammen mit der Ladeeinrichtung für die Zeit des Ausfalles der Wechselspannung bzw. die Zeit der Lampenspeisung über den Beleuchtungsschalter den Strombedarf sämtlicher Lampen decken kann. In diesem Falle schaltet das Wechselstromkontrollrelais die gesamte Lampenspeisung vorübergehend auf die Gleichstrombatterie um.

Hat man die Gleichstrombatterie dagegen nicht für eine derartige vorübergehende Belastung ausgelegt, so reicht es betrieblich auch aus, bei Schalttafeln mit Steuerquittungsschaltern für die kurze Störungsdauer lediglich die Flackerschiene auf Gleichstrom umzulegen. In diesem Falle bleibt also das gesamte Schaltbild, unabhängig von der Stellung des Lampenschalters bzw. des Beleuchtungsrelais, dunkel. Diese Dunkelschaltung ist für die Dauer des Ausfalles der Wechselspannung ein Zeichen dafür, daß das eingestellte Schaltbild mit dem tatsächlichen Schaltzustand der fernbedienten Anlage übereinstimmt. Tritt irgendeine Abweichung ein und wird die aufgetretene Schalterstellungsänderung durch das Fernsteuergerät gemeldet, so kommt der betreffende Quittungsknebel zum Flackern, da die Flackerschiene auf Gleichstrombetrieb umgeschaltet ist. Die Stromentnahme aus der vorhandenen 24-V-Gleichstrombatterie beträgt in diesem Falle nur einen Bruchteil der sonstigen Lampenspeisung, da in der Regel nur wenige Lampen zum Flackern kommen. Man kann also diesen Strombedarf ohne Schwierigkeiten vorübergehend der 24-V-Gleichstrombatterie entnehmen. Voraussetzung für diese Lösung ist natürlich, daß die vorhandene Flackereinrichtung sowohl für Gleich- wie für Wechselstrombetrieb geeignet ist.

Zu bemerken bleibt in diesem Zusammenhang, daß man die Lampen für die wichtigsten Warnmeldungen, und zwar besonders diejenigen Warnlampen, die das ordnungsgemäße Arbeiten des Fernsteuergerätes selbst überwachen, zweckmäßigerweise nicht mit Wechselstrom speist, sondern aus der vorhandenen Gleichstrombatterie. Das ist aus dem Grunde ohne weiteres möglich, als normalerweise nur ein kleiner Teil sämtlicher in Frage kommender Warnmeldelampen dauernd brennt und daher die Belastung der Fernsteuerbatterie durch diese Lampen gering ist; andererseits hat diese Lösung den Vorteil, daß die Kennzeichnung der wichtigsten Warnmeldungen auch ohne ein besonderes Umschaltrelais für den Fall des Ausfalles der Wechselspannung sichergestellt ist.

Während für die Fernsteuerwählergeräte in der Regel nur eine zusätzliche Spannung, nämlich die 24-V-Gleichspannung erforderlich ist, werden für verschiedene Geräte der Fernmessung eine Reihe weiterer Spannungen benötigt. Es ist daher bei der Planung einer Fernsteueranlage sehr darauf zu achten, daß sämtliche für die Stromversorgung der einzelnen Meßgeräte benötigten Spannungen vorhanden sind. So müssen bei umfangreichen Fernmeßanlagen außer der bereits vorhandenen 24-V-Spannung noch häufig Spannungen von 12 V, 110 V und 220 V Gleichstrom bzw. auch 220 V Wechselstrom vorhanden sein. Diese Forderung hängt damit zusammen, daß bei Verwendung von Tintenschreibern, Verstärkern und Meßwertumformern, z. B. zur Speisung der verschiedenen Röhren, derartige Hilfsspannungen erforderlich sind.

In ähnlicher Weise werden auch weitere Hilfsspannungen für den Fall erforderlich, daß zur Übertragung der Fernsteuer- und Fernmeßimpulse besondere Übertragungseinrichtungen für die mehrfach benutzten Verbindungsleitungen vorgesehen sind. Die früher erwähnten Unterlagerungs-Tonfrequenz- und Überlagerungsgeräte bzw. die Hochfrequenzgeräte erfordern für ihren Betrieb besondere Hilfsspannungen, da sie in der Regel Röhrenschaltungen verwenden. Meistens besitzen derartige Einrichtungen zur Mehrfachausnutzung eines Übertragungsweges Netzanschlußgeräte, so daß die erforderlichen Hilfsspannungen von diesem Gerät aus dem Netz selbst erzeugt werden. Ist ein derartiges Netzanschlußgerät nicht vorhanden, müssen die einzelnen Spannungen getrennt zur Verfügung gestellt werden.

Für den Fall der Verwendung eines Netzanschlußgerätes ist jedoch darauf zu achten, daß die Betriebsbereitschaft der Fernsteueranlage auch für den Fall sichergestellt werden muß, daß vorübergehend die Netzspannung ausfällt. Bei wichtigen Fernsteueranlagen, die beispielsweise über Hochfrequenzkanäle arbeiten, ist es daher ähnlich wie im HF-Fernsprechverkehr unbedingt erforderlich, besondere Notstromaggregate (Bild 127) vorzusehen, die bei Ausfall der Netzspannung die erforderliche Wechselspannung für die Netzanschlußgeräte aus einer Gleichstrombatterie zur Verfügung stellen. Diese Notstromaggregate werden bei Ausfall der Netzwechselspannung zum Anlauf gebracht und bleiben für die Dauer des Ausfalles eingeschaltet. Die beim Übergang zur Notstromversorgung eintretende kurzzeitige Speisepause kann bei Fernsteuergeräten in Kauf genommen werden, da schlimmstenfalls ein gerade übermitteltes Kommando bzw. eine gerade durchgegebene Meldung verstümmelt wird. Der Befehl kann wiederholt, die Meldung durch Betätigung der Abfragetaste neu angefordert werden, so daß eine Beeinträchtigung des Betriebes der Fernsteueranlage durch die Speisepause nicht zu befürchten ist. Anders liegt der Fall bei der Verwendung von Übertragungskanälen für Leitungsschutzzwecke, wo eine derartige Speisepause unter Umständen nicht zugelassen werden kann, da hierdurch Fehlauslösungen zustande kommen könnten.

Werden die Übertragungskanäle nicht für Fernsteuerzwecke, sondern nur für Fernmeßzwecke verwendet, so ist eine besondere Notstromeinrichtung in der Regel nicht erforderlich. Nur bei besonders wichtigen Meßwerten, die stets ablesbar sein müssen, bzw. anderen Meß- oder Fernzählwerten, die laufend und lückenlos aufgezeichnet werden müssen, oder in eine Summenbildung einbezogen werden, ist die Anordnung besonderer Notstromaggregate erforderlich.

Vorstehender Überblick über die Stromversorgung zeigt mit hinreichender Deutlichkeit, daß gerade in Fernsteueranlagen mit Rücksicht auf die verlangte Betriebssicherheit der Frage der Stromversorgung große Bedeutung

Bild 127: Notstromumformer für Speisung einer HF-Übertragungseinrichtung mit zugehöriger Schalttafel

zuzumessen ist. Nur, wenn diese Stromversorgung durch geeignete Bemessung der Stromquellen bzw. laufende Überwachung ihrer Betriebsbereitschaft sichergestellt ist, können Fernsteueranlagen die von ihnen verlangten Aufgaben einwandfrei erfüllen.

2. Die Leitungsüberwachung

Zur Sicherstellung des Betriebes einer Fernsteueranlage gehört auch die laufende Überwachung der Übertragungsleitung. Bei der Eindrahtsteuerung sieht man in der Regel von einer derartigen Leitungsüberwachung ab, da es sich bei der Eindrahtsteuerung meist sowieso um kürzere nicht beeinflußte Verbindungsleitungen handelt und sich in diesem Falle die Leitungsüberwachung auch auf eine große Zahl von Einzeladern erstrecken müßte.

Anders liegt es dagegen bei den Fernsteuerwählergeräten. Diese werden meist über große Entfernungen betrieben. Die verwendeten Verbindungsleitungen sind hochspannungsbeeinflußt und daher gewissen Störungen ausgesetzt. Es muß daher im Interesse der Sicherheit der Anlage eine dauernde Überwachung der ordnungsgemäßen Durchschaltung der Verbindungsadern vorgesehen werden. Für eine derartige Leitungsüberwachung sind verschiedene Wege möglich.

Bei reinem Gleichstromimpulsverkehr kann die normale Ruhestromschaltung verwendet werden, die bei Bruch der Leitungsschleife einen Leitungsbruchalarm auslöst. Bei Verkehr mit Wechselstromimpulsen über abgeriegelte Leitungen ist die Bildung einer derartigen Ruhestromschleife nicht mehr möglich. Man kann sich in diesem Fall so helfen, daß man entweder in bestimmten Abständen seitens der fernbedienten Stelle Leitungsüberwachungsimpulse aussendet oder dauernd einen geringen Wechselstrom zur Steuerstelle durchgibt.

Im ersteren Falle wird von einem Zeitrelais in der gesteuerten Stelle in bestimmten Zeitabständen, z. B. in Abständen von 2 bis 3 Minuten, ein Wechselstromimpuls zur Steuerstelle übertragen. In der Steuerstelle ist ein zweites Zeitrelais angeordnet, das eine etwas größere Laufzeit wie das Zeitrelais in der gesteuerten Stelle hat. Solange nun die Leitungsüberwachungsimpulse in den regelmäßigen Abständen eintreffen, wird das Zeitrelais in der Steuerstelle vor dem Erreichen seiner Arbeitsstellung stets wieder abgeschaltet. Nur für den Fall, daß der Leitungsüberwachungsimpuls ausbleibt, kommt das Zeitrelais in der Steuerstelle zum Ansprechen und gibt den Alarm für Leitungsbruch.

Zu bemerken bleibt zu diesem Verfahren, daß dieser Leitungsüberwachungsimpuls besonders kurz gehalten wird, damit nicht ein Anlauf der Meldeempfangswähler in der Steuerstelle zustande kommt. Die normale Meldeimpulsreihe erhält in diesem Falle einen etwas längeren Anlaufimpuls, durch den erst der Meldeempfangswähler in der Steuerstelle ausgelöst wird.

Eine andere Art der Leitungsüberwachung bei abgeriegelten Übertragungsleitungen ist die, daß man in der Steuerstelle zwei verschieden empfindliche Empfangsrelais anordnet. Das eine Empfangsrelais mit der geringeren Empfindlichkeit wird nur dann zum Ansprechen gebracht, wenn die normalen Meldeimpulse in der Steuerstelle einlaufen. Das zweite Empfangsrelais ist wesentlich empfindlicher und kommt auch bei weit geringeren Strömen zum Ansprechen. Wenn man nun in der Ruhelage des Wählergerätes einen Leitungsüberwachungsstrom zur Steuerstelle gibt, der nur das empfindliche Empfangsrelais in der Steuerstelle zum Ansprechen bringen kann, so hat man durch die dauernde Erregung dieses empfindlichen Empfangsrelais eine Leitungsüberwachung, die jederzeit die ordnungsgemäße Durchschaltung der Verbindungsleitung überprüft. Wird die Leitung unterbrochen, so bleibt dieser geringe Leitungsüberwachungsstrom aus und auch das empfindliche Relais kommt zum Abfall, wodurch dann in der üblichen Weise der Alarm für Leitungsbruch ausgelöst wird. Bei geeigneter Ausbildung dieses Überwachungskanals kann man diesen auch in der Ruhelage des Wählergerätes zur Durchgabe von Impulsen für einen Fernmeßwert benutzen.

Weiterhin ist zu bemerken, daß man sowohl die Leitungsüberwachungsimpulse wie den Leitungsüberwachungsdauerstrom dazu benutzen kann, auch das Vorhandensein der Betätigungsspannung in der gesteuerten Stelle zu überwachen. Für den Fall nämlich, daß die Betätigungsspannung in der gesteuerten Stelle durch Leitungsbruch oder andere Störvorgänge vollkommen zum Erliegen kommt, hat man zunächst keine Möglichkeit, diesen Störzustand sofort zur Steuerstelle zu melden, da die Betriebsbereitschaft des Wählergerätes durch den Ausfall der Betätigungsgleichspannung gestört wurde. Wenn man nun die Betätigungsrelais für die Abgabe der Leitungsüberwachungsimpulse bzw. des Dauerstromes in der gesteuerten Stelle an die 24-V-Gleichstrombatterie anschließt, so hat man hierdurch die Möglichkeit, eine Sammelmeldung zu schaffen, die beim Ausbleiben der Leitungsüberwachungsimpulse besagt, daß entweder die Verbindungsleitung oder die Betätigungsspannung im Unterwerk ausgefallen ist (Bild 128).

Bei Benutzung von Tonfrequenz- oder sonstigen Verfahren zur Mehrfachausnutzung einer Leitung oder auch Hochfrequenz-Übertragungskanälen muß

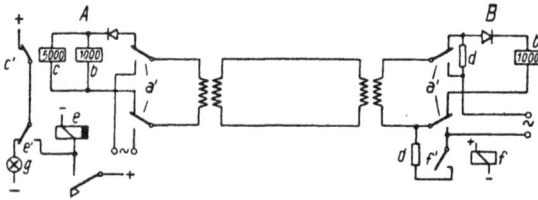

Bild 128: Leitungs- und Batterieüberwachung bei abgeriegelten Übertragungsleitungen

A Steuerstelle
a' Kontakte der Impulssenderelais
c Hochohmiges Leitungsüberwachungsrelais
e Alarmabstellrelais
g Meldelampe für Leitungsbruch oder Ausfall der Batteriespannung in der gesteuerten Stelle

B Gesteuerte Stelle
b Impulsempfangsrelais
d Hochohmiger Vorwiderstand
f Kontrollrelais für Batteriespannung

die reine Leitungsüberwachung durch eine Überwachung der zum Übertragungskanal gehörenden Leitungsgeräte ergänzt werden. Die in der Steuerstelle einmündenden Empfangskanäle kann man dabei nach dem normalen Ruhestromprinzip überwachen, d. h. man überträgt normalerweise dauernd die in Frage kommende Frequenz und überträgt die Impulse durch Tastung dieser Frequenz, d. h. durch kurzzeitige Unterbrechung derselben. Mit Hilfe eines besonderen Verzögerungsrelais überwacht man nun in der Steuerstelle laufend das Eintreffen der in Frage kommenden Frequenz. Wenn diese Frequenz längere Zeit ausbleibt, wird ein entsprechender Alarm für das Versagen des Übertragungskanals gegeben.

Die ordnungsgemäße Durchschaltung des Übertragungskanals zur gesteuerten Stelle kann natürlich nicht in der gleichen einfachen Weise erfolgen. Man bringt die Überwachung in diesem Falle dadurch zustande, daß man gleichfalls durch ein Verzögerungsrelais in der gesteuerten Stelle die ordnungsgemäße Durchschaltung des Kanals überprüfen und bei Ausbleiben der Frequenz einen Alarmkontakt schließen läßt. Das Schließen dieses Alarmkontaktes wird nun durch die Meldeeinrichtung des Fernsteuergerätes wie eine normale Warnmeldung zur Steuerstelle durchgegeben und dort angezeigt. In dieser Weise kann man auch den Übertragungskanal zur gesteuerten Stelle in zuverlässiger Weise überwachen.

3. Die Wartung

Entscheidend für die dauernde Sicherstellung der Betriebsbereitschaft einer Anlage ist die zuverlässige Wartung derselben. In bestimmten Zeit-

abständen müssen daher die Geräte einer Fernsteueranlage auf ihre einwandfreie Beschaffenheit hin überprüft werden.

Voraussetzung für eine allen Ansprüchen genügende Wartung ist, daß
Personen mit der Wartung der Anlage betraut werden, die für die Wartung
der betreffenden Geräte geeignet sind. So empfiehlt es sich, z. B. zur Wartung
von Fernsteuerwählergeräten Fernsprechmonteure heranzuziehen, die eine
besondere Eignung zur Behandlung von Schwachstromwählergeräten haben.
Diese Monteure müssen in bestimmten festgelegten Zeitabständen die Kontakte
der einzelnen Schaltrelais überprüfen bzw. säubern. Je nach der Inanspruchnahme der Fernsteueranlage ist eine solche Überholung der Anlage in Zeitabständen von 2 bis 6 Monaten zu empfehlen. Erfahrungsgemäß kann sich
dabei die Durchprüfung der Fernsteuerwählergeräte in der Hauptsache auf
die Säuberung der Kontakte derjenigen Relais beschränken, die bei jedem
Steuer- oder Meldevorgang vielfach betätigt werden; das sind in der Hauptsache die am Impulsverkehr beteiligten Schaltrelais und Wähler, die bei jedem
Befehls- oder Meldevorgang je nach der verfügbaren Wählerschrittzahl 10-
bis 50 mal arbeiten müssen.

Ähnlich wie die Fernsteuerwählergeräte müssen auch die Fernmeßeinrich-
tungen überwacht werden, besonders wenn sie dauernd umlaufende Kollektoren
oder dauernd arbeitende Sende- und Empfangsrelais aufweisen. Auch hier
ist in gewissen Abständen eine Überprüfung der Kontaktgabe und Kontakt-
säuberung vorzunehmen. Das gleiche gilt für die Sende- und Empfangsrelais
der für die Durchgabe von Fernsteuer-, Fernmelde- und Fernmeßimpulse
eingesetzten Übertragungseinrichtungen.

Es ist natürlich zweckmäßig, daß der mit der Wartung der Fernsteueranlage betraute Personenkreis außer mit der rein handwerksmäßigen Handhabung der Wartung auch mit der eigentlichen Wirkungsweise und den Einzelheiten des zur Anwendung gebrachten Verfahrens Bescheid weiß. Die Liefer-
firmen der Fernbedienungsgeräte stellen ihren Kunden zu diesem Zweck
ausführliche Schaltungsunterlagen und Schaltungsbeschreibungen zur Verfügung. Wenn auch Einzelheiten der Wirkungsweise bestimmter Anlageteile,
wie z. B. von Fernsteuerwählergeräten, häufig nicht ohne weiteres übersehen
werden können, so ist es doch in der Regel möglich, sich auf Grund dieser
Schaltungsbeschreibungen bzw. der Schaltbilder im Falle einer unvorherge-
sehenen Störung zurechtzufinden. Voraussetzung ist natürlich, daß die mit
der Wartung der Anlage betrauten Personen die vorhandenen Schaltbilder
lesen können. Darüber hinaus ist stest zu empfehlen, daß die für die Wartung
vorgesehenen Leute auch bei der Prüfung der Geräte im Werk kurzzeitig
hinzugezogen und mit den Einzelheiten der Arbeitsweise der zur Auslieferung gelangenden Anlageteile und der Fehlerbehebung vertraut gemacht
werden.

Nach der Überwindung einer gewissen Anlaufzeit treten erfahrungsgemäß
in den Fernbedienungsgeräten bei zuverlässiger Wartung nur selten noch
Störungen auf. Häufig verführt jedoch das einwandfreie Arbeiten der Geräte
zu Beginn der Betriebszeit dazu, die Wartung zu vernachlässigen. Hiervor

muß dringend gewarnt werden, da eine natürliche Verschmutzung der Kontakte bei reger Inanspruchnahme der Anlage oder aus sonstigen Gründen nicht zu vermeiden ist.

Jede Verschmutzung der Kontakte bringt nach gewisser Zeit eine Funkenbildung und ein vorzeitiges Anfressen des Kontaktmaterials mit sich. Es sind zwar in den Fernsteuergeräten und Übertragungseinrichtungen zur Löschung belasteter Kontakte Funkenlöscher eingebaut, die die Bildung von Funken verhindern sollen. Bei weitgehender Verschmutzung der Kontakte kann diese Funkenlöschung jedoch nicht mehr einwandfrei arbeiten, und es tritt mit der Zeit eine Zerstörung des Kontaktmaterials auf. Dieser Übelstand wird meist erst dann bemerkt, wenn ein unregelmäßiges Arbeiten der Geräte festzustellen ist. Sobald dieser Zustand einmal eingetreten ist, kann häufig die Instandsetzung der Anlage nicht mehr allein durch Säubern der Kontakte erreicht werden. Es muß in diesen Fällen zur Auswechslung der schadhaften Kontakte geschritten werden, was eine vorübergehende Außerbetriebnahme der Fernsteueranlage mit sich bringt. Man soll daher auf jeden Fall die empfohlenen Überholungszeiten der Anlage entsprechend den gegebenen Wartungsvorschriften pünktlich einhalten.

Eine häufiger auftretende Erscheinung ist die, daß nach einer gewissen Betriebszeit der Anlage Unregelmäßigkeiten im Impulsverkehr auftreten können. Verfolgt man die Ursache dieser Unregelmäßigkeiten, so kann man feststellen, daß diese Erscheinungen häufig durch das nachträgliche Altern von Gleichrichtern hervorgerufen werden, die an irgendeiner Stelle der Schaltung vorgesehen sind. Wird z. B. der Impulswechselstrom, der über die Leitung gegeben wird, in der Empfangsstelle durch einen Gleichrichter gleichgerichtet und auf das dortige Empfangsrelais gegeben, so ist es möglich, daß nach einiger Zeit der auf das Empfangsrelais gelangende Impulsstrom sich ändert. Arbeitet das Gerät zufällig an der unteren Grenze der zulässigen Gleich- und Wechselspannung, so kann das Empfangsrelais unter Umständen nicht mehr einwandfrei arbeiten. Durch Nachregelung der Impulsenergie durch die vorgesehenen Regelwiderstände kann in diesem Falle der nachträglichen Alterung des Gleichrichters Rechnung getragen werden.

In diesem Zusammenhang ist zu bemerken, daß Fernsteuergeräte in der Regel im Werk unter Nachbildung der später vorhandenen Übertragungsleitung geprüft und entsprechend einjustiert werden. Sofern in der Bemessung der Leitungsnachbildung nicht irgendwelche Mißverständnisse oder nennenswerte Änderungen der Leitungsdaten aufgetreten sind, muß also das Fernsteuergerät bei der Inbetriebnahme an Ort und Stelle innerhalb der vorgeschriebenen Spannungsgrenzen einwandfrei arbeiten. Es ist daher nicht zu empfehlen für den Fall, daß die Fernsteueranlage bei ihrer Einschaltung an Ort und Stelle nicht sofort einwandfrei bezüglich des Impulsverkehrs funktioniert, die Regelwiderstände für den Impulsverkehr zu ändern. Diese sollen nur die Möglichkeit geben, die Alterung der Empfangsrelais-Gleichrichter auszugleichen bzw. die Anlage auch für die Fälle geeignet zu machen, wo bei anderweitigem Einsatz der Anlage andere Verbindungsleitungen bzw. Ent-

fernungen in Frage kommen oder eine Änderung der Leitungsführung vorgenommen wird.

In der Hauptsache müssen empfindliche schwachstrommäßig ausgeführte
Teile einer Fernsteueranlage vor Staub geschützt werden. Fernsteuerwählergeräte sehen daher außer einem staubdichten allgemeinen Gehäuse noch
besondere Schutzkappen bzw. Staubabdichtungsplatten für die einzelnen
Relais vor. Nicht einzeln gekapselt werden dagegen die verwendeten Wähler.
Da die Kontakte dieser Wähler sich jedoch beim Umlauf des Wählerarmes
stets selbsttätig wieder blank schleifen, ist hier keine Gefahr der Verschmutzung
gegeben. Dagegen müssen die Wähler in bestimmten längeren Zeitabständen
mit Wähleröl eingefettet werden, damit sie einwandfrei und leicht arbeiten
können.

Bei der Auswechslung schadhafter Kontakte bzw. Relais muß allgemein
darauf geachtet werden, daß der Kontaktdruck bzw. der Ankerhub des betreffenden Relais der gleiche bleibt. Vor Auswechseln eines Kontaktes ist es
daher zweckmäßig, Ankerhub und Druck der einzelnen Kontaktfedern zu
messen und bei Einbau des neuen Kontaktes diesen auf den gemessenen
Wert einzujustieren.

Es empfiehlt sich ferner, für die Wartung der Anlage ein Störungsbuch
anzulegen, in dem sowohl das Ergebnis der regelmäßigen Überholung der
Geräte wie die Ursache bzw. die Behebung der in Sonderfällen aufgetretenen
Störungen eingetragen wird. Durch derartige Aufzeichnungen kommt man
unter Umständen irgendwelchen noch unerkannten Störquellen leichter auf
die Spur.

Wichtig für die Inbetriebhaltung der Anlage ist vor allem auch die Lagerung
geeigneter Ersatzteile. Für jede Relaisgattung bzw. jede Kontaktart sind nach
Möglichkeit ein oder mehrere Ersatzrelais bzw. Relaiskontakte bereitzuhalten;
dasselbe gilt für die in Frage kommenden Regelwiderstände und Sicherungen.
Auch für die bei etwa eingesetzten Verstärkern oder Übertragungseinrichtungen vorgesehenen Röhren müssen jederzeit Ersatzröhren greifbar sein.
Ebenso ist eine größere Zahl von Ersatzlampen zur Auswechslung ausfallender
Lampen des Blind- oder Leuchtschaltbildes anzuschaffen. Es ist nämlich mit
der Bedeutung der Fernsteueranlage für den Betrieb nicht zu vereinbaren,
daß erst im Störungsfall Ersatzteile im Werk angefordert werden, die unter
Umständen erst nach langer Lieferzeit einlaufen. Ebenso müssen ein oder
mehrere Sätze passender Werkzeuge vorhanden sein, die eine zweckmäßige
und handwerksmäßig richtige Wartung der Anlage gestatten.

Es soll abschließend darauf hingewiesen werden, daß eine größere Zahl
von Fernsteuerwählergeräten heute seit mehr als 15 Jahren in Betrieb
sind und bei Einhaltung der regelmäßigen Wartung trotz zum Teil hoher
Beanspruchung kaum eine Störung aufgewiesen haben. Auf Grund ihrer
heutigen Beschaffenheit darf man weiterhin erwarten, daß diese Geräte auch
in Zukunft zum mindesten noch für einen gleichen Zeitraum einwandfrei
arbeiten werden, was für die Beurteilung der Wirtschaftlichkeit von Fernsteueranlagen von nicht zu unterschätzender Bedeutung ist.

D. Schlußwort

Der Inhalt dieses Buches vermittelt einen Überblick über den Aufbau und die Anwendung der wichtigsten Fernbedienungsverfahren, soweit sie für die Planung von Fernbedienungsanlagen im Dienste der Elektrizitätsversorgung Bedeutung gewonnen haben. Es ist dabei durchaus denkbar, daß ein Leser ein ihm zufällig näher bekanntes anderweitiges Verfahren in diesem Buche nicht oder nur am Rande erwähnt findet. Um die Übersichtlichkeit des Buches nicht zu gefährden, mußte sich der Verfasser auf die Darstellung und Erörterung derjenigen Verfahren und Einzelheiten beschränken, die ihm aus seiner langjährigen Erfahrung heraus für die zweckmäßige Anwendung der Fernsteuertechnik bedeutsam und bahnbrechend erschienen sind.

Das Buch schildert außer einem kurzen Rückblick auf die Entwicklung der Fernsteuertechnik den heutigen Stand dieser Technik. Wenn auch die Entwicklung auf diesem Gebiet im großen und ganzen als abgeschlossen gelten kann, so ist doch z. B. bezüglich des Aufbaues der Befehls- und Überwachungstafeln und vor allem der technischen Durchbildung der Übertragungskanäle noch laufend mit einer Reihe von Neuentwicklungen und Verbesserungen zu rechnen. Es ist daher möglich, daß zu dem Zeitpunkt, da dieses Buch dem Leser in die Hand kommt, gewisse Einzelheiten desselben durch den Fortschritt der Technik überholt sind, zumal dem Verfasser seit 1945 Informationsquellen insbesondere über die Weiterentwicklung der Fernsteuertechnik im Ausland nur in sehr beschränktem Umfang zur Verfügung standen.

Ebenso kann es sein, daß im Zuge der mit der wachsenden Nachfrage auch auf dem Gebiete der Fernbedienungstechnik erforderlichen Normung und Typenbereinigung die eine oder andere Lösungsmöglichkeit einer im Einzelfall gestellten Sonderaufgabe nicht mehr in der im Buch wiedergegebenen Weise besteht. Im großen und ganzen aber wird der Inhalt dieses Buches dem planenden Ingenieur auf längere Sicht ein wichtiges Hilfsmittel für die zweckmäßige Einfügung der Bausteine der Fernbedienungstechnik in bestehende oder neu zu errichtende Stromversorgungsanlagen sein und ihm Anregungen geben für die bestmöglichste Ausnutzung der für die Betriebsführung durch diese Technik gebotenen Möglichkeiten.

E. Schrifttum

I. Entwicklung

Schleicher: Die elektrische Fernüberwachung und Fernbedienung für Starkstromanlagen und Kraftbetriebe. Berlin 1932.
— Denkende Fernbedienungsanlagen. Siemens-Zeitschrift 1933, Heft 3, S. 88 bis 94
— Europäische Lastverteileranlagen. ETZ 1934, Heft 51, S. 1243 bis 1246 und Heft 52, S. 1272 bis 1274.
Riedel: Die Fernsteuerungsanlage der Berliner Stadt- und Ringbahn. Siemens-Zeitschrift 1930, Heft 6, S. 386 bis 396.
Venzke: Die Fernschaltung nach dem Eindrahtverfahren. AEG-Mitteilungen 1933, Heft 4, S. 155 und Heft 5, S. 198.
Graner: Vorschläge für den Betrieb von Netzverbänden. ETZ 1934, Heft 44, S. 1069 bis 1073.
Schinkler und Jäger: Das fernbediente Wasserkraftwerk A torp. Siemens-Zeitschrift 1934, Heft 7, S. 234.
Henning: Entwicklung und heutiger Stand der Fernsteuertechnik. ETZ 1943, Heft 17/18, S. 235 bis 240.
— Fernsteuerungs- und Rückmeldeanlage unter Benutzung des Staatstelefons. Bulletin d. Schweizerischen elektrotechn. Vereins 1931, Heft 14, S. 333 bis 336.
Wensley: Control and checking system for automatic stations. Electric World 1923, S. 1062 bis 1064.
Smart: A ten Point Tandem Supervisory control system. General Electric Co. Journal 1931, S. 146 bis 152.
Reagan: Split second Polaricode Supervisory control. Electric Journal, Juni 1932.
— Direct selection supervisory control. Electrical Engineering 1933, S. 81 bis 84.

II. Fernsteuerverfahren

Stäblein: Die Technik der Fernwirkanlagen. Verlag Oldenbourg, München und Berlin 1934.
Henning: Die Siemens-Fernbedienungseinrichtung nach dem Wählersystem. Siemens-Zeitschrift 1938, H. 5, S. 255 bis 260.
— Möglichkeiten der Fernbedienung bei Anwendung von Siemens-Fernbedienungseinrichtungen nach dem Wählerverfahren. Siemens-Zeitschrift 1938, H. 8, S. 402 bis 406 und H. 9, S. 440 bis 446.
— Grundsätzliche Überlegungen zur Wahl einer Eindraht- oder Wählerfernsteuerung. Siemens-Zeitschrift 1940, H. 2, S. 41 bis 49.
— Fernbedienungsgeräte in Zusammenarbeit mit Hochfrequenz-Fernsprechgeräten. Siemens-Zeitschrift 1940, H. 6, S. 247 bis 252.
— Fernbedienung. VDI-Zeitschrift 1941, H. 19, S. 431 bis 439.
— Ölschalter-Fernüberwachung über Hochfrequenzgeräte. Siemens-Zeitschrift 1936, H. 7, S. 262.
Venzke: Fernbedienungseinrichtungen nach dem AEG-Wählerverfahren. AEG-Mitteilungen 1938, H. 9, S. 459 bis 463; H. 10, S. 491 bis 496; H. 11, S. 547 bis 551.
— Fernbedienungseinrichtungen in Starkstromanlagen. ETZ 1941, H. 44/45, S. 899 bis 904.
— Über die Anwendung von Fernbedienungseinrichtungen nach dem AEG-Wählerverfahren. AEG-Mitteilungen 1943, H. 1/4, S. 1 bis 9.

Trenner: Fernwirkanlagen. AEG-Mitteilungen 1934, H. 12, S. 380 bis 386.

Pleckl: Die Fernbedienungs-Einrichtungen der Bauart Brown-Boveri. Brown-Boveri-Mitteilungen 1936, H. 7, S. 179 bis 185.

— Fernsteuern vereinfacht den Betrieb. Brown-Boveri-Mitteilungen 1942, Nov., S. 376.

— Kleine Signalanlagen für 23 Meldungen über ein Telefonaderpaar. Bulletin d. Schweizerischen elektrotechn. Vereins 1942, H. 18, S. 503 bis 504.

Reagan: And now, Polaricode Junior. The electric Journal, März 1934, S. 108 bis 112.

— A self-checking System of Supervisory control. Electrical Engineering 1938, S. 600 bis 605.

— Centralised remote control. Electronics and television and short-wave world 1941, H. 158, S. 165 bis 166.

III. Fernschaltverfahren

Jacob-Heyl: Vorbedingungen und Anwendungsmöglichkeiten der Transkommando-Fernschaltung in Drehstromnetzen. Elektrizitätswirtschaft 1937, H. 17, S. 398 bis 403.

Aigner: Die Fernsteuerung elektrischer Anlagen mit dem Transkommandosystem. Wissen und Fortschritt 1938, S. 594 bis 598.

Stäblein: Zentrale Fernsteuerung für elektrische Straßenbeleuchtung und Tarifgeräte. VDI-Zeitschrift 1939, H. 37, S. 1050 bis 1051.

— Das Transkommandosystem. AEG-Mitteilungen 1938, H. 3, S. 116 bis 120.

Henning: Einfache Schalter-Überwachungsanlagen mit Wählerrelais. Siemens-Zeitschrift 1937, H. 10, S. 521.

— Fernschaltgeräte mit Wählerrelais. Siemens-Zeitschrift 1939, H. 1, S. 38 bis 42.

— Der zweckmäßige Einsatz von Fernsteuer- und Fernschaltgeräten. Elektrizitätswirtschaft 1942, H. 2, S. 38 bis 41.

Lucan: Zentrale Fernschaltung von Beleuchtungsanlagen mit selbsttätiger Verriegelung der örtlichen Schaltstellen. ETZ 1941, H. 12, S. 311 bis 313.

Dewald: Die Fernsteuerung von Straßenbeleuchtung, Warmwasserbereitung und Sondereinrichtungen über Stromnetze. Zeitschrift für Fernmeldetechnik 1942, H. 6, S. 86 bis 89.

Scherer: Metallsparende Zentralschaltung städtischer Straßenbeleuchtungsanlagen. Elektrizitätswirtschaft 1943, H. 4, S. 84 bis 85.

— Ein leitungssparendes Fernschalt- und Fernüberwachungsverfahren. ETZ 1940, H. 52, S. 13.

Weisglass: Neue Schaltungen zur Fernsteuerung elektrischer Straßenbeleuchtungsanlagen. Bulletin d. Schweizerischen elektrotechn. Vereins 1938, H. 22, S. 618 bis 622.

Grob: Ein neues Zentralsteuerungssystem ohne Steuerdraht für Verteilungsnetze. Bulletin d. Schweizerischen elektrotechn. Vereins 37 (1946), H. 8, S. 211 bis 217.

IV. Übertragungskanäle

Podszeck: Die Mehrfachausnutzung der Steuerleitung im Fernbedienungsverkehr. Siemens-Zeitschrift 1939, S. 519 bis 526.

— Fernsteueranlagen für Elektrizitätswerke. Veröffentlichungen aus dem Gebiete der Nachrichtentechnik 1938, Folge 4, S. 719 bis 728.

Dreßler: Hochfrequenz-Nachrichtentechnik für Elektrizitätswerke. Springer, Berlin 1941.

Kleinschnitz-Kummert: Tonfrequenzkanäle für Fernwirkanlagen. AEG-Mitteilungen 1939, H. 4, S. 229 bis 232.

Venzke: Gesichtspunkte für die Wahl des Fernbedienungsverfahrens und Übertragungskanals. ETZ 1938, H. 47, S. 1253 bis 1257 u. H. 48, S. 1292 bis 1294.

Henning: Sprechen, Messen, Steuern über leitungsgerichtete Trägerwellen. Technische Mitteilungen (Essen) 1937, H. 18, S. 410.

— Die Übertragungswege in Fernbedienungsanlagen. Elektrizitätswirtschaft 1942, H. 10, S. 232 bis 235.

Lehmann: Betrachtungen über die verschiedenen Ursachen der Störungen an Fernmelde-kanälen unter besonderer Berücksichtigung der Gewittereinwirkungen. Elektrizitäts-wirtschaft 1938, H. 22, S. 564 bis 567.

Waldow: Das Energieproblem bei fernmeldetechnischen Übertragungen. ETZ 1941, H. 46/47, S. 913 bis 919.

V. Selbststeueranlagen

Meiners: Die Technik selbsttätiger Steuerungen und Anlagen. München u. Berlin 1936.

Jäger: Selbststeuerung und Fernbedienung im Betriebe von Wasserkraftanlagen. Siemens-Zeitschrift 1934, H. 7, S. 229.

— Das Zusammenwirken von Fernbedienungs- und Selbststeueranlagen. VDE-Fach-berichte 1937, S. 166 bis 169.

Wierer: Selbsttätiges, schnelles Parallelschalten auch bei ungünstigen Schaltvoraus-setzungen. Siemens-Zeitschrift 1936, S. 430 bis 438.

Pester-Curion: Tjiranling, eine beiednungslose Wasserkraftanlage auf Java. Siemens-Zeitschrift 1938, H. 6, S. 300ff.

Schröder: Ferngesteuerte und selbsttätige Stromrichteranlagen. Siemens-Zeitschrift 1939, H. 2, S. 78 bis 87.

Fleck: Selbst- und Fernsteuerung kleiner und großer Wasserkraftwerke. VDI-Zeitschrift 1941, H. 34, S. 723 bis 727.

Ried: Ausführungen von Selbststeuereinrichtungen in Wasserkraftanlagen. Wasserkraft-u. Wasserwirtschaft 1941, H. 3, S. 57 bis 67.

— Eine ferngesteuerte Wasserkraftzentrale. Brown-Boveri-Mitteilungen 1942, Nov., S. 353 bis 354.

VI. Fernmessung

Brandenburger: Ein neuer Gleichstromverstärker für Meßzwecke. Siemens-Zeitschrift 1935, H. 9, S. 467.

Brandenburger-John: Der Meßwertumformer. Siemens-Zeitschrift 1940, H. 3, S. 93.

Pflier: Stand der Fernmessung. VDI-Zeitschrift 1936, S. 1461 bis 1465.

Schneider-Venzke: Fernwirkanlagen für Bahnstromversorgung. AEG-Mitteilungen für Bahnbetriebe, H. 20, 1938, S. 4 bis 30.

— Fortschritte auf dem Gebiet der Fernmeßtechnik. AEG-Mitteilungen 1938, H. 3, S. 120 bis 122.

Riedel: Die Hochfrequenz-Fernmeßanlage eines ausgedehnten Hochspannungsnetzes. Siemens-Zeitschrift 1937, H. 1, S. 12 bis 18.

Semmler: Leistungs-Summenmessung in der Praxis. Siemens-Zeitschrift 1936, H. 9, S. 366 bis 370.

VII. Schaltwarten

Zeidler: Das Baustein-Schaltbild, ein neues Hilfsmittel zur Betriebsüberwachung. AEG-Mitteilungen 1939, H. 5, S. 257.

Fleck: Bedienungsgeräte und Schalttafeln für Fernwirkanlagen. AEG-Mitteilungen 1942. H. 5 bis 8, S. 48 bis 54.

Parschalk: Das Leuchtschaltbild für elektrische Schaltwarten. ETZ 1940, H. 10, S. 247 bis 251.

Henning: Derzeitiger Stand und Weiterentwicklung von Steuereinrichtungen. Elektri-zitätswirtschaft 1940, H. 17, S. 235 bis 238.

Curion: Neuzeitliche Hilfsmittel für den Betrieb von Kraftwerken und Netzen. Siemens-Zeitschrift 1940, H. 6, S. 235 bis 247.

Peattie: Control rooms and control equipment of the grid system. The Journal of the institution of Electrical Engineers 1937, S. 607.

VIII. Betriebsführung

Schleicher: Grundsätze der Fernbedienungstechnik in Starkstromanlagen. Zeitschrift für Fernmeldetechnik 1933, H. 6, S. 81.

— Die Fernsteuerung und Fernregelung als Lösung einiger technischer Probleme des Verbundbetriebes großer Netze. Cigrè-Bericht 329 vom Juni 1935.

Reinauer: Das Fernmeldewesen der Elektrizitätsversorgungsunternehmen und seine Bedeutung für die Betriebsführung. Elektrizitätswirtschaft 1937, H. 35, S. 793 bis 799.

Klöckner: Aufbau und Betrieb von Fernmeldeeinrichtungen in einem großen Überlandnetz. Elektrizitätswirtschaft 1938, H. 22, S. 561 bis 564.

Dennhardt: Über Entwicklungsrichtungen im Fernmeldewesen der Elektrizitäts-Versorgungsunternehmen. Elektrizitätswirtschaft 1940, H. 4, S. 53 bis 57; H. 5, S. 65 bis 68.

Stauch-Jeran-August: Kraftwerke im Verbundbetrieb. VDI-Zeitschrift 1941, H. 34, S. 713 bis 719.

Ganzenmüller-Kammerer: Fernwirkanlagen für den elektrischen Zugbetrieb. Elektrische Bahnen 1940, H. 8, S. 120 bis 134.

Schimpf: Steuerung, Regelung, Schutzschaltung. VDE-Fachberichte 10, 1938, S. 157 bis 158.

Wierer: Gesetze des planmäßigen Maschineneinsatzes und der Lastverteilung sowie ihre Bewertung. VDE-Fachberichte 10, 1938, S. 164 bis 167.

— Technische Ausführungsformen statischer Leistungsregler und ihr Einsatz im Verbundbetrieb von Netzen. Bulletin d. Schweizerischen elektrotechn. Vereins 1937, Nr. 22, S. 552 bis 558.

Kraft: Lastverteilung in Verbundnetzen. ETZ 1940, H. 47, S. 1047 bis 1050.

— Verbundbetrieb und Fernbetriebstechnik in der industriellen Stromversorgung. Progressus 1942, H. 5, S. 383 bis 388.

Henning: Fernsteuertechnik im Dienste der Elektrizitätsversorgung. Reichsmesse, Juli 1942, S. 56 bis 57.

— Fernbedienungstechnik im Dienste der Elektrizitätsversorgung. Technische Blätter (Düsseldorf) 1940, S. 101 bis 103.

— Fernbedienungstechnik im Dienste der Energieversorgung. Technische Blätter, Wochenschrift zur Deutschen Bergwerks-Zeitung 1940, H. 10, S. 102 bis 103.

— Neuzeitliche Hilfsmittel für den Betrieb von Kraftwerken und Netzen. Helios 1941, H. 22, H. 24, H. 26, H. 30.

— Fernmessen, Fernsteuern, Fernregulieren. Bulletin d. Schweizerischen elektrotechn. Vereins 1941, H. 26, S. 741 bis 808.

Wild: Network operation simplified by supervisory System. Electrical World, Mai 1938, S. 46 bis 48.

IX. Ausgeführte Anlagen

Draeger: Fernsteuereinrichtungen der Wannseebahn. Siemens-Zeitschrift 1935, H. 7, S. 319 bis 323.

— Die Fernsteuerung der AEG auf der Wannseebahn. Elektrische Bahnen 1937, H. 2, S. 44.

Venzke: Die Fernbedienung der Unterwerke an der elektrisch betriebenen Strecke Paris —Le Mans. ETZ 1938, H. 45, S. 1207 bis 1209.

Mann: Die Fernbedienungstechnik für die Stromversorgung der Hamburger S-Bahn. Elektrische Bahnen 1942, H. 12, S. 243 bis 251.

Völker: Die Fernsteuereinrichtung für die Stromversorgung der Stadt Mailand. ETZ 1936. H. 2, S. 33 bis 36.

Löfgren: Die Hochfrequenztelefonie- und Fernwirkanlagen im 220-kV-Netz der Krangede Aktiebolaget. AEG-Mitteilungen 1937, H. 7, S. 227 bis 232.

Kemmelmeier-Semmler: Die Fernmeßanlage des Fränkischen Überlandwerkes AG., Nürnberg. ETZ 1935, H. 9, S. 235 bis 237.

Bansen-Podszeck: Eine interessante Fernmeßanlage für die Lastverteilerstelle des EW Toho Denryoko, Japan. Siemens-Zeitschrift 1936, H. 12, S. 484 bis 487.
— Fernübertragung und Zentralisierung der Messung von Leistung und Arbeit bei der Italienischen Staatsbahn. Siemens-Zeitschrift 1937, H. 11, S. 550 bis 558.
Sauvaire: Télécontrole et télécommande des Sous-Stations. L'industrie des Voies Ferrées et des Transports Automobiles 1935, H. 338, S. 48 bis 52.
Rayner-Burns: The north-west and south-west of England grid Signalling Systems The Strowger Journal, März 1935, S. 66 bis 83.
Stanley: A. T. M. Strowger supervisory remote control equipment for the city substation, Sydney. The Strowger Journal, Januar 1937, S. 64 bis 71.
Moles: Superrisory remote control equipment for the Galloway Water Power Scheme. The Strowger Journal 1937, Band IV, H. 2, S. 146 bis 159.
Kiessling-Ahlén: The Asea supervisory System as supplied to the Southern Railway, England. Asca-Journal, Dez. 1937, S. 174 bis 187.
Garreau: La commande centralisée des sous-stations de Traction de la ligne électrificé de Paris au Man. Revue générale de l'électricité 1938, H. 23, S. 719 bis 730.
Barker: The Centralized Control of Public Lighting and Off-Peak Loads by Superimposed Ripples. Journal of the institution of Electrical Engineers 1938, S. 823 bis 844.
Cornu: La télécommande disjoncteurs sur la ligne électrifiée du chemin de fer de Paris à Sceaux et à Massy-Paleiscau. Revue générale de l'électricité, Januar 1943, S. 3 bis 9.

STICHWORTVERZEICHNIS

Immo Kleemann

Grundlagen der Fernmeldetechnik

3. Auflage, 304 Seiten, 168 Abbildungen, Gr.-8°, 1950,
Halbleinen DM 16.—

Eine systematische Einführung in die Hauptgebiete der Draht-
Nachrichtentechnik.

*

Rudolf C. Oldenbourg — Hans Sartorius

Dynamik
selbsttätiger Regelungen

BAND I:

Allgemeine und mathematische Grundlagen.
Stetige und unstetige Regelungen.
Nichtlinearitäten.

2. Auflage, 258 Seiten, 113 Abbildungen, 2 Tafeln, Gr.-8°, 1950,
Halbleinen DM 24.—

Zusammenfassende Darstellung der im Gesamtgebiet bei selbsttätigen Regelungen angewandten mathematischen Methoden zur
Stabilitätsuntersuchung und Berechnung von Ausgleichsvor-
gängen.

BAND II:

Theorie der optimalen Abstimmung

In Vorbereitung.

VERLAG VON R. OLDENBOURG MÜNCHEN

Günther Oberdorfer

Lehrbuch der Elektrotechnik

BAND I:

Die wissenschaftlichen Grundlagen der Elektrotechnik

5. Auflage, 502 Seiten, 300 Abbildungen, 2 Tafeln, Gr.-8⁰, 1948, Halbleinen DM 19.30

Ein Kompendium der wissenschaftlichen Grundlagen der Elektrotechnik.

BAND II:

Rechenverfahren und allgemeine Theorien der Elektrotechnik

5. Auflage, 426 Seiten, 139 Abbildungen, 8 Tafeln, Gr.-8⁰, 1949, Halbleinen DM 18.20

Eine Darstellung der mathematischen Verfahren in der Sprache des Elektrotechnikers.

*

Winfried Otto Schumann

Elektromagnetische Grundbegriffe

3. Auflage, 208 Seiten, 202 Abbildungen, Gr.-8⁰, 1950, broschiert DM 15.—

Ihre Entwicklung und ihre einfachsten technischen Anwendungen.

VERLAG VON R. OLDENBOURG MÜNCHEN